Layoutsynthese elektroni
Grundl
für die Entwurfsautomatisierung

Jens Lienig

Layoutsynthese elektronischer Schaltungen — Grundlegende Algorithmen für die Entwurfsautomatisierung

Mit 132 Abbildungen

 Springer

Professor Dr.-Ing.habil. Jens Lienig
Technische Universität Dresden
Institut für Feinwerktechnik und Elektronik-Design
01062 Dresden

Extras im Web unter: *www.springer.com/de/3-540-29627-1*

Bibliografische Information der Deutschen Bibliothek

Die Deutsche Bibliothek verzeichnet diese Publikation in der Deutschen Nationalbibliografie; detaillierte bibliografische Daten sind im Internet über http://dnb.ddb.de abrufbar.

ISBN-10 3-540-29627-1 Springer Berlin Heidelberg New York
ISBN-13 978-3-540-29627-0 Springer Berlin Heidelberg New York

Springer ist ein Unternehmen von Springer Science+Business Media
springer.de
© Springer-Verlag Berlin Heidelberg 2006
Printed in The Netherlands

Die Wiedergabe von Gebrauchsnamen, Handelsnamen, Warenbezeichnungen usw. in diesem Werk berechtigt auch ohne besondere Kennzeichnung nicht zu der Annahme, daß solche Namen im Sinne der Warenzeichen- und Markenschutz-Gesetzgebung als frei zu betrachten wären und daher von jedermann benutzt werden dürften.

Sollte in diesem Werk direkt oder indirekt auf Gesetze, Vorschriften oder Richtlinien (z. B. DIN, VDI, VDE) Bezug genommen oder aus ihnen zitiert worden sein, so kann der Verlag keine Gewähr für die Richtigkeit, Vollständigkeit oder Aktualität übernehmen. Es empfiehlt sich, gegebenenfalls für die eigenen Arbeiten die vollständigen Vorschriften oder Richtlinien in der jeweils gültigen Fassung hinzuziehen.

Satz: Digitale Druckvorlage des Autors
Herstellung: LE-TeX Jelonek, Schmidt & Vöckler GbR, Leipzig
Umschlaggestaltung: medionet AG, Berlin

Gedruckt auf säurefreiem Papier   7/3100/YL - 5 4 3 2 1 0

Vorwort

Mit der Entwicklung des Transistors im Jahre 1948 wird die Geburtsstunde der Mikroelektronik verbunden, deren rasante Entwicklung bisher beispiellos verläuft. Wie der Branchenpionier *Gordon Moore* schon frühzeitig feststellte, verdoppelt sich etwa alle 18 Monate die Anzahl der Transistoren auf einer integrierten Schaltung. Er extrapolierte eine derartige Vorhersage exponentiellen Wachstums erstmals 1965 aus den bis dahin entwickelten Schaltkreisen mit wenigen Transistoren und schränkte gleichzeitig ein, dass dies nur bis 1975 gültig sein wird. Mit einer Milliarde Transistoren auf Schaltkreisen wissen wir heute, dass diese kühne Einschätzung auch noch nach über 40 Jahren ihre Gültigkeit behalten hat – eine industrielle Entwicklung, für die es in der Menschheitsgeschichte bisher keine Parallelen gibt.

Dieses Wachstum wird in der öffentlichen Meinung oft ausschließlich der technologischen Ausnutzung der Halbleitereigenschaften des Siliziums zugeschrieben. Hierbei bringt man durch immer feinere Strukturen mehr Komponenten auf einer Fläche unter und erzielt so integrierte Schaltungen von stetig wachsender Komplexität. Jedoch wird meist vergessen, dass diese technologische Weiterentwicklung, so beeindruckend sie auch ist, nur eine Seite der Medaille verkörpert. Die sich ergebenden Möglichkeiten, mit feineren Strukturen höhere Anzahlen von Transistoren pro Fläche zu erzielen, sind erst in elektronische Schaltungen umzusetzen, bevor ihr eigentlicher Nutzen erkennbar wird. Die Fähigkeit zum Entwurf einer solchen Schaltung unter vollständiger Ausnutzung der ständig wachsenden Komplexität ist damit genauso wichtig wie die im Rampenlicht stehende Entwicklung immer besserer Halbleitertechnologien.

Der Entwurf einer elektronischen Schaltung beinhaltet eine Vielzahl von Schritten. Diese beginnen in der Regel bei der Definition der gewünschten Funktionsaufgabe, z.B. mit der Frage, welche Ausgangssignale sich bei welchen Eingangssignalen ergeben sollen, und enden mit der Darstellung der exakten geometrischen Anordnung von unterschiedlichen Komponenten und Materialien, die dann diese Aufgabe erfüllen. Aufgrund der enormen technologischen Entwicklung mit der steigenden Anzahl von Transistoren wächst auch die Komplexität der Entwurfsaufgabe im selben Maße an. Während der Entwurf einer Schaltung mit 200 Transistoren noch manuell bearbeitet werden konnte, so ist man damit bei 200 Millionen Transistoren hoffnungslos überfordert. Hier helfen nur Computerprogramme, die mit Millionen von Rechenoperationen pro Sekunde in der Lage sind, derartig komplexe Strukturen zu erfassen und dem Schaltungs- und Layoutentwerfer einen Großteil der dabei anfallenden Aufgaben abzunehmen.

Die Entwicklung und den Einsatz derartiger Computerprogramme zur Unterstützung des Entwurfs einer elektronischen Schaltung bezeichnet man als Entwurfsautomatisierung. Aus der englischen Originalbezeichnung „Electronic Design Automation" hat sich auch im Deutschen dafür die Abkürzung EDA eingebürgert. Die Entwicklung begann vor ungefähr 40 Jahren mit ersten Programmen, die bei Leiterplatten die Platzierung der Bauelemente für die anschließende Verdrahtung optimierten. Heute sind sämtliche Phasen des Entwurfs, insbesondere bei integrierten

Schaltungen, rechnergestützt. Die so entstandene EDA-Industrie zur Schaffung und Wartung von Entwurfsprogrammen ist ein nicht mehr wegzudenkender Bestandteil der Mikroelektronik mit einem geschätzten Jahresumsatz von ungefähr vier Milliarden US-Dollar.

Zur bereits genannten Bedeutung des Entwurfs einer elektronischen Schaltung kam in der jüngsten Vergangenheit noch eine sich dramatisch verschärfende Komponente hinzu, die sogenannte „Entwurfsschere". Während gegenwärtig die Anzahl der technologisch fertigbaren Transistoren auf einer Schaltung im Jahresdurchschnitt etwa um 58 % im Vergleich zum Vorjahr steigt, so verzeichnet die Anzahl der entwerfbaren Transistoren „lediglich" eine jährliche Steigerungsrate von ungefähr 21 %. Damit kann die Entwurfsproduktivität, ausgedrückt in der Anzahl der Transistorfunktionen, die ein Schaltungsentwerfer in einer Zeiteinheit zu bearbeiten in der Lage ist, den technologischen Möglichkeiten seit mehreren Jahren nicht mehr folgen. Experten sind sich weitgehend einig, dass nur eine verstärkte Investition in automatische Entwurfswerkzeuge helfen wird, diese Situation zu entschärfen.

All das verdeutlicht die wachsende Bedeutung der Entwurfsautomatisierung. Neben der bekannten Tatsache, dass kein elektronisches Produkt mehr verkauft werden könnte, wenn nicht Computerprogramme den Entwurf der dabei zugrunde liegenden Schaltungen vornehmen, wird auch offensichtlich, dass der Entwurf einen immer größeren Anteil bei der Produktentwicklung einnimmt. Im jeweiligen Anwendungsfall kommt dann oft noch ein weiteres Problem hinzu, nämlich, dass die käuflich zu erwerbenden Entwurfsprogramme für den allgemeinen Markt entwickelt werden. Damit sind zur Erfüllung einer *konkreten* Entwurfsaufgabe in der Regel noch Modifikationen an den Programmen vorzunehmen, indem z.B. Ergänzungs- und Schnittstellenmodule hinzuzufügen sind. Entwicklungsingenieure elektronischer Baugruppen benötigen damit nicht nur Kenntnisse über die Nutzung von Entwurfsprogrammen; sie müssen auch in der Lage sein, die sich dahinter verbergenden Strukturen und Algorithmen zu erkennen und zu modifizieren.

Zur Vermittlung derartiger Kenntnisse widmet sich dieses Buch detailliert den bei Programmen für die Layoutsynthese zugrunde liegenden Strukturen und Vorgehensweisen. Es behandelt damit grundlegende Algorithmen, die es einem Computerprogramm ermöglichen, aus den Netzlisten- und Bibliotheksinformationen einer elektronischen Schaltung deren Layout zu erstellen. Dazu werden die hierfür notwendigen Schritte, also Partitionierung, Floorplanning, Platzierung, Verdrahtung und Kompaktierung vorgestellt, und grundlegende algorithmische Methoden beschrieben, auf denen moderne Layout-Entwurfssysteme beruhen. Es wird Wert darauf gelegt, aus der Vielzahl der bisher entwickelten Algorithmen diejenigen vorzustellen, die am bedeutsamsten moderne Entwurfswerkzeuge beeinflusst haben. Dass hier keine Vollzähligkeit angestrebt werden kann, ist offensichtlich. Die Kenntnis einiger weniger Grundalgorithmen ist jedoch oft ausreichend, um Weiterentwicklungen schnell erfassen und verstehen zu können. Eine große Anzahl von graphischen Darstellungen, Beispielen und Aufgaben dient dabei zur Illustration der algorithmischen Vorgehensweise.

Dieses Buch entstand aus den vielseitigen Erfahrungen des Autors als Software-Entwickler derartiger Programme in einer EDA-Firma, als Programmanwender in einer Halbleiterfirma und jetzt bei der Vermittlung von Entwurfsalgorithmen in der universitären Ausbildung. Es richtet sich damit gleichermaßen an Studierende der Elektrotechnik/Elektronik und Informatik wie an Entwicklungsingenieure in der industriellen Praxis. Dabei ist das Buch keineswegs auf Entwickler von Entwurfssoftware beschränkt, sondern auch für den Layoutentwerfer einer elektronischen Schaltung gedacht. Es soll darüber hinaus Hochschullehrern als Basismaterial dienen, um die zugegebenermaßen schwierig durchzuführende Ausbildung auf diesem Gebiet zu unterstützen. Die einzelnen Kapitel sind dazu sauber voneinander getrennt und ermöglichen somit eine punktuelle Einbeziehung in unterschiedliche Ausbildungskonzepte. Zu jedem Kapitel steht ein umfangreicher Foliensatz im Internet bereit (www.springer.com/de/3-540-29627-1). Die Kapitel schließen zudem mit erprobten Aufgabenstellungen, die eine Verständnisüberprüfung der wesentlichen Schwerpunkte ermöglichen. Die Lösungen sind ebenfalls dem Buch beigefügt.

Allen, die aktiv am Zustandekommen dieses Buches beteiligt waren, möchte ich sehr herzlich danken. Mein Dank gilt hier besonders Prof. Dr.-Ing. Dr. h.c. Werner Krause und Prof. Dr.-Ing. Günter Röhrs (TU Dresden) sowie Herrn Peter Lienig für die sorgfältige Durchsicht des Manuskripts. Meinen Mitarbeitern Herrn Ammar Nassaj, M.Sc., Dipl.-Ing. Frank Reifegerste sowie Frau Diana Rieger bin ich für viele Zuarbeiten dankbar. Prof. Dr.-Ing. Erich Barke (Universität Hannover), Prof. Dr.-Ing. Stefan Dickmann (Helmut Schmidt Universität Hamburg), Dr.-Ing. Jürgen Scheible (Robert Bosch GmbH) und Dipl.-Ing. Peter Spindler (TU München) unterstützten mich mit konkreten Hinweisen. Für die Zuarbeiten bei der Ergänzung einiger Teilgebiete gebühren Prof. em. Dr.-Ing. Dr. h.c. mult. Dieter A. Mlynski (Universität Karlsruhe) und Dipl.-Ing. Göran Jerke (Robert Bosch GmbH) ein besonderer Dank. Prof. Dr. rer. nat. Rainer Brück (Universität Siegen) bin ich sehr dafür verbunden, dass er mir jederzeit mit Ratschlägen hilfreich zur Seite stand.

Herr Thomas Heinrich unterstützte mich geduldig beim Buchdesign. Vor allem aber danke ich dem Springer Verlag, und hier besonders Frau Eva Hestermann-Beyerle und Frau Monika Lempe, für das in mich gesetzte Vertrauen und die wertvolle Unterstützung bei der Vorbereitung und Herausgabe dieses Buches.

Dresden, im Frühjahr 2006   Jens Lienig

Inhaltsverzeichnis

Kapitel 1
Einführung

1

1

1 Einführung

1.1 Entwurfsautomatisierung in der Elektronik (EDA)

Unter Entwurfsautomatisierung in der Elektronik (EDA, Electronic Design Automation) versteht man die Entwicklung und den Einsatz von Computerprogrammen, also von Software, zur Unterstützung des Entwurfs elektronischer Baugruppen. Bei diesen werden folgende Hierarchiestufen unterschieden:

- Integrierte Schaltkreise (ICs, Integrated Circuits)
- Multichip-Module (MCMs) / Hybridbaugruppen
- Leiterplatten (LPs/PCBs, Printed Circuit Boards).

Heutige Technologien ermöglichen die Entwicklung von integrierten Schaltkreisen mit Hunderten von Millionen Transistoren und sog. HDI- (High Density Interconnect) Leiterplatten mit einer Vielzahl von Lagen und Bauelementen. Der Entwurf derartiger Baugruppen setzt einen automatisierten Entwurfsprozess voraus, denn manuell lässt sich eine derartige Komplexität von keiner noch so großen Entwicklungsgruppe beherrschen. Es werden also Computerprogramme eingesetzt, die entweder völlig selbständig oder teilweise manuell geführt die Spezifikation, die Schaltungsentwicklung, die Simulation, die Layoutsynthese und die Layoutverifizierung einer derartigen Schaltung durchführen bzw. unterstützen.

Der Entwurf einer elektronischen Baugruppe mittels Rechnerunterstützung begann vor ca. 40 Jahren mit Programmen zur Platzierung von Modulen auf Leiterplatten. Im IC-Bereich wurden wenig später erste Programme zur Logik-Optimierung, also zur Reduzierung der Gatteranzahl, entwickelt. Derzeitige Entwurfsprogramme schenken der Reduzierung der Gatteranzahl nur noch untergeordnete Bedeutung („Transistors are cheap"), stattdessen kommt es verstärkt zu einer Fokussierung auf die elektrischen Eigenschaften der Schaltung, wie z. B. Signalverzögerungen und Signalkopplungen. Es ist offensichtlich, dass heute sämtliche Phasen des Entwurfs einer elektronischen Baugruppe rechnergestützt verlaufen.

In den 70er Jahren erfolgte die Entwicklung derartiger Programme im Wesentlichen noch innerhalb der die Baugruppe entwerfenden Firmen (sog. In-house tools). In den 80er und 90er Jahren kam es dann zur Herausbildung einer mehr oder weniger unabhängigen EDA-Industrie, welche die Halbleiterbranche mit den notwendigen Entwurfsprogrammen versorgte. Diese EDA-Industrie ist heute ein nicht mehr wegzudenkender Bestandteil der Mikroelektronik mit einem geschätzten Jahresumsatz von ungefähr vier Milliarden US-Dollar und etwa 18 000 Beschäftigten. Die überwiegende Mehrheit dieser Firmen ist US-amerikanisch, wobei die meisten von ihnen im sog. „Silicon Valley" im Großraum um San Jose (Kalifornien) angesiedelt sind.

Um sich einen Überblick über die verschiedenen EDA-Firmen zu verschaffen sowie kommerzielle Neuentwicklungen kennen zu lernen, empfiehlt sich ein Besuch der parallel zur alljährlich im Frühsommer in den USA stattfindenden „Design Automation Conference" (DAC) abgehaltenen EDA-Messe. Die Konferenz selbst sowie die jedes Jahr im November in San Jose durchgeführte „International Conference on Computer Aided Design" (ICCAD) sind für die algorithmische Neuentwicklung in der Entwurfautomatisierung von besonderem Interesse. Für Leiterplatten-Interessenten sind die ebenfalls in den USA stattfindenden „PCB Design Conference West" (Frühjahr) und „PCB Design Conference East" (Herbst) zu empfehlen.

Wer den weiten Flug bzw. die nicht unerheblichen Kosten scheut, kann auch in Europa eine von einer Ausstellung begleitete EDA-Konferenz besuchen, die „Design, Automation and Test in Europe" (DATE)-Konferenz. Auch hier sind alle namhaften EDA-Firmen auf einer einbezogenen Messe vertreten, und der Konferenzteil steht vom wissenschaftlichen Anspruch her den o.g. Konferenzen in den USA kaum nach.

Die angesehenste Zeitschrift auf dem Gebiet der Entwurfsautomatisierung ist die von der weltweiten Ingenieurvereinigung IEEE (Institute of Electrical and Electronics Engineers) herausgegebene Zeitschrift „IEEE Transactions on Computer-Aided Design of Integrated Circuits and Systems", welche monatlich erscheint.

Ergänzende Literatur zu Algorithmen für die Layoutsynthese sind die am Ende dieses Kapitels aufgeführten Bücher [1.1], [1.6], [1.8], [1.9], wobei insbesondere [1.6] zur Vertiefung in die mathematischen Grundlagen von Entwurfsalgorithmen empfohlen werden kann. Zur Einführung in den hier nicht behandelten Schaltungsentwurf und zu praktischen Aspekten bei der Anwendung von Entwurfswerkzeugen sei auf die Bücher [1.2] und [1.3] verwiesen.

1.2 Hinweise zum Buch

Dieses Buch konzentriert sich auf die Behandlung von Algorithmen zur Automatisierung der Layoutsynthese. Unter der Layoutsynthese wird dabei die rechnergestützte Überführung der Netzliste einer Schaltung in die geometrische Anordnung der Zellen bzw. Bauelemente und Verbindungsleitungen, die sog. Layoutdarstellung, verstanden.

Das Erstellen einer Netzliste, also der Schaltungsentwurf, und die Simulation/Verifikation der Schaltung sowie des Layouts sind damit nicht Bestandteil dieses Buches. Hier sei der Leser auf andere Literatur, wie z.B. [1.2], verwiesen. Auch wird die eigentliche Anwendung von kommerziellen Entwurfsprogrammen nicht angesprochen; diese kann man in den jeweiligen Benutzungshandbüchern nachlesen.

Die Behandlung der Algorithmen bezieht sich überwiegend auf Methoden, die bei der Layoutsynthese digitaler Schaltungen zur Anwendung kommen, da dort der erreichbare Automatisierungsgrad wesentlich höher ist als bei analogen Schaltungen. An Stellen, an denen auf Besonderheiten des Layoutentwurfs analoger Schaltungen bzw. auf Multichip-Module und Leiterplatten eingegangen wird, ist dies explizit angegeben.

Mit diesem Buch sollen Fragen beantwortet werden, die von Studierenden und Ingenieuren immer wieder gestellt (oder manchmal auch verschwiegen) werden:

—   Wie kommt man von der Netzliste einer Schaltung zur korrekten Layoutdarstellung der einzelnen Komponenten?

—   Wie funktionieren Programme zum Entwurf einer elektronischen Baugruppe? Was passiert eigentlich im Rechner, wenn zu einer vorgegebenen Schaltung das Layout automatisch erzeugt wird?

—   Wie werden Entwurfsprogramme erstellt und wie kann man sie modifizieren?

Obwohl in diesem Buch eine Fokussierung auf die Hierarchiestufe von integrierten Schaltungen (ICs) erfolgt, sind die vorgestellten Algorithmen oft nicht auf diese beschränkt. Gleiche oder ähnliche Algorithmen werden auch in anderen Hierarchieebenen von elektronischen Baugruppen, also bei Multichip-Modulen (MCMs) und Leiterplatten (LPs), angewendet, so dass die hier vermittelten Grundkenntnisse gleichberechtigt einem IC-Entwickler wie einem MCM- bzw. Leiterplatten-Entwerfer zugute kommen.

Das Buch richtet sich gleichermaßen an Studierende der Elektrotechnik/Elektronik und der Informatik sowie an Ingenieure, die in der Entwicklung elektronischer Baugruppen tätig sind. Der Einsatz von Entwurfssoftware gehört heute zum Berufsalltag bei der Bearbeitung einer Entwicklungsaufgabe in der Elektrotechnik/Elektronik. Schnell wird man feststellen, dass die oft für sehr viel Geld eingekauften Entwurfswerkzeuge nur teilweise den Anforderungen der eigenen Firma genügen – haben doch deren Entwickler einen allgemeinen Weltmarkt im Blickfeld gehabt. In vielen Fällen kommt man also nicht umhin, zusätzliche Module zu entwickeln, die entweder einzelne Entwurfsschritte den eigenen Anforderungen anpassen oder eine Überführung von Eingangs- und/oder Ausgangsdaten in die firmeninterne Entwurfumgebung vornehmen. Derartige Softwareentwicklungen erfordern sehr gute Kenntnisse von dem, was „unter der Haube" eines kommerziellen Entwurfswerkzeuges passiert. Es sei auch noch hinzugefügt, dass selbst der bloße Einsatz eines eingekauften Tools viel schneller und problemloser vonstatten geht, wenn man von dessen „Innenleben" bestimmte Vorstellungen hat.

Dieses „Innenleben" soll in dem vorliegenden Buch vermittelt werden, wobei eine Konzentration auf die wesentlichsten Grundalgorithmen erfolgt. Die konkreten Anwendungsmärkte eines EDA-Werkzeuges sind zu vielfältig, als dass man hier nach Vollständigkeit streben könnte. Deshalb erfolgt bewusst die Auswahl einiger wesentlicher Algorithmen. Deren Kenntnis ist nach Auffassung des Autors ausreichend, um konkrete, auf die jeweilige Anwendung zugeschnittene Algorithmen, schnell zu erfassen, da sie doch oftmals nur „Mutationen" der hier behandelten Grundalgorithmen sind.

Weitere Informationen zu diesem Buch, einschließlich bereitgestellter Foliensätze zu den einzelnen Kapiteln, sind unter www.springer.com/de/3-540-29627-1 abrufbar.

1.3 Bedeutung der Entwurfsautomatisierung

Wie eingangs bereits festgestellt, ist das bisher erfolgte exponentielle Wachstum der Transistorbelegung eines Schaltkreises in der industriellen Geschichte ohne Parallelen (Abb. 1.1). Auch für die nächsten Jahre ist kein Ende dieser beeindruckenden Entwicklung abzusehen. Im Durchschnitt der letzten Jahre ergibt sich so eine *kulminative* jährliche Zunahme der Anzahl der Transistoren pro Chip von etwa 58%.

Moore's Law

1965 stellte Gordon Moore (Fairchild) fest, dass sich die Anzahl der Transistoren in einer integrierten Schaltung alle 12 Monate verdoppelt. 10 Jahre später präzisierte er seine Aussagen dahingehend, dass diese Verdopplung aller 18 Monate eintritt, was als Moore's Law in die Geschichte einging.

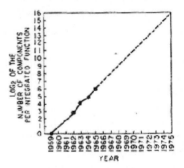

Abb. 1.1 Das Moore'sche Gesetz und Gordon Moore's originale Darstellung der Trendentwicklung [1.7], die auch heute noch nichts von ihrer Richtigkeit eingebüßt hat.

Wie sieht es aber mit der Umsetzung dieser technologischen Möglichkeiten aus, d.h. mit ihrer Überführung in eine konkrete elektronische Schaltung? Wenn man dazu die Zahlen der wichtigsten Halbleiterfirmen zugrunde legt, so ergibt sich eine jährliche Zunahme der Entwurfsproduktivität von ungefähr 21%. Mit anderen Worten, in jedem Jahr steigt die durch einen Schaltungsentwerfer umgesetzte Anzahl der Transistoren einer Schaltung durchschnittlich um 21%, wobei dieses im Wesentlichen durch verbesserte Entwurfswerkzeuge und -methodiken bedingt ist. [1]

Obwohl dieses Wachstum der Entwurfsproduktivität (Designer productivity) beeindruckend ist, so hinkt es doch deutlich hinter den o.g. technologischen Möglichkeiten (Potential design complexity) hinterher. Die sich daraus ergebende Schere zwischen dem technologisch Möglichen und entwurfstechnisch Beherrschbaren wird als **Entwurfsschere** (Design gap) bezeichnet (Abb. 1.2).

Experten sind sich weitgehend einig, dass diese ständig weiter aufklaffende Lücke eine immer stärkere „Bremswirkung" auf die zukünftige Entwicklung der Mikroelektronik ausüben wird. Umso dringender ist nach Auswegen aus diesem Dilemma zu suchen, wobei man als Lösung immer wieder die Entwurfsautomatisierung direkt anspricht. Eine deutliche Steigerung der Entwurfsproduktivität lässt sich demnach nur durch bessere Entwurfswerkzeuge und neue Entwurfsmethoden erreichen. Beides ist letztendlich aber nur dadurch zu erzielen,

---

[1] Da die Kennziffer „Anzahl der Transistoren" sehr stark anwendungsabhängig ist (analoge oder digitale Schaltung, logische Gatter oder Speicherblöcke usw.), werden bei derartigen statistischen Untersuchungen sog. „normierte Transistoren" zugrunde gelegt.

dass die Entwurfsautomatisierung noch mehr in den Mittelpunkt einer Produktentwicklung rückt. Die Weiterentwicklung von Entwurfswerkzeugen und –methoden wird somit darüber entscheiden, ob die beeindruckenden technologischen Möglichkeiten der Mikroelektronik weiterhin in gleichem Maße Eingang in neue und verbesserte Produkte finden.

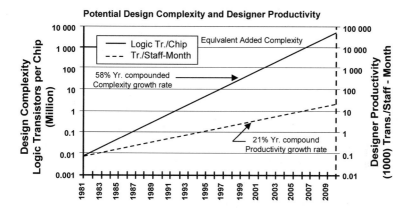

Abb. 1.2 Trotz ständig weiterentwickelter Entwurfswerkzeuge wächst die Entwurfsproduktivität eines Schaltungsentwerfers (ausgedrückt in entworfenen Transistoren pro Personen-Monat, in 1000er Einheiten) deutlich langsamer als die technologischen Möglichkeiten (ausgedrückt in der Anzahl logischer Funktionen pro Chip, in Millionen Einheiten, nach [1.4]).

1.4 Entwicklung der Entwurfsautomatisierung   1.4

Während in den Anfangsjahren der Mikroelektronik noch ausschließlich der manuelle Entwurf vorherrschte, kamen in der zweiten Hälfte der 60er Jahre erstmals Platzierungsprogramme für die optimierte Anordnung der einzelnen Bauelemente auf einer Leiterplatte zur Anwendung. Parallel dazu wurden Programme entwickelt, die den Schaltungs- und Layoutentwerfer bei der graphischen Abbildung der Schaltung bzw. des Layouts unterstützten.

Die 70er Jahre sind durch die immer tiefere Durchdringung aller Phasen des Entwurfs einer Leiterplatte und auch einer integrierten Schaltung mit Computerprogrammen gekennzeichnet, was man damals als „Computer-Aided Design" (CAD) bezeichnete. Waren die ersten rechnergestützten Entwurfswerkzeuge oft noch hausinterne Eigenentwicklungen der großen Halbleiterfirmen (IBM, Intel usw.), so traten mit Beginn der 80er Jahre verstärkt unabhängige Anbieter von Entwurfssoftware auf den Markt. In den 90er Jahren beherrschten diese dann eindeutig die Entwicklung der Entwurfssoftware, wobei sich der Begriff „Electronic Design Automation" (EDA) immer mehr durchsetzte. Die 90er Jahre sind auch durch eine Marktkonsolidierung gekennzeichnet, d.h. es kam zur Dominanz einiger weniger EDA-Firmen (Cadence, Synopsys/Avanti und Mentor Graphics).

Die gegenwärtige Entwicklung zeichnet sich durch die Einführung durchgängiger Entwurfsflüsse aus, welche von jeweils einem Anbieter entwickelt oder „zusammengekauft" werden und die sämtliche Entwurfsschritte untereinander verknüpfen. Damit kommt es zur „Aufweichung" des bisher sequentiellen Entwurfsprozesses, welcher durch eine strenge Abfolge einzelner, voneinander mehr oder weniger unabhängiger Schritte und oft auch Werkzeuge, charakterisiert war. Hintergrund dieser aktuellen Entwicklung sind die aufgrund feinerer Strukturen immer schwieriger werdende Berücksichtigung elektrischer Schaltungsparameter, wie z.B. die Einhaltung von Signalverzögerungen oder die Beachtungen von Kopplungen zwischen den Leiterbahnen, und die Zunahme der Entwurfskomplexität. Unter diesen Bedingungen ist ein Entwurfsschritt nicht mehr losgelöst von seinen Vorgänger- und Nachfolgerschritten durchführbar. Hier kann nur noch eine Verknüpfung und damit Parallelbearbeitung der Schritte sicherstellen, dass das entworfene Layout den immer höheren Schaltungsanforderungen genügt.

Tabelle 1.1 fasst die wesentlichen Entwicklungsetappen der Automatisierung bei der Erstellung des Layouts einer Schaltung zusammen.

Tab. 1.1 Historische Entwicklung der Layoutsynthese

Zeitraum	Entwurfswerkzeuge
1950 bis 1965	Manueller Entwurf
1965 bis 1975	Layout-Editoren, erste Platzierungs- und Verdrahtungswerkzeuge bei LPs
1975 bis 1985	Ausgereifte Platzierungswerkzeuge (IC, LP), detaillierte Herausbildung von Entwurfsschritten, Entwicklung von Algorithmen für alle Entwurfsschritte
1985 bis 1990	Erste „Performance-Driven"-Entwurfswerkzeuge, Entwicklung von Parallelalgorithmen für den Layoutentwurf, Ausreifen der den Algorithmen zugrunde liegenden Theorien (Graphentheorie, Lösungskomplexität usw.)
1990 bis 2000	Erste „Over-the-Cell" (OTC)-Verdrahtung, 3D- bzw. Mehrlagen-Entwurf (insbesondere Verdrahtung) gewinnt schnell an Dominanz, Ausreifen der Schaltungssynthese, verdrahtungszentrierter Entwurf und Modellierung erlangen Bedeutung, Parallelisierung der Entwurfsschritte
2000 bis heute	Aufkommen des fertigungszentrierten Entwurfs (DFM, Design for manufacturability), Strukturbreiten unterhalb der Lichtwellenlänge zwingen zu Optical Proximity Correction (OPC) und anderen Layoutmodifikationen, Reuse-orientierter Entwurf, d.h. verstärkte Wiederverwendung von entwickelten und erprobten Schaltungsmodulen, Einsatz von IP-Modulen (IP: Intellectual property)

1.5 Übersicht über den Entwurfsprozess

Wie bereits erwähnt, zeichnet sich der Entwurf einer integrierten Schaltung durch die ständige Zunahme der Komplexität aus. Daher hat sich schon sehr frühzeitig eine Einteilung des Entwurfs in sequentiell zu bearbeitende Schritte, die sog. Entwurfsschritte, herausgebildet (Abb. 1.3). Diese sind durch unterschiedliche Abstraktionsebenen charakterisiert. Während man zum Entwurfsbeginn noch das ganze System im Blickfeld hat und Detailkenntnisse und –anforderungen zu den einzelnen Schaltungsblöcken keine Rolle spielen, kommt es bei den nachfolgenden Entwurfsschritten sukzessive zur Einbeziehung von immer mehr Entwurfsdetails. Am Ende liegt jedes noch so kleine Schaltungselement definiert vor, seien es seine geometrische Abbildung oder die genauen elektrischen Eigenschaften.

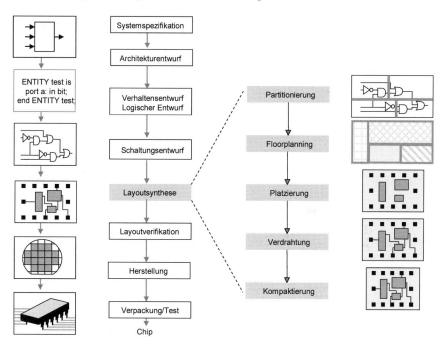

Abb. 1.3 Wesentliche Schritte beim digitalen Schaltkreisentwurf mit besonderer Berücksichtigung der Layoutsynthese (vereinfachte Darstellung).

Nachfolgend werden die wesentlichen Schritte, die beim Entwurf einer digitalen integrierten Schaltung zu bearbeiten sind, kurz dargestellt.

▶ 1.5.1 Systemspezifikation (System Specification)

Bei der Systemspezifikation werden wichtige Merkmale des zu entwerfenden elektronischen Systems festgelegt: Leistungsanforderungen (Performance), Funktionalität, physikalische Abmessungen, Herstellungstechnologie, Entwurfsmethodik und vieles mehr. Die Systemspezifikation ist dabei immer ein Kompromiss zwischen den Marktanforderungen, den technologischen und entwurfstechnischen Möglichkeiten sowie den ökonomischen Zielstellungen.

► **1.5.2 Architekturentwurf (Architectural Design)**

In diesem Schritt wird die Grundarchitektur des zu entwerfenden Systems festgelegt. Beispiele für Entscheidungen auf dieser Hierarchie-Ebene sind:
–   Festlegung der Speicherorganisation (bitseriell oder bitparallel) und der Adressierungsarten
–   Anzahl von zu verwendenden ALUs (Arithmetic/logic units)
–   Art des Interfaces zur Umgebung, Beachtung einzuhaltender Standards usw.

► **1.5.3 Verhaltensentwurf (Functional Design)**

Beim Verhaltensentwurf bestimmt man die wesentlichen funktionalen Einheiten des Systems, wobei auch die Verbindungsanforderungen zwischen diesen Einheiten zu definieren sind. Dabei erfolgt eine Beschränkung auf die *Verhaltens*beschreibung, d.h. es sind nur Input, Output und Zeitverhalten der Einheiten festzulegen (die Beschreibung der internen Struktur der Einheiten erfolgt zu einem späteren Zeitpunkt).

► **1.5.4 Logikentwurf (Logic Design)**

Basierend auf dem Verhaltensentwurf werden beim anschließenden Logikentwurf Steuersignale, Wortbreite, arithmetische Operationen usw. festgelegt. Dabei ist zwischen Datenfluss (Data path design) und Steuerfluss (Control path design) zu unterscheiden:
–   Data Path Design: Detaillierter logischer Entwurf der einzelnen Module des Schaltkreises, also Funktionsblöcke (z.B. Addierer und andere arithmetische Einheiten), Speicherblöcke (z.B. RAMs, Buffer) und der Hardware-Komponenten zum Datentransfer zwischen Funktions- und Speicherblöcken (z.B. Busse, Multiplexer und Demultiplexer).
–   Control Path Design: Ableitung der Steuersignale zum Aktivieren und Deaktivieren der Module, also z.B. zur Initiierung des Datentransfers zwischen Funktions- und Speicherblöcken.

Der Logikentwurf erfolgt unter Nutzung einer sog. RTL (Register Transfer Level)-Beschreibung in Form einer Hardware-Beschreibungssprache (Hardware Description Language, HDL), wie VHDL (Very High Speed Integrated Circuits HDL) oder

Verilog. Eine derartige Schaltungsbeschreibung besteht aus Boole'schen Ausdrücken und Festlegungen des Zeitverhaltens, welche auch zur Simulation und Verifikation der Schaltung benutzt werden können.

Sogenannte „High Level Synthesis Tools" ermöglichen heute eine vollständige Automatisierung dieses Entwurfsabschnittes. So kann z.B. die Hardware-Beschreibungssprache (VHDL, Verilog) automatisch aus dem Ablaufdiagramm einer Schaltung erstellt werden. Auch die anschließende Netzlistenerstellung erfolgt rechnergestützt, wobei eine Gatter- bzw. Standardzellenbibliothek einbezogen wird.

▶ 1.5.5 Layoutsynthese (Physical Design)

Bei der Layoutsynthese überführt man unter Nutzung von Bibliotheks- und Technologie-Informationen die Netzliste einer Schaltung in ihre reale geometrische Darstellung. Dabei werden alle Schaltungselemente (Zellen/Gatter, Makrozellen, Transistoren usw.) in ihrem geometrischen Abbild (Form, Abmessung, Ebenenzuordnung) dargestellt und ihre räumliche Anordnung (Platzierung) sowie die konkreten Verbindungsstrukturen (Verdrahtung) zwischen ihnen ermittelt. Im Ergebnis liegt die Layoutdarstellung der Schaltung vor, die nach ihrer Verifikation ebenenspezifisch auf Masken übertragen wird und so die Herstellung der integrierten Schaltung ermöglicht.

Die Layoutsynthese erfolgt immer unter Einbeziehung von Technologie-Informationen, die als sog. Entwurfsregeln (Design rules) die technologie-korrekte Layouterstellung erst ermöglichen. Beispielsweise müssen die minimalen Leiterzugbreiten bekannt sein, bevor diese angeordnet werden können. Die Entwurfsregeln werden dabei aus den Grenzwerten des technologischen Implementierungsprozesses und den elektrischen Eigenschaften des verwendeten Materials abgeleitet. Aufgrund der Einbeziehung von Technologie-Informationen ist die Layoutsynthese auch der erste Schritt, bei dem der Entwurf digitaler Schaltkreise technologieabhängig wird. Das hat konkrete Auswirkungen bei der Technologie-Transformation, d.h. der Überführung einer erprobten und beizubehaltenden Schaltung auf eine neue Technologie: Hier müssen in der Regel die vor der Layoutsynthese liegenden Schritte nicht erneut durchgeführt werden. Lediglich die Layoutsynthese sowie die nachfolgenden Schritte sind unter Nutzung der neuen Technologie-Informationen, und damit auch unter Einbeziehung einer veränderten Zellenbibliothek, erneut abzuarbeiten.

Die Layoutsynthese bestimmt im Wesentlichen die Leistungsfähigkeit des zu erstellenden Schaltkreises, seine Fläche, die Zuverlässigkeit sowie die Ausbeute des Herstellungsprozesses (Yield). Beispiele für diese Abhängigkeiten sind:

- Leistungsfähigkeit: Lange Verbindungsleitungen bedingen wesentliche Signalverzögerungen.

- Fläche: „Schlecht" platzierte Module bedingen unnötig große Verdrahtungsflächen.

- Zuverlässigkeit: Große Anzahl von Vias (Durchkontaktierungen) bedingen höhere Defektraten.

- Ausbeute: Je größer die Chipfläche, desto geringer ist die Ausbeute von funktionierenden Schaltkreisen.

Aufgrund ihrer Komplexität wird die Layoutsynthese in einzelne Teilabschnitte unterteilt (s. Abb. 1.3). Beim digitalen Schaltkreisentwurf kann man z.B. die folgenden Schritte anwenden:

- Partitionierung (Aufteilung einer Schaltung in Teilschaltungen bzw. Schaltungsblöcke, die einzeln entworfen werden können)
- Floorplanning (Festlegung der Formen und der Anordnung der Schaltungsblöcke sowie der Belegungen der Außenanschlüsse)
- Platzierung (exakte Anordnung aller Zellen in einem Schaltungsblock)
- Globalverdrahtung (Zuordnung von Zellenverbindungen zu Verdrahtungsregionen, z.B. zu Kanälen und Switchboxen)
- Verdrahtung der Stromversorgungs- und Massenetze
- Verdrahtung der Taktnetze (Clock-Tree-Synthese)
- Feinverdrahtung der Signalnetze (exakte Zuordnung von Spuren innerhalb der bereits zugewiesenen Verdrahtungsregionen)
- Kompaktierung (Optimierung der Layoutfläche bzw. anderer Schaltungsparameter).

Beim Analogentwurf von integrierten Schaltungen wird die Erzeugung des geometrischen Abbildes eines im Schaltplan definierten Schaltungselementes oft mittels sog. (Layout-) Generatoren durchgeführt. Diese sind automatisch in der Lage, anhand der dem Schaltungselement (z.B. einem Widerstand) im Schaltplan zugeordneten elektrischen Eigenschaften (wie z.B. dem Widerstandswert), seine geometrische Darstellung abzuleiten (z.B. Länge und Breite auf einer bestimmten Ebene).

► **1.5.6 Layoutverifikation (Layout Verification)**

Der Layoutsynthese schließt sich eine umfassende Verifikation des Layouts auf seine technologische Fertigbarkeit, die elektrische Korrektheit und seine elektrische Funktionstüchtigkeit an.

Beim DRC (Design Rule Check) verifiziert man die Fertigbarkeit des Layouts, indem die Einhaltung der technologisch bedingten Entwurfsregeln in der Layoutdarstellung kontrolliert wird.

Ebenfalls zur Verifikation des Schaltungslayouts dient die Extraktion, bei der Layoutinformationen zur Verifikation aufbereitet werden. So lässt sich beispielsweise aus dem Layout eine Netzliste extrahieren, welche man anschließend beim sog. LVS (Layout Versus Schematic) mit der aus dem Schaltplan abgeleiteten (ursprünglichen) Netzliste auf Gleichheit prüft, um die elektrische Korrektheit des Layouts festzustellen. Bei der Parameter- bzw. Parasitenextraktion werden aus den geometrischen Eigenschaften der Layoutstrukturen deren elektrische Parameter abgeleitet, um sie dann unter Einschluss der Netzliste zur Validierung der elektrischen Eigenschaften des Schaltungslayouts zu benutzen.

Beim ERC (Electrical Rule Check) prüft man die elektrische Funktionstüchtigkeit des Layouts, wie z.B. die Einhaltung eines maximalen Widerstandswertes zwischen zwei Netzanschlüssen.

▶ 1.5.7 Herstellung (Fabrication)

Die Layoutinformationen werden, oft in Form von GDSII-Daten, an die den Schaltkreis fertigende Einrichtung, die sog. Fab, übergeben. Dieser Vorgang wird noch heute als „Tape out" bezeichnet, obwohl die Datenübertragung nicht mehr wie früher mittels Magnetband stattfindet.

In der Fab erfolgt zuerst die Umsetzung der lagenspezifischen Layoutinformationen in photolithographische Masken. Diese Masken dienen zur Belichtung des auf dem Silizium befindlichen Photolacks in technologisch genau definierten Abbildungsschritten des Layouts. Mittels der photolithographischen Masken lassen sich somit Flächen auf dem Silizium definieren, wo Materialien aufgetragen, verändert oder abgetragen werden sollen.

Der Herstellungsprozess einer integrierten Schaltung besteht aus vielen Schritten der Siliziumbearbeitung, wobei für jeden Schritt eine neue Maske verwendet wird.

Eine Vielzahl von integrierten Schaltungen entstehen dabei parallel auf einer Siliziumscheibe, dem Wafer. Heutige Waferdurchmesser liegen zwischen 200 mm (ca. 8 Zoll) und 300 mm (ca. 12 Zoll). Die einzelnen noch unverpackten Schaltungen, die sog. Dies, werden auf dem Wafer (vor-)getestet und als „gut" oder „schlecht" gekennzeichnet.

Abschließend wird der Wafer in die einzelnen Dies zersägt.

▶ 1.5.8 Verpackung, Test (Packaging, Testing)

In diesem Schritt wird jeder als „gut" gekennzeichnete Die einzeln verpackt, wobei die Verpackungsart (Dual-In-Line Packages (DIPs), Pin Grid Arrays (PGAs), Ball Grid Arrays (BGAs) usw.) von seinem nachfolgenden Umfeld bzw. der Anwendung abhängen. Nach Einfügung des Dies in die Verpackung ist vor deren Verschluss die Verbindung der Schaltkreisanschlüsse mit den Anschlussbeinen bzw. –elementen herzustellen, wobei hier oft Drahtbonden eingesetzt wird.

Auf Multichip-Modulen bzw. Hybridbaugruppen eingesetzte Chips werden in der Regel nicht verpackt, da man bei diesen Baugruppen sog. Nacktchips (Bare dies) verwendet. Die Baugruppe selbst wird anschließend eingehäust, womit sich eine separate Verpackung der Schaltkreise erübrigt.

Jede integrierte Schaltung wird entweder vor oder nach der Verpackung auf Einhaltung der angestrebten Entwurfsspezifikationen, wie z.B. Input/Output-Beziehungen und Zeitverhalten, getestet.

1.6 Entwurfsstile

Da unterschiedliche Entwurfsstile verschiedene Randbedingungen bei der Layout-synthese bedingen, sollen nachfolgend die wichtigsten unter Layoutgesichtspunkten vorgestellt werden. Entwurfsstile kann man grundsätzlich in zwei Gruppen einteilen:

–   Kundenspezifischer Entwurfsstil (Full-custom approach): Layoutelemente werden manuell entworfen und lassen sich auf der gesamten zur Verfügung stehenden Layoutfläche platzieren („randbedingungsfrei").

–   Standardisierter Entwurfsstil (Semi-custom approach): Layoutelemente besitzen eine vorgegebene Struktur bzw. Anordnung, um die Komplexität der Layoutsynthese zu reduzieren.

Folgende standardisierte Entwurfsstile sind z.Zt. am gebräuchlichsten:

–   Zellenbasierter Entwurf, wie der Standardzellen- und Makrozellen-Entwurf, bei dem auf vorgefertigte Layoutelemente, die z.B. als Zellen in Bibliotheken bereitliegen, zugegriffen wird.

–   Arraybasierter Entwurf, wie der Entwurf von Gate-Arrays bzw. Field Programmable Gate-Arrays (FPGAs), bei denen eine teilweise Vorfertigung einzelner Ebenen, z.B. der Transistorebenen, erfolgt, und die damit zur Layoutrealisierung nur noch verbunden bzw. verschaltet werden müssen.

► 1.6.1 Kundenspezifischer Entwurf

Beim kundenspezifischen Entwurf wird das Layout einer Schaltung auf der Basis von Expertenwissen in allen Einzelheiten per Hand entworfen. Der Vorteil besteht in der vollen „Ausreizung" der Freiheitsgrade des Entwurfs, womit sich ein hoher Optimierungsgrad des Layouts (Flächennutzung, Flächenform, elektrische Eigenschaften usw.) erreichen lässt. Nachteilig sind der hohe Zeitaufwand (viele Personen-Monate pro Schaltung) und der hohe Schwierigkeitsgrad (Übersichtswissen und Detailarbeit gleichzeitig), was sich auch in einer höheren Wahrscheinlichkeit für das Auftreten von Fehlern äußert.

Der kundenspezifische Entwurf ist damit nur sinnvoll bei einer Massenproduktion von Schaltungen, wie z.B. Mikroprozessoren, wo sich die hohen Entwurfskosten über entsprechende Stückzahlen amortisieren.

Wesentliche Voraussetzung für einen erfolgreichen kundenspezifischen Entwurf ist ein guter Layouteditor, der heute weit mehr als nur Zeichenwerkzeug („Polygon Pusher") ist (Abb. 1.4). Oft haben Layouteditoren einen im Hintergrund laufenden „Design-Rule-Checker" integriert, welcher ein sog. „Correct-by-Construction" ermöglicht. Hier werden beim Zeichnen erzeugte Entwurfsregelverletzungen, z.B. bei Abstands- und Breitenregeln, sofort angezeigt, was den Layoutentwerfer erheblich unterstützt.

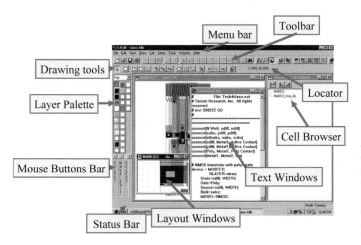

Abb. 1.4 Beispiel eins Layouteditors mit vielfältigen Darstellungsmöglichkeiten (L-Edit, Tanner Research, Inc.).

► **1.6.2 Standardzellen-Entwurf**

Standardzellen sind digitale Zellen, welche eine Standardfunktion ausführen und Größenrestriktionen besitzen. Ein NAND-Gatter mit zwei Eingängen beispielsweise verknüpft zwei Eingangssignale mit einer AND-Funktion und liefert das negierte Ergebnis am Ausgang (Abb. 1.5). Standardzellen sind in Bibliotheken (Libraries) abgelegt.

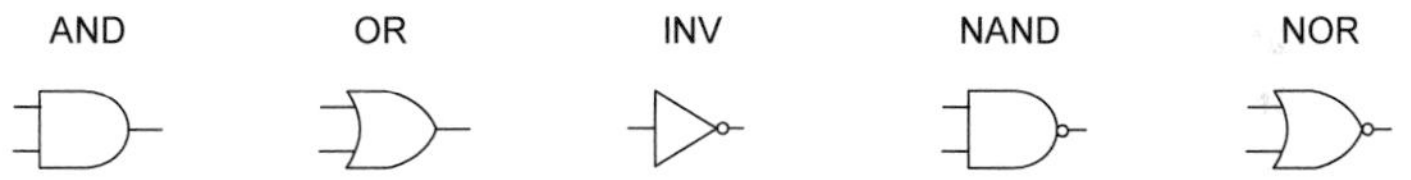

AND			OR			INV		NAND			NOR		
IN1	IN2	OUT	IN1	IN2	OUT	IN	OUT	IN1	IN2	OUT	IN1	IN2	OUT
0	0	0	0	0	0	0	1	0	0	1	0	0	1
1	0	0	1	0	1	1	0	1	0	1	1	0	0
0	1	0	0	1	1			0	1	1	0	1	0
1	1	1	1	1	1			1	1	0	1	1	0

Abb. 1.5 Beispiele für grundlegende digitale Zellen und ihr Ein- und Ausgabeverhalten.

Standardzellen haben eine festgelegte Höhe, aber flexible Breite, und genau spezifizierte Lage der Power (Vdd)- und Ground (GND)-Rails, also der Stromversorgungs- und Masseanschlüsse. Aufgrund dieser Höhen- und Anschlussfestlegung ist eine Reihenanordnung dieser Zellen möglich, welche mittels der bei allen Zellen identischen Lage von Power- und Ground-Rails gleichzeitig die Stromversorgung sicherstellt (Abb. 1.6).

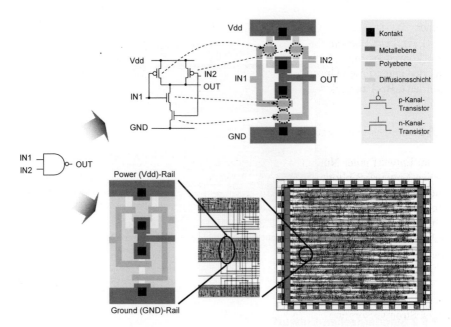

Abb. 1.6 Aufbau eines NAND-Gatters (oben, CMOS-Technologie) und dessen Einordnung als Standardzelle in ein Standardzellenlayout (unten).

Aufgrund der Reihenanordnung sind Platzierung und Verdrahtung der Standardzellen stark vereinfacht. Die Verdrahtung findet hauptsächlich in den sog. Kanälen zwischen den Standardzellenreihen statt. Sollten die zu verbindenden Zellen an unterschiedlichen Kanälen anliegen, werden entweder Durchgangszellen (Feedthrough cells) oder freie Verbindungen in den Reihen benutzt, um eine Verbindung zwischen den Kanälen herzustellen (Abb. 1.7).

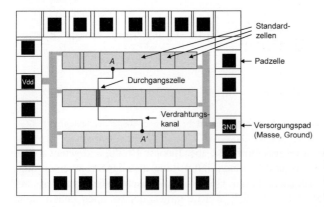

Abb. 1.7 Schematische Darstellung eines Standardzellenlayouts mit einer Verbindung *A-A'*.

Die klassische Standardzellenanordung hat im Wesentlichen Bedeutung für Zwei-Lagen-Strukturen, bei denen also zwei Ebenen für die Verdrahtung zur Verfügung stehen. Heute übliche Anordnungen mit mehr als zwei Verdrahtungsebenen ermöglichen eine Verdrahtung „über" den Standardzellen (OTC-Routing, OTC: Over the cell), da diese Ebenen von den zelleninternen Strukturen nicht benutzt werden. Damit kommt es zur „Aufweichung" des klassischen Kanalprinzips. Zum Beispiel können unter diesen Umständen Standardzellenreihen ohne Zwischenräume platziert werden („Back to back").

▶ 1.6.3 Makrozellen-Entwurf

Beim Entwurf unter Nutzung von Makrozellen kommen ebenso wie beim Standardzellen-Entwurf Bibliothekszellen zur Anwendung, jedoch sind diese in ihren Abmessungen nicht beschränkt. Damit ergibt sich die Möglichkeit, unterschiedlichste Zellen und Zellengruppen (z.B. Standardzellenblöcke) in die Schaltung zu integrieren, was in zunehmendem Maße bereits entwickelte und erprobte Bausteine einschließt (sog. Reuse). Auch lassen sich Zellen mit hoher Komplexität (Speicherbausteine usw.) benutzen, die ihrerseits mit hohem Optimierungsaufwand „handentworfen" sein können.

Aufgrund der unterschiedlichen Abmessungen entfällt die Möglichkeit der Reihenanordnung einschließlich ihrer Vorteile, wie der effektiven Anbindung der jeweiligen Stromversorgung der Zellen (Abb. 1.8).

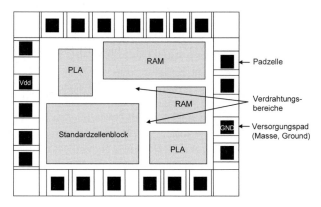

Abb. 1.8 Beispiel eines Makrozellenlayouts.

▶ 1.6.4 Gate-Array-Entwurf

Ein Gate-Array ist durch eine große Anzahl von anfänglich unverbundenen Transistoren gekennzeichnet, welche auf einem Substrat in einem regelmäßigen zweidimensionalen Feld angeordnet werden. Da sich diese Transistoren für alle zu erstellenden Schaltungen nutzen lassen, kann man die zugrunde liegenden Wafer in großer Anzahl vorfertigen.

Das Realisieren einer konkreten Schaltung reduziert sich damit auf eine Verbindungsimplementierung. Zu dieser sind entsprechend strukturierte Metall-Lagen aufzubringen („Personalizing the array"). Anschließend werden die einzelnen Dies separiert, verpackt und getestet.

Der wesentliche Vorteil resultiert aus der preisgünstigen Vorfertigung einer großen Anzahl von Gate-Arrays, deren letztendliche Schaltungsrealisierung dann in
sehr kurzer Zeit („Time to market") erfolgen kann.

Ihr Nachteil besteht in dem nicht optimierten Layout, d.h. die elektrischen Schal-
tungseigenschaften sind aufgrund der großen Layoutfläche nicht so gut wie bei
Entwurfsstilen mit mehr Freiheitsgraden zur Optimierung.

Die Layoutsynthese besteht im Wesentlichen aus der Verbindungsrealisierung
(Personalization), welche zwei Verbindungsarten umfasst:

– Interne Zellenverdrahtung (Intra-cell wiring): Erstellen einer Zelle (logischer
   Block bzw. Logikblock), z.B. zur Realisierung der NAND-Funktion, durch
   Verbinden von benachbart angeordneten Transistoren. Die Zellenbibliothek
   enthält hierzu Verbindungsmuster für gebräuchliche Zellen, welche nur noch
   aufgerufen werden müssen.

– Externe Zellenverdrahtung (Inter-cell wiring): Unter Ausnutzung der Kanalbereiche zwischen den Zellen erfolgt eine Verknüpfung der einzelnen Zellen entsprechend einer Netzliste.

Bei der Layoutsynthese von Gate-Arrays ist darauf zu achten, dass eine maximale
Zellengröße vorgegeben ist, d.h. die Bibliothek enthält nur bis zu dieser Größe Verbindungsmuster. Auch sind die Kanalbereiche in ihrer Breite vorgegeben, d.h. die
Verdrahtung muss die vorhandenen Kanalresourcen global optimieren und kann
u.U. nicht zum Erfolg führen.

Folgende Sonderformen von Gate-Arrays werden häufig angewendet:

– **Field Programable Gate-Array (FPGA):** Auch hier besteht eine zweidimen-
   sionale Anordnung von Transistoren mit Kanalstrukturen, wobei jedoch die
   Kanäle und Switchboxen bereits vorgefertigte, d.h. metallisierte Verdrahtungswege enthalten. Deren detaillierte Verbindung, d.h. die Zuordnung der
   einzelnen Verdrahtungssegmente miteinander bzw. das Anschließen der Verdrahtungssegmente an die Transistoren, erfolgt über programmierbare Schalter
   (Programmable switches, switch boxes, Abb. 1.9). Auch die Außenanschlüsse
   sind als Input- oder Output-Pin programmierbar. Somit ist die Schaltungsrealisierung beim Kunden durchführbar (Field programmable) und bedarf nicht wie
   bei den o.g. Gate-Array-Strukturen zusätzlicher Metallisierungsschritte bzw.
   -masken.

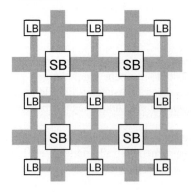

Abb. 1.9 Schematische Darstellung der Anordnung von Zellen (logische Blöcke, LB) und
programmierbarer Schalter (Switch boxes, SB)
sowie von Verdrahtungswegen (grau dargestellt) in einem FPGA.

— **Sea of Gates (Channelless Gate-Array):** Hierbei sind keine Kanalstrukturen vorhanden, womit die Verdrahtung über den Transistoren (Over the cell routing) erfolgt.

1.7 Layoutebenen

In der integrierten Schaltungstechnik setzt man unterschiedliche leitende Materialien ein: hochdotiertes Silizium im Substrat, polykristallines Silizium und Aluminium oder Kupfer. Die auf diesen Materialien beruhenden Layoutebenen werden als **Diffusionsschicht, Polyebene** und **Aluminium-** oder **Kupferebene** bezeichnet. Die beiden letztgenannten nennt man häufig auch Metall-Lagen, wobei eine weitere Differenzierung in **Metal1, Metal2** usw. üblich ist (Abb. 1.10).

Die Verbindungen zwischen den Layoutebenen werden durch **Kontakte** und **Vias** realisiert, welche die Isolationsschicht(en) zwischen den leitenden Ebenen meist quadratisch durchbrechen. Kontakte dienen zum Anschluss der Metall-Lagen mit den Diffusions- oder Polyebenen, während Vias die einzelnen Metall-Lagen miteinander verbinden.

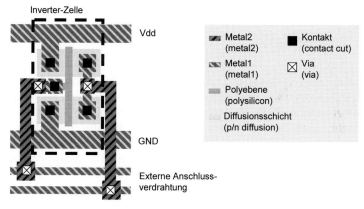

Abb. 1.10 Ebenenzuordnung am Beispiel einer Inverter-Standardzelle, wobei sowohl deren interne Realisierung als auch die externe Verdrahtung im Kanal dargestellt sind.

Der Verdrahtungswiderstand einer Ebene ist als sog. Flächenwiderstand (Sheet resistance) definiert. Dieser wird in Ohm pro Quadratfläche ($\Omega/\square$, auch „Ohms per square") angegeben: Bei einer vorgegebenen Dicke des Leiterbahnmaterials spielt die Fläche des Quadrats keine Rolle, der Widerstandswert bleibt gleich. (Der bei einer Längenerhöhung zunehmende Widerstand wird durch die gleichzeitige Breitenerhöhung des Quadrats kompensiert.) Somit lässt sich der Widerstandswert einer rechtwinkligen Verdrahtungsfläche einfach durch Bestimmen der Anzahl der Quadrate in dieser und Multiplikation mit dem Flächenwiderstand ermitteln.

Einzelne Transistoren werden durch das Zusammenspiel bzw. Überlappungen von Polyebene(n) und Diffusionsschichten gebildet und beschränken sich damit auf diese Ebenen.

Zellenstrukturen, wie zum Beispiel Standardzellen, ergeben sich aus der Zusammenschaltung von Transistoren. Dabei werden oft mehr Ebenen als die Transistorebenen in Anspruch genommen, d.h. man nutzt mindestens eine Metall-Lage (Aluminium oder Kupfer).

Die externe Verdrahtung zwischen den Zellen (s. Kap. 5 - 7) erfolgt im Wesentlichen auf den Metall-Lagen. Neben der Verfügbarkeit dieser Ebenen (Polyebene und Diffusionsschicht sind ja schon durch die Zellen bzw. Transistoren belegt), spielt deren Flächenwiderstand eine dominierende Rolle. Während dieser bei Polyebenen im 0,35 μm-CMOS-Prozess ungefähr 10 $\Omega/\square$ beträgt und bei hochdotierten Diffusionsschichten ungefähr 3 $\Omega/\square$, liegt er bei einer Aluminiumebene bei ungefähr 0,06 $\Omega/\square$. Somit sollten nur sehr kurze Segmente auf der Polyebene realisiert werden; die Metall-Lagen sind also für die Verdrahtung zu bevorzugen.

Ähnlich verhält es sich mit den Verbindungen zwischen den einzelnen Verdrahtungsebenen. Während der Widerstandswert eines Vias zwischen zwei Metall-Lagen, z. B. Metal1 und Metal2, beim 0,35 μm-CMOS-Prozess ungefähr 6 Ω beträgt, liegt er bei einem Kontakt zur Polyebene oder Diffusionsschicht, z.B. zum Zellenanschluss, bei einem deutlich höheren Wert von 20 Ω.

1.8 **1.8 Entwurfsregeln**

Zur Fertigung eines integrierten Schaltkreises werden die einzelnen Layoutebenen als Masken abgebildet. Die das Layout darstellenden Formen auf einer Maske müssen für ihre technologische Realisierbarkeit und elektrischen Eigenschaften bestimmte Regeln einhalten, welche insbesondere ihre Maße und Abstände definieren. Diese Angaben werden als Entwurfsregeln (Design rules) bezeichnet.

Es existieren Entwurfsregeln für Layoutdarstellungen in einer Ebene und für Darstellungen in verschiedenen Ebenen. Sind Layoutabbildungen in verschiedenen Ebenen miteinander durch Regeln verknüpft, so spricht man von untereinander beeinflussbaren Ebenen (Interacting layers). Zum Beispiel sind die Polyebene (polykristallines Silizium) und die Diffusionsschicht (hochdotiertes Silizium im Substrat) untereinander beeinflussbare Ebenen, da eine Überlappung zwischen beiden Ebenen einen unipolarenTransistor generiert.

Entwurfsregeln können sehr komplex sein, wobei sie jedoch oftmals einer der folgenden drei Gruppen angehören:

— **Minimale Weitenregeln (Minimum width):** Die Darstellung in einer bestimmten Ebene darf nicht schmaler als ein vorgegebenes Maß sein (Beispiel *a* in Abb. 1.11).

— **Minimale Abstandsregeln (Minimum separation):** Zwei Layoutdarstellungen, die entweder zur selben Ebene gehören (Beispiel *b*) oder zu unterschiedlichen, sich jedoch untereinander beeinflussenden Ebenen (Beispiel *c*), dürfen nicht näher als ein bestimmtes Maß zueinander positioniert werden. Dies gilt auch für Diagonalabstände (Beispiel *d*).

– **Minimale Überlappungsregeln (Minimum overlap):** Die Layoutdarstellung in einer Ebene über einer Layoutdarstellung in einer beeinflussbaren anderen Ebene müssen um ein bestimmtes Maß einander überlappen (Beispiel *e*).

Aufgrund der Weiterentwicklung der Technologie ist die minimale Größe, die auf einem Chip realisierbar ist, einer kontinuierlichen Verkleinerung unterworfen (Strukturverkleinerungen). Daher werden manchmal die o.g. Regeln auch in ganzzahligen Vielfachen einer kleinsten Längeneinheit, dem sog. **Lambda (λ)**, ausgedrückt. Somit kann jedes Maß als ein Vielfaches von Lambda beschrieben werden, d.h. es ist unabhängig von seinem tatsächlich implementierten Absolutmaß. Strukturverkleinerungen haben damit meist keine direkten Auswirkungen auf derartige Maßangaben, da lediglich die dem Lambda zugrunde liegende Maßgröße verändert wird. Weiterhin können alle Layoutdarstellungen auf einem Gitter wiedergegeben werden, wobei der Gitterabstand Lambda repräsentiert. Einschränkend sei jedoch darauf hingewiesen, dass diese Lambda-Notation oft nur ein akademischer Ansatz ist, da ihre Anwendung in der Praxis in vielen Fällen an der Komplexität der Entwurfsregeln scheitert bzw. sich nicht alle physikalischen/elektrischen Eigenschaften linear „herunterskalieren" lassen.

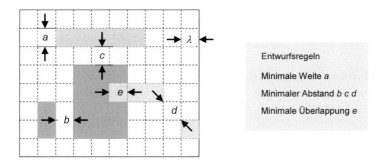

Abb. 1.11 Darstellung wesentlicher Entwurfsregeln. Der Abstand der Gitterlinien entspricht einem Lambda, also der kleinsten technologisch sinnvollen Einheit, die im Layout vorkommt.

1.9 Layoutsynthese als Optimierungsproblem

Wie anhand der bisherigen Ausführungen deutlich wurde, ist die Layoutsynthese ein komplexes Optimierungsproblem mit verschiedenen **Optimierungszielen**. Beispiele für diese Ziele sind minimale Chipfläche, minimale Verbindungslänge, minimale Anzahl von Vias und vieles mehr. Optimierungsziele dienen zur Verbesserung der Leistungsparameter der Schaltung, ihres Gebrauchswertes, ihrer Zuverlässigkeit usw. Ihre Erfüllung ist also ein Kriterium für die Qualität des entwickelten Layouts.

Da Optimierungsziele algorithmisch häufig schwer fassbar sind und in Konkurrenz zueinander stehen, ist ein oft gewählter Ansatz die Definition einer **Zielfunktion** (manchmal auch als Kostenfunktion bezeichnet). Diese bewertet die Qualität einer Lösung, indem man die einzelnen Ziele gewichtet eingehen lässt. Beispielsweise kann bei der Verdrahtung eine Zielfunktion $Z = w_1*A + w_2*L$ definiert werden, bei der A die benötigte Chipfläche und L die Gesamtverbindungslänge aller Netze ist. Je kleiner Z ist, umso besser ist die Qualität einer derart bewerteten Verdrahtungslösung.

Die Variablen w_1 und w_2 in der genannten Zielfunktion sind **Wichtungsfaktoren**, welche eine Wichtung der einzelnen Ziele erlauben. Der Grad der Wichtung steuert, wie stark das zugehörige Ziel in die Zielfunktion eingeht. Damit erlaubt die Wichtung, die Priorität der Ziele zu definieren.

Neben dieser Optimierung des Layouts sind gleichzeitig **Randbedingungen** zu beachten, deren Einhaltung für die Funktion bzw. Realisierung des Layouts zwingend notwendig ist (Ausnahme: entwurfsmethodische Randbedingungen). Im Gegensatz zu den Optimierungszielen, bei denen eine unterschiedliche Erfüllung nicht die eigentliche Schaltungsfunktion und –anwendung in Frage stellt, sind sie harte Kriterien, die schon bei Nichteinhaltung eines Parameters zur Unbrauchbarkeit des Schaltungslayouts führen können. Randbedingungen lassen sich in folgende Kategorien einteilen:

— **Technologische Randbedingungen** werden aus der zur Herstellung benutzten Technologie und deren Grenzwerten abgeleitet, sind also im Wesentlichen die technologisch bedingten Abstands-, Breiten- und Überlappungsregeln. Beispiele: minimale Breiten- und Abstandswerte der Leiterzüge auf den einzelnen Ebenen.

— **Elektrische Randbedingungen** gewährleisten das angestrebte elektrische Verhalten der Baugruppe. Sie werden daher auch funktionale Randbedingungen genannt. Beispiele: Einhaltung von maximalen Signalverzögerungen der einzelnen Leiterzüge, Leitungskopplungen unterhalb eines Maximalwertes.

— **Entwurfsmethodische Randbedingungen** werden eingeführt, um die Komplexität bzw. den Schwierigkeitsgrad des Entwurfs abzumildern. Sie dienen dazu, die Layoutaufgabe einer algorithmischen Lösung zugänglich zu machen, indem sie die theoretisch vorhandenen Freiheitsgrade künstlich einschränken. Man bezeichnet sie oft auch als geometrische Randbedingungen. Beispiele: Ebenenabhängige Vorzugsrichtungen für die Verdrahtung, Reihenanordnung von Standardzellen mit Verdrahtungskanälen.

Aufgrund der technologischen Weiterentwicklung zu immer kleineren Strukturabmessungen gewinnen in letzter Zeit verstärkt elektrische Randbedingungen an Bedeutung, die entweder in der Vergangenheit gar nicht auftraten (z.B. Elektromigrationserscheinungen) oder in den meisten Fällen ignoriert werden konnten (z.B. Kopplungen zwischen benachbarten Leiterzügen).

Gleichzeitig wird die bisher relativ einfache Überführung von elektrischen Randbedingungen in geometrische Regeln immer mehr in Frage gestellt. So konnte zum Beispiel die Einhaltung von Signalverzögerungen durch eine Minimierung der Gesamtverbindungslänge bzw. der Länge einzelner Leiterzüge erreicht werden, oder eine Minimierung von Kopplungen wurde einfach durch die Einhaltung von Abstandsregeln erzielt. Heute geht man immer mehr dazu über, elektrische Randbedingungen direkt bei der Layouterstellung zu berücksichtigen. Zum Beispiel lässt sich die Einhaltung von maximalen Signalverzögerungen eines Leiterzuges oft nur dadurch sicherstellen, dass der ermittelte Layoutweg einschließlich seiner Umgebung einer Simulation unterzogen wird und man diesen iterativ solange nachbessert, bis das Simulationsergebnis zufriedenstellend ist.

Die wesentlichen **Schwierigkeiten** der Entwurfsaufgabe bestehen in der Erfüllung einer Vielzahl von Optimierungszielen, wobei

— die unterschiedlichen Optimierungsziele auch noch gegenläufig sein können (Beispiel: die Minimierung der Verbindungslänge führt i.d.R. zur Erhöhung der Viaanzahl),

— diese Zielstellungen bei gleichzeitiger strikter Einhaltung von unterschiedlichen Randbedingungen angestrebt werden müssen und

— diese Randbedingungen sich (bedingt durch die Technologieentwicklung und damit erhöhten Schaltungsanforderungen) ständig erweitern und verschärfen.

Aus diesen Schwierigkeiten lassen sich folgende **Schlussfolgerungen** ableiten:

— Jeder Entwurfsstil bedarf einer eigenen Vorgehensweise zur Layouterstellung, d.h. es existiert kein universelles Computerprogramm für die Entwurfsaufgabe im Allgemeinen.

— Obwohl sie für die Erfüllung einer Entwurfsaufgabe nicht notwendig sind und auf Kosten der Optimalität des Entwurfs gehen, werden „künstlich" entwurfsmethodische Randbedingungen geschaffen, wie z.B. die bereits erwähnte Reihenanordnung von Standardzellen.

— Zur Reduzierung der Problemkomplexität beim Entwurf werden einzelne, voneinander getrennte Entwurfsschritte eingeführt, wie z.B. Platzierung und Verdrahtung, deren sukzessive Abfolge die (zeit-)effektive Bearbeitung auch komplexer Layoutaufgaben ermöglicht und deren Ergebnisse hinsichtlich der Optimierungsziele und einzuhaltender Randbedingungen eindeutig verifiziert werden können.

— Zur Lösung der Problemstellungen der verschiedenen Entwurfsschritte werden Heuristiken benutzt, welche effektiv eine brauchbare Lösung finden, anstelle von Lösungsmethoden, welche mit viel Aufwand nach einem globalen Optimum suchen (s. folgendes Kap. 1.10).

1.10 Rechenkomplexität der Layoutsynthese   **1.10**

Ein entscheidendes Kriterium zur Beurteilung eines Algorithmus ist die Rechenkomplexität (Computational complexity), d.h. die Abhängigkeit der benötigten Rechenzeit von der Problemgröße. Die Rechenzeit t, die ein Platzierungsalgorithmus für die Platzierung von n Bauelementen benötigt, sei beispielsweise

$$t(n) = c_1 \cdot f(n) + c_2$$

mit den Konstanten c_1 und c_2, wobei c_2 den festen Teil des Rechenaufwandes, z.B. für Initialisierungen, repräsentiert.

Allgemeiner kann eine Rechenkomplexität in Abhängigkeit von der Problemgröße n mit Hilfe des Ordnungssymbols O(...) dargestellt werden. Man schreibt: Die Rechenzeit t ist **von der Ordnung** $f(n)$, oder $t(n) = O(f(n))$, wenn gilt

$$\lim_{n \to \infty} \left| \frac{t(n)}{f(n)} \right| = k$$

mit einer reellen Zahl k.

Beispiel

Für $t(n) = 7n! + n^2 + 100$ gilt $t(n) = O(n!)$, da in dieser Summe $n!$ der für $n \to \infty$ am stärksten wachsende Term ist. Die reelle Zahl k mit $f(n) = n!$ ergibt sich aus

$$k = \lim_{n \to \infty} \left| \frac{7n! + n^2 + 100}{n!} \right| = \lim_{n \to \infty} \left(\frac{7n!}{n!} + \frac{n^2}{n!} + \frac{100}{n!} \right) = 7 + 0 + 0 = 7.$$

Nachfolgend sind einige Platzierungsaufgaben und die Rechenkomplexitäten der jeweiligen Platzierungsalgorithmen angegeben:

- Lineare Zuweisung von n Zellen: $O(n)$
- Paaraustausch von n Zellen: $O(n^2)$
- Austausch von Triplets bei n Zellen: $O(n^3)$
- Enumerative Platzierung, d.h. Vergleich aller Platzierungsalternativen: $O(n!)$, $O(n^n)$.

Beispiel für enumerative Platzierung: Platzierung von n Zellen derart hintereinander, dass die Gesamtverbindungslänge minimiert wird. Dabei besteht der Lösungsraum aus $n!$ Möglichkeiten, d.h. wenn man 1 μs pro Platzierungsermittlung benötigt, würden sich bei $n = 20$ Zellen 77 147 Jahre Rechenzeit ergeben, um das Optimum zu ermitteln.

Während die Lösungsalgorithmen der zuerst genannten Aufgaben noch akzeptable Rechenzeiten besitzen, gehören Aufgaben, deren Lösungsverfahren durch Rechenkomplexitäten von $O(n!)$, $O(n^n)$, $O(e^n)$ gekennzeichnet sind, nach heutigem Wissensstand zur Klasse der **NP-harten Probleme**[2]. Derartige Probleme sind dadurch gekennzeichnet, dass die zu ihrer optimalen Lösung notwendige Rechenzeit mit zunehmender Problemgröße stärker wächst als jede polynomische Funktion[3]. Daher

---

[2]   Im Englischen als „NP-hard problems" bezeichnet, wobei NP für „nondeterministic polynomial" steht: Nur ein nicht-deterministischer (also zufallsbasierter) Algorithmus kann das Problem in polynomischer Zeit lösen. – Zur vertiefenden Behandlung dieser Thematik sei auf die Literatur, z.B. [1.5], verwiesen.

[3]   Als zeiteffizient lösbare Probleme gelten gewöhnlich solche, deren Lösungsverfahren polynomisches Zeitverhalten besitzen, d.h. ihre Rechenkomplexität ist $O(p(n))$, wobei $p(n)$ eine polynomische Funktion der Schaltungsgröße n ist. In der Praxis zeigt sich aber häufig, dass schon po-

können aufgrund der Komplexität des Problems und der damit verbundenen sehr großen Rechenzeiten mit deterministischen Algorithmen keine *optimalen* Lösungen zeiteffektiv gefunden werden.

Die in den Kapiteln 2 bis 8 behandelten Aufgabenstellungen zur Layoutsynthese gehören zur Klasse der NP-harten Probleme. Damit sind keine zeiteffizienten Entwurfsalgorithmen bekannt, mit denen sich die optimale Lösung einer Layoutaufgabe garantiert ermitteln lässt. Als Ausweg bietet sich hier die Nutzung von **heuristischen Algorithmen** an, die dem globalen Optimum möglichst nahe kommen.

Im Gegensatz zu einem „Brute-Force"-Algorithmus, der die beste aller denkbaren Lösungsmöglichkeiten anstrebt, sucht ein heuristischer Algorithmus unter Einbeziehung von möglichst intelligenten Methoden (Hilfswissen) nur einen Teil des Lösungsraumes ab. Dabei kommt es darauf an, ein hinreichend gutes, nicht notwendig optimales Ergebnis in akzeptabler Zeit zu finden.

1.11 Einteilung von Entwurfsalgorithmen

Aufgrund der im vorigen Kapitel genannten NP-Problematik, wonach sich die bei der Layoutsynthese zu lösenden Aufgaben einer exakten algorithmischen Lösbarkeit entziehen, beruhen die hier angewendeten Algorithmen auf heuristischen Vorgehensweisen. Diese zeichnen sich im Wesentlichen durch zwei Eigenschaften aus, nämlich

- zeiteffektives Verhalten und
- das Bestreben, eine Lösung so nahe wie möglich am (theoretischen bzw. angenommenen) Optimum zu erzielen.

Heuristische Algorithmen können in deterministische und stochastische Algorithmen eingeteilt werden:

- **Deterministische Algorithmen:** Sämtliche Entscheidungen sind deterministisch (und damit wiederholbar), z.B. der Lee-Algorithmus zur Wegfindung.
- **Stochastische Algorithmen:** Einzelne Entscheidungen beruhen auf Zufallsentscheidungen (z.B. Nutzung einer Zufallszahl), womit bei gleicher Aufgabenstellung unterschiedliche Lösungen erzeugt werden können, z.B. evolutionäre Algorithmen und Simulated-Annealing-Methoden.

Heuristische Algorithmen können auch in konstruktive und iterative Algorithmen unterteilt werden:

- **Konstruktive Algorithmen:** Start mit einer Teillösung, dann Auswahl und Hinzufügen weiterer Komponenten, bis eine komplette Lösung vorliegt. Hier-

---

lynomische Algorithmen mit einem Grad ≥ 3 bei großen Problemen zu inakzeptablen Laufzeiten führen. Im Gegensatz zu den polynomischen Algorithmen existieren Algorithmen mit exponentiellem Zeitverhalten, d.h. die Rechenkomplexität ist $O(c^n)$, wobei n die Schaltungsgröße und c eine Konstante > 1 ist. NP-harte Probleme sind nun solche, bei denen man bisher keinen Algorithmus mit polynomischem Zeitverhalten gefunden hat, um sie zu lösen.

bei wird eine einmal hinzugefügte Komponente nicht mehr modifiziert, z.B. nicht mehr bewegt.

– **Iterative Algorithmen:** Start mit einer *kompletten* Anfangslösung, von dieser ausgehend, wiederholte Versuche der Qualitätsverbesserung, bis ein definiertes Abbruchkriterium vorliegt (z.B. bei x Versuchen keine Verbesserung der Lösung).

Oftmals enthalten Algorithmen zur Layoutsynthese sowohl konstruktive als auch iterative Teilalgorithmen. Beispielsweise bietet sich die Nutzung einer konstruktiven Heuristik zum Erzeugen der bei einem iterativen Algorithmus benötigten Anfangslösung an, um bereits bei dieser eine bestimmte Optimierung zu erzielen (Abb. 1.12).

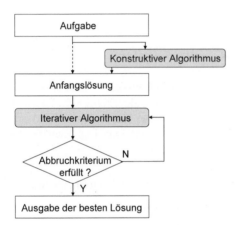

Abb. 1.12 Beispiel einer Lösungsheuristik, welche konstruktive und iterative Algorithmen einschließt. Die Einbeziehung einer konstruktiven Heuristik zur Erzeugung der Anfangslösung beschleunigt das globale Verhalten der Lösungsheuristik.

Die bei der Layoutsynthese gebräuchlichen Algorithmen lassen sich auch nach der Such-Richtung einteilen, mit der sie den Lösungsraum bearbeiten:

– **Breadth-First-Search-Algorithmus (BFS-Algorithmus):** Suche erfolgt in die Breite, d.h. es werden jeweils alle Elemente in gleicher Tiefe indiziert (Beispiel: Lee-Algorithmus, s. Kap. 7).

– **Depth-First-Search-Algorithmus (DFS-Algorithmus):** Suche erfolgt in die Tiefe, d.h. es werden jeweils Elemente mit ständig wachsender Tiefe indiziert (Beispiel: Hightower-Algorithmus, s. Kap. 7).

– **Best-First-Search-Algorithmus:** Suche erfolgt nach Wichtungs- bzw. Kostenkriterien, d.h. es werden immer die Elemente mit den aktuell besten Werten hinsichtlich einer Zielfunktion indiziert (Beispiel: Dijkstra-Algorithmus, s. Kap. 5).

Einige bei der Layoutsynthese zur Anwendung kommende Algorithmen werden als **Greedy-Algorithmen** eingestuft. Diese zeichnen sich dadurch aus, dass sie, abhängig vom Ausgangszustand, nur das *nächstgelegene lokale* Optimum hinsichtlich einer Zielfunktion suchen.

1.12 Lösungsqualität von Entwurfsalgorithmen

Da, wie bereits erläutert, Entwurfsalgorithmen im Wesentlichen heuristischer Natur sind, stellt die objektive Einschätzung der Lösungsqualität eine nicht zu unterschätzende Herausforderung dar. Hierzu bieten sich zwei Möglichkeiten an:

—   Die optimale Lösung ist bekannt. Dies ist häufig bei kleinen Problemgrößen möglich bzw. bei zugeschnittenen, oft künstlich erstellten Aufgaben. In diesem Fall lässt sich die **Abweichung des Ergebnisses vom Optimum** ε folgendermaßen ermitteln:

$$\varepsilon = \frac{\left|S_A - S^*\right|}{S^*},$$

mit S_A Lösung des heuristischen Algorithmus und S^* bekanntes globales Optimum.

—   Die optimale Lösung ist nicht bekannt. Dies ist in der Regel bei realen Entwurfsaufgaben gegeben, da ihr sehr großer Lösungsraum eine Ermittlung des globalen Optimums unmöglich macht. In diesem Fall bietet sich lediglich ein **Vergleich mit sog. „Benchmarks"** an. Das sind beste bekannte Ergebnisse einer (realen) Layoutaufgabe, welche bisher (oftmals durch verschiedene Algorithmen) erreicht wurden. Wichtig ist dabei eine konkrete Vorgabe der einzelnen Randbedingungen, denn nur bei gleichen Versuchsbedingungen lassen sich Rückschlüsse auf die Lösungsqualität miteinander zu vergleichender Entwurfsalgorithmen erzielen. Für alle wesentlichen Entwurfsschritte und –algorithmen existieren heute Benchmarks, die in über das Internet abrufbaren Datenbasen abgelegt sind und deren Nutzung eine unabdingbare Voraussetzung dafür ist, einen neu entwickelten Entwurfsalgorithmus qualitativ einzuschätzen.

1.13 Graphentheoretische Grundbegriffe

Graphen werden in Entwurfsalgorithmen häufig zur Beschreibung der Layouttopologie benutzt. Daher sollen hier die für das Verständnis der nachfolgenden Kapitel notwendigen graphentheoretischen Begriffe erläutert werden. Dabei erfolgt eine Beschränkung auf die Grundlagen der Graphentheorie, wie sie für die Anwendung in Entwurfsalgorithmen unbedingt notwendig sind; für eine weiterführende Erläuterung sei auf die einschlägige Literatur verwiesen.

Graph und **Hypergraph:** Ein Graph ist eine geometrische Darstellung von Beziehungen (Relationen) zwischen jeweils zwei Elementen einer Menge, den **Knoten** (Vertex, pl. vertices), durch **Kanten** (Edges), welche die zwei Knoten verbinden (Abb. 1.13a). Die Anzahl der angeschlossenen Kanten eines Knotens wird als **Knotengrad** (Vertex degree) bezeichnet. Ein Hypergraph besteht aus Knoten und **Hyperkanten** (Hyperedges), die jeweils mehr als zwei Knoten verbinden (u.a. zur

Repräsentierung eines Multi-Pin-Netzes bzw. einer Mehrpunkt-Verbindung, Abb. 1.13b).

In der Graphendarstellung werden Knoten durch Kreise und Kanten durch Verbindungslinien zwischen diesen dargestellt.

Multigraph: Bei einem Multigraphen können zwei Knoten durch mehrere Kanten (Mehrfachkanten) verbunden sein (Abb. 1.13c). Damit lässt sich ein Multigraph zur Darstellung von Netzwichtungen (Netzgewichten) nutzen.

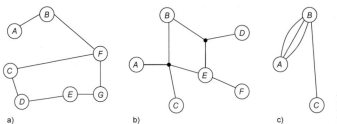

Abb. 1.13 Graph (a), Hypergraph (b) und Multigraph (c).

Pfad und **Masche (Schleife):** Ein Pfad zwischen zwei Knoten (z.B. Knoten *A* und *E* in Abb. 1.13a) besteht aus einer beliebigen zusammenhängenden Kantenfolge (z.B. *A-B-F-G-E* oder *A-B-F-C-D-E* in Abb. 1.13a). Eine Masche (Schleife) ist eine geschlossene, d.h. zum Ausgangsknoten zurückführende zusammenhängende Kantenfolge (z.B. *C-F-G-E-D-C* in Abb. 1.13a).

Gerichteter und **ungerichteter Graph:** Im gerichteten Graphen ist jeder Kante ein geordnetes Knotenpaar zugeordnet, d.h. die Reihenfolge der Knoten ist von Bedeutung. Die Kanten sind damit mit einer Richtung versehen, was bei ihrer Darstellung durch Pfeile veranschaulicht wird. Ein gerichteter Graph heißt **zyklisch**, wenn er gerichtete Maschen besitzt (z.B. *B-D-G-E-B* in Abb. 1.14a oder *A-B* in Abb. 1.14b); andernfalls heißt er **azyklisch** (Abb. 1.14c). Als ungerichteten Graphen bezeichnet man einen Graphen, der nur ungerichtete Kanten enthält, d.h. jeder Kante ist ein ungeordnetes Knotenpaar zugeordnet.

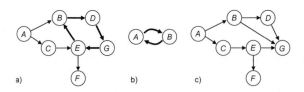

Abb. 1.14 Gerichtete Graphen mit zyklischen Maschen (a, b) und gerichteter azyklischer Graph (c).

Vollständiger Graph: Bei einem vollständigen Graphen ist jeder Knoten zu jedem anderen benachbart, d.h. es existieren *Kanten* zwischen allen Knotenpaaren.

Zusammenhängender Graph: Ein Graph heißt zusammenhängend, wenn es mindestens einen *Pfad* zwischen jedem beliebigen Knotenpaar des Graphen gibt.

Baum (Tree): Ein Baum ist ein zusammenhängender und maschenfreier (schleifenfreier) Graph. Ein Knoten, der genau einen Nachbarn besitzt, also vom Knotengrad 1 ist, wird als **Blatt** bezeichnet. Der maximal vorkommende Knotengrad im Baum

ist die **Ordnung des Baumes**. Bei Bäumen wird zwischen ungerichteten und ge-
wurzelten (Wurzelbäumen) unterschieden (Abb. 1.15). Letztere sind gerichtete Graphen mit einem ausgezeichneten Knoten, der **Wurzel**, für den gilt, dass jeder Knoten durch genau einen gerichteten Pfad von der Wurzel aus erreichbar ist (Out-
Trees) bzw. sich die Wurzel von jedem Knoten aus durch genau einen gerichteten
Pfad erreichen lässt (In-Trees).

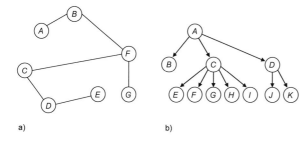

Abb. 1.15 Ungerichteter
Baum (a) mit den Blättern A,
E, G und der Ordnung 3.
Gewurzelter Baum (b) als
Out-Tree mit der Wurzel A
und den Blättern B, E bis K.

Spannbaum (Spanning Tree): Ein Spannbaum eines ungerichteten Graphen ist ein
Baum, der alle Knoten des Graphen enthält (Abb. 1.16). Sind seine Kanten nach
minimaler Gesamtverbindungslänge optimiert, d.h. erfolgen die einzelnen Verbindungen so, dass die Gesamtlänge aller Kanten minimal ist, spricht man von einem
minimalen Spannbaum (Minimum Spanning Tree). Sind die Verbindungen ausschließlich in Manhattan-Metrik angeordnet (waagerecht und/oder senkrecht), wird
der Spannbaum als **rektilinearer Spannbaum** (Rectilinear Spanning Tree) bezeichnet.

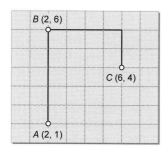

Abb. 1.16 Rektilinearer minimaler Spannbaum
dreier Anschlusspunkte A, B, C.

Steinerbaum (Steiner Tree): Der Steinerbaum, benannt nach dem Schweizer Ma-
thematiker *Jakob Steiner* (1796 bis 1863), ist eine Verallgemeinerung des Spannbaums. Bei einem Steinerbaum können neben den eigentlichen Knoten des Graphen
noch zusätzlich eingefügte Knoten, die sog. Steinerknoten bzw. Steinerpunkte, benutzt werden, um einen Baum zu realisieren (Knoten S in Abb. 1.17). Sind seine
Kanten nach minimaler Gesamtverbindungslänge optimiert, d.h. erfolgen die einzelnen Verbindungen und die Generierung von Steinerpunkten so, dass die Gesamtlänge aller Kanten minimal ist, spricht man von einem **minimalen Steinerbaum** (Minimum Steiner Tree). Sind die Verbindungen ausschließlich in Manhattan-Metrik

angeordnet (waagerecht und/oder senkrecht), wird der Steinerbaum als **rektilinearer Steinerbaum** (Rectilinear Steiner Tree) bezeichnet. Die Einfügung von Steinerpunkten erlaubt in der Regel eine Längenminimierung, d.h. das Verbinden von Anschlusspunkten mittels eines Steinerbaums ist oftmals kürzer als eine Verbindung
durch einen Spannbaum.

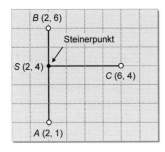

Abb. 1.17 Rektilinearer minimaler Steinerbaum der drei Anschlusspunkte *A*, *B*, *C* aus
Abb. 1.16.

1.14 Häufig verwendete Layoutbegriffe

Nachfolgend sind wichtige Begriffe der Layoutsynthese angegeben, die im Rahmen
dieses Buches häufig benutzt werden. Auch wenn auf einige von ihnen noch detaillierter in den jeweiligen Kapiteln eingegangen wird, empfiehlt sich eine vorausge-
hende Kenntnis zum besseren Verständnis der evtl. schon vor ihrer Einführung
dargestellten Sachverhalte.

Schaltungsentwurf: Entwurf der elektrischen Verschaltung, d.h. Abarbeitung der
Schritte von der Systemspezifikation bis zur Schaltplanerstellung. Ergebnis des
Schaltungsentwurfs ist in der Regel eine Netzliste, welche die Bauelemente und ihre
Verbindungen enthält.

Layoutsynthese: Rechnergestütztes Erstellen der geometrischen Anordnung der
Zellen bzw. Bauelemente und ihrer Verbindungen. Eingangsinformationen sind die
im Schaltungsentwurf erstellte Netzliste sowie Bibliotheksinformationen zu den
Zellen und Technologie-Informationen. Ergebnis der Layoutsynthese ist die graphi-
sche, ebenenspezifische Abbildung aller Elemente der Schaltung, oft in einem sog.
GDSII-Fileformat.

Layoutentwurf: Erstellen *und* Verifikation der geometrischen Anordnung der Zellen bzw. Bauelemente und ihrer Verbindungen. Die Verifikation umfasst i.Allg. die
Prüfung des entworfenen Layouts auf Einhaltung aller technologischen und elektrischen Regeln.

Schaltungslayout bzw. Layout: Geometrische Repräsentation der Schaltung durch
Polygone (Vielecke), die jeweils bestimmten Ebenen zugeordnet sind.

Block: Teilschaltung, die bei digitalen Schaltungen i.Allg. aus mehreren Zellen besteht. Analoge bzw. Mixed-Signal-Blöcke beinhalten Bauelemente bzw. Bauelemente und Zellen.

Zelle: Logische Funktionseinheit, die bei digitalen Schaltungen einem Gatter entspricht (INV, NAND, NOR usw.). Der Begriff wird hauptsächlich bei Standard- und Makrozellen-Schaltungen benutzt.

Bauelement: Funktionseinheit „unterhalb" einer Zelle, z.B. Transistor, Widerstand oder Kondensator.

Standardzelle: Zelle mit einer vorgegebenen Höhe mit dem Ziel der Reihenanordnung in einer Standardzellenschaltung.

Makrozelle: Zelle ohne Abmessungsvorgaben.

Pins: Elektrische Anschlüsse einer Zelle bzw. eines Bauelements.

Pads (I/O-Pins): Außenanschlüsse eines Verdrahtungsträgers. Diese sind oft Bondinseln in den Metallebenen, von denen aus der Verdrahtungsträger (z.B. Siliziumchip) mit den Gehäuseanschlüssen (z.B. IC-Anschlussbeine) mittels Drahtbonden verbunden wird.

Ebene, Lage (Layer): Entwurfsebenen, die in den meisten Fällen aus den unterschiedlichen Dotierungs- und Abscheidungsschritten der Schaltkreis-Herstellung resultieren. Für die Layoutsynthese sind insbesondere die Polyebene und die Metallebenen interessant, wobei letztere auch als Verdrahtungsebenen oder –lagen bezeichnet werden.

Kontakt: Durchkontaktierung bei Schaltkreisen zwischen Silizium (Poly- oder Active-Ebene) und unterster Metallebene, oft zum Anschluss einer Zelle an die Verdrahtungsebenen.

Via: Durchkontaktierung zur Verbindung von Leiterbahnen auf verschiedenen Metallebenen.

Netz, Signalnetz: Menge von Pins/Anschlüssen gleichen Potentials, welche elektrisch miteinander zu verbinden sind.

Versorgungsnetze: Stromversorgungs-/Power-Netz (Vdd) und Masse-/Ground-Netz (Vss/GND) zur Bereitstellung der Stromversorgung der Zellen.

Netzliste: Alphanumerische Angabe von sämtlichen Signalnetzen einer Schaltung. Eine Netzliste enthält alle zu verbindenden Pins/Anschlüsse einer Schaltung und die jeweiligen, die Verbindung realisierenden Netze bzw. Netznamen. Dabei erfolgt oft eine Unterteilung in pinorientierte (bauteilorientierte) und netzorientierte (knotenorientierte) Netzlisten. Erstere enthält sämtliche Anschlüsse der Schaltung mit Angabe des anzuschließenden Netzes, letztere listet jedes Netz der Schaltung mit Angabe der durch sie zu verbindenden Anschlüsse auf (Abb. 1.18). Eine Netzliste wird während des Schaltungsentwurfs erstellt und ist dann, zusammen mit Bibliotheks- und Technologie-Informationen, Voraussetzung für die Layoutsynthese.

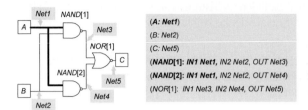

Abb. 1.18 Netzlistenbeispiele (Mitte pinorientiert, rechts netzorientiert) einer Schaltung, wobei zur besseren Verständlichkeit ein Netz hervorgehoben ist.

Verbindungsgraph (Connectivity graph): Netzlisten- bzw. Topologieinformation in Form eines Graphen. Die Knoten des Graphen repräsentieren Zellen bzw. Blöcke und Pads, die Kanten die jeweiligen Netzverbindungen (Abb. 1.19). Multi-Pin-Netze werden dabei durch Netzaufsplittung ermittelt, indem ein p-Pin-Netz durch $\binom{p}{2}$ Kanten[4] dargestellt wird. Damit sind mehrere Kanten zwischen zwei Zellen bzw. Blöcken möglich; in diesem Fall kann eine Zusammenfassung dieser Kanten in einer entsprechend *gewichteten* Kante erfolgen.

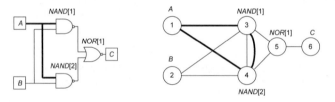

Abb. 1.19 Verbindungsgraph (rechts) einer Schaltung, s. auch Abb. 1.18.

Netzgewicht w_n: Numerische Angabe (meist ganzzahlig) der Wichtigkeit (Criticality) bzw. des Gewichts (Weight) eines Netzes n, auch als Wichtungsfaktor bezeichnet. Netzgewichte kommen hauptsächlich bei der Platzierung (z.B. zur Abstandsminimierung entsprechender Zellen) und der Verdrahtung (z.B. zum Festlegen der Verdrahtungsreihenfolge) zur Anwendung.

Verbindungsgrad, Verbindungskosten c_{ij} zweier Zellen i und j: Bei ungewichteten Netzen gibt der Verbindungsgrad c_{ij} die Anzahl der Verbindungen zwischen den Zellen i und j an. Bei gewichteten Netzen stellt c_{ij} die Verbindungskosten zweier Zellen i und j dar. Diese ergeben sich aus der Summe der einzelnen Netzgewichte der Verbindungen zwischen i und j.

---

[4]

$$\binom{p}{2} = \frac{p!}{2(p-2)!}$$

Verbindungsgrad (Connectivity) c_i einer Zelle i: Bei n Zellen einer Schaltung ist der Verbindungsgrad c_i einer Zelle i definiert durch

$$c_i = \sum_{j=1}^{n} c_{ij}.$$

Beispielsweise besitzt die Zelle 4 ($NAND[2]$) in Abb. 1.19 einen Verbindungsgrad von 5 (Netzgewichte = 1).

Verbindungsmatrix (Connectivity matrix) C: Darstellung der Zellenverbindungen einer Schaltung in Form einer $n{\times}n$-Matrix, wobei jedes Matrixelement c_{ij} den Verbindungsgrad bzw. die Verbindungskosten der Zellen i und j angibt (Abb. 1.20). Weiterhin gilt

$c_{ij} = c_{ji}$ mit $i, j = 1,\ldots, n$ (Matrix ist symmetrisch) und
$c_{ii} = 0$ mit $i = 1,\ldots, n$ (keine externe Verbindung zwischen zwei Pins einer Zelle).

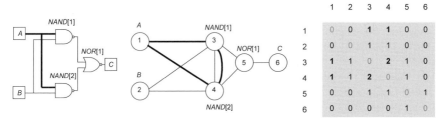

Abb. 1.20 Verbindungsmatrix (rechts) einer Schaltung mit Verbindungsgraphen.

Euklidische Metrik und **Manhattan-Metrik:** Beim Entwurf wird oft zwischen euklidischer Metrik (euklidischer Verbindung/Verdrahtung) und Manhattan-Metrik (Manhattan-Verbindung/Verdrahtung) unterschieden. Erstere erlaubt die direkte, kürzeste Verbindung zweier Punkte, letztere nur senkrechte und waagerechte Verbindungswege (Abb. 1.21).

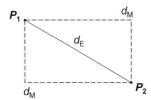

Abb. 1.21 Verbindung zweier Punkte P_1 und P_2 mittels euklidischer Verdrahtung (d_E) und Manhattan-Verdrahtung (d_M).

Allgemeine Abstandsdefinition zweier Punkte: Der Abstand d zweier Anschlusspunkte $P_1(x_1, y_1)$ und $P_2(x_2, y_2)$ in einer Ebene ergibt sich aus

$$d = \sqrt[n]{|x_2 - x_1|^n + |y_2 - y_1|^n}\,,$$

wobei $n = 2$ die euklidische Metrik (Abstand d_E in Abb. 1.21) und $n = 1$ die Manhattan-Metrik (Abstand d_M in Abb. 1.21) verkörpert.

Literatur zu Kapitel 1

[1.1]   Gerez, S. H.: Algorithms for VLSI Design Automation. John Wiley and Sons Ltd, 1999, 2000

[1.2]   Hansen, D.: Electronic Design Automation. Carl Hanser Verlag München, 1999

[1.3]   Hertwig, A.; Brück, R.: Entwurf digitaler Systeme. Fachbuchverlag Leipzig, 2000

[1.4]   International Technology Roadmap for Semiconductors (ITRS): 1999, 2001, 2003 Editions

[1.5]   Korte, B.; Vygen, J.: Combinatorial Optimization. Springer Verlag Berlin, 2002

[1.6]   Lengauer, T.: Combinatorial Algorithms for Integrated Circuit Layout. John Wiley and Sons Ltd, B. G. Teubner Stuttgart, 1990

[1.7]   Moore, G.: Cramming More Components onto Integrated Circuits. Electronics, vol. 38, no. 8, 1965

[1.8]   Sait, S. M.; Youssef, H.: VLSI Physical Design Automation. World Scientific Publishing Co. Pte. Ltd., 1999, 2001

[1.9]   Sherwani, N.: Algorithms for VLSI Physical Design Automation (Third Edition). Kluwer Academic Publishers, 1999, 2003

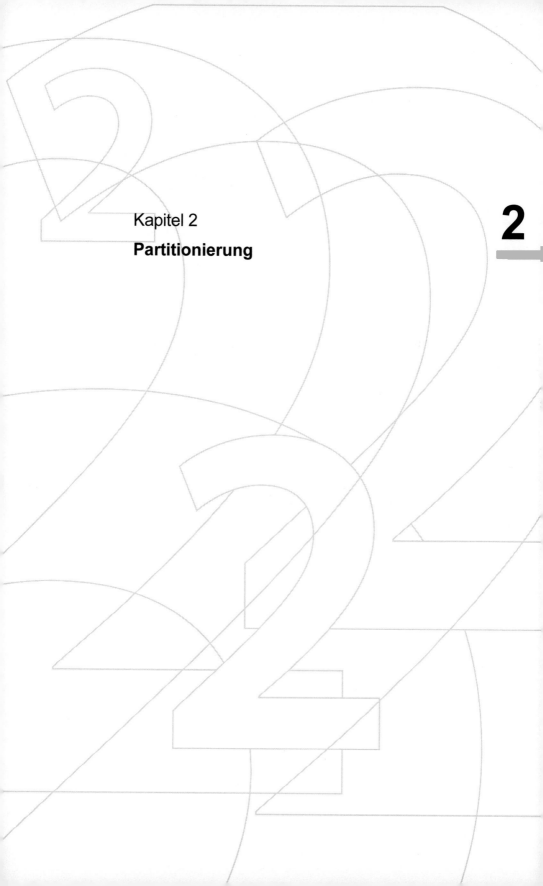

Kapitel 2

Partitionierung

2

2

2 Partitionierung

2.1 Einführung

Eine komplexe Gesamtschaltung kann oft nicht auf *einem* Verdrahtungsträger implementiert werden. Damit ist eine Aufteilung in einzelne Schaltungsblöcke notwendig, die sich dann beispielsweise als separate ICs realisieren lassen. Eine Aufteilung kann auch notwendig sein, um einer vorgegebenen Anzahl von Außenanschlüssen zu entsprechen.[1] Diese Anzahl sollte dem Verpackungsstandard entsprechen, also z.B. bei Quad-Flat-Packages Werte von 48, 64, 100 oder 144 besitzen. Manchmal ist eine Schaltungsaufteilung auch aus Komplexitätsgründen nötig. Hier ist eine komplexe Schaltung so zu zerlegen, dass sie in den nachfolgenden Entwurfsschritten, wie z.B. Platzierung und Verdrahtung, „handhabbar" ist.

Die Aufgabe der Partitionierung besteht darin, eine Schaltung in Teilschaltungen, sog. Partitionen oder Blöcke, aufzuteilen (zu partitionieren), wobei u.a. die Verknüpfungen der Blöcke untereinander zu minimieren sind.

Das wesentliche Optimierungsziel bei der Partitionierung besteht somit in einer Schaltungsaufteilung, bei der so wenig wie möglich Verbindungen zwischen den resultierenden Blöcken erzeugt werden (Abb. 2.1). Diese Zielstellung resultiert zum einen daraus, dass sich viele Verbindungen zwischen den Blöcken negativ auf das Schaltungsverhalten auswirken, da sie z.B. oft sehr lang sind und demzufolge lange Signallaufzeiten bedingen. Zum anderen benötigen Blockverbindungen zusätzliche Verdrahtungsflächen und setzen die Zuverlässigkeit der Gesamtschaltung herab, insbesondere durch die erhöhte Anzahl von Kontaktstellen und Vias.

Auf die Optimierungsziele bei der Partitionierung wird in Kap. 2.3 detailliert eingegangen.

---

[1] Nach der Rent'schen Regel (Rent's Rule) besteht ein direkter Zusammenhang zwischen der Anzahl der Zellen (Gatter) n_G einer digitalen Schaltung und der Anzahl ihrer Außenanschlüsse n_P: $n_P = t * n_G{}^r$, wobei n_P Anzahl von Außenanschlüssen, t Anzahl von Pins pro Zelle, n_G Zellenanzahl der Schaltung und r positive Konstante < 1 (Rent's Exponent). Eine Partitionierung in Teilschaltungen mit jeweils geringerer Zellenanzahl hat demzufolge im statistischen Mittel eine kleinere Anzahl von Außenanschlüssen dieser Teilschaltungen zur Folge.

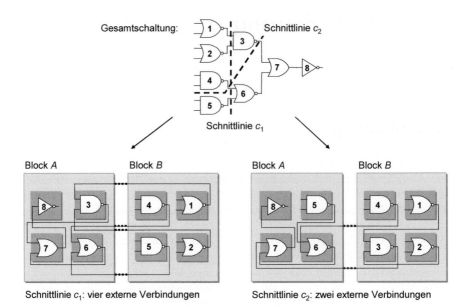

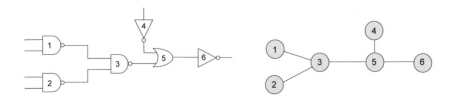

Abb. 2.1 Zwei Partitionierungsmöglichkeiten c_1 und c_2 einer Schaltung, welche zu unterschiedlicher Anzahl von externen Verbindungen führen. Die Schnittlinie c_1 erzeugt vier externe Verbindungen, während Schnittlinie c_2 nur zwei erzeugt.

2.2 Begriffsbestimmungen

Der allgemeine Fall der Schaltungspartitionierung, also das Aufteilen einer Schaltung in k Blöcke, nennt man **k-fache Partitionierung**.

Die auf die **Blöcke (Partitionen)** aufzuteilenden Schaltungselemente werden nachfolgend als **Zellen** bezeichnet.

Zur Lösung des Partitionierungsproblems wird dieses oft in einem Graphen abgebildet, wobei die Knoten Zellen abbilden und die Kanten die Verbindungen zwischen den Zellen repräsentieren (Abb. 2.2).

Abb. 2.2 Beispiel einer zu partitionierenden Schaltung (links) und deren Graphendarstellung (rechts).

Das so abgebildete Partitionierungsproblem lässt sich folgendermaßen definieren:

Gegeben sei ein Graph G(V,E) mit der Knotenmenge V und der Kantenmenge E, bei dem jeder Knoten v ∈ V die Größe s(v) und jede Kante e ∈ E die Wichtung w(e) hat. Die Aufgabe besteht darin, den Graphen G in k Teilgraphen so aufzuteilen, dass Optimierungsziele angestrebt werden und man gleichzeitig vorgegebene Randbedingungen einhält.

Weiterhin gilt:

-    **s(v)** eines Knotens *v* repräsentiert die **Fläche** der durch den Knoten dargestellten Zelle.
-    **w (e)** einer Kante *e* bildet die **Wichtung** des durch die Kante repräsentierten Netzes ab.
-    Die Partitionierung unterteilt den Graphen $G(V,E)$ in *k* **Teilgraphen** $G_i(V_i,E_i)$ mit *i* = 1, 2, …, *k*, welche die Aufteilung der Zellen auf die *k* Blöcke abbilden.
-    Die externen Verbindungen zwischen den Teilgraphen werden als **geschnittene Kanten** bezeichnet und einer **Schnittmenge (Cutset)** *ψ* zugeordnet (Abb. 2.3).

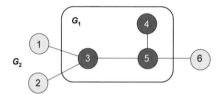

Abb. 2.3 Partitionierungsbeispiel der Schaltung aus Abb. 2.2. Der Teilgraph G_1 umfasst die Knoten 3, 4, 5 sowie die Kanten (3,5) und (4,5). Der Teilgraph G_2 besteht aus den Knoten 1, 2, 6. Die Kanten (1,3), (2,3) und (5,6) werden als „geschnittene Kanten" bezeichnet.

2.3 Optimierungsziele

2.3

Die bei der Partitionierung mittels einer Zielfunktion angestrebten Optimierungsziele beschränken sich meist auf die Minimierung der externen Verbindungen und/oder eine „Vereinheitlichung" bzw. Größenrestriktion (Bounded size) der Blöcke.

▶ 2.3.1 Externe Verbindungen

Wie bereits festgestellt, werden Netze, die zur Schnittmenge *ψ* gehören, durch die externe Verdrahtung zwischen den Blöcken realisiert. Aus den in Kap. 2.1 genannten Gründen ist eine Minimierung dieser Schnittmenge *ψ* anzustreben.

    Die Wichtung *w(e)* einer Kante *e* im Schaltungsgraphen stellt die Kosten dar, die bei der Realisierung dieser Verbindung als externe Verdrahtung entstehen. Damit ist zur Verringerung der externen Verdrahtung folgende Zielfunktion *Z* während der Partitionierung zu minimieren:

$$Z = \sum_{e \in \psi} w(e) \to \min.$$

▶ **2.3.2 Bounded-Size-Partitionierung**

Bei der sog. Bounded-Size-Partitionierung erfolgt die Vorgabe eines oberen Grenzwertes (Upper bound) für die Größe der Fläche jedes Blockes. Dies resultiert oftmals aus Packungsüberlegungen bzw. anderen, durch Gehäuserestriktionen vorgegebenen Randbedingungen.

In den folgenden Gleichungen sei der Ausdruck $s(v)$ die Fläche der durch den Knoten v dargestellten Zelle, V_i die Menge der Knoten des i-ten Blockes, V die Menge sämtlicher Knoten der Gesamtschaltung und $|V|$ die dabei repräsentierte Fläche.

Unter der Annahme, dass der obere Grenzwert der Größe eines Blockes mit A_i festgelegt ist und die Flächengröße des i-ten Blockes mit $\sum_{v \in V_i} s(v)$ angegeben wird,

ist folgende Bedingung einzuhalten:

$$\sum_{v \in V_i} s(v) \le A_i.$$

In den meisten Fällen ist es wünschenswert, eine Schaltung in k Blöcke etwa gleicher Größe zu teilen, womit die in der folgenden Gleichung ausgedrückte Größenverteilung anzustreben ist:

$$|V_i| = \sum_{v \in V_i} s(v) \le \frac{1}{k} \sum_{v \in V} s(v) = \frac{1}{k} |V| \ .$$

Hier repräsentieren $|V_i|$ die durch die Knotenmenge V_i (i-ter Block) verkörperte Fläche und $|V|$ die Flächengröße der Gesamtschaltung.

Für den Spezialfall, dass alle n Knoten in allen k Blöcken die gleiche Fläche repräsentieren, lässt sich die Zielfunktion auf die Anzahl der Knoten n_i in den jeweiligen Blöcken reduzieren:

$$n_i \le \frac{n}{k},$$

wobei n_i die Anzahl der Elemente der Knotenmenge V_i (i-ter Block), n die Anzahl der Elemente der Knotenmenge V (Gesamtschaltung) und k die Anzahl der Blöcke angeben.

2.4 Partitionierungsalgorithmen

Da die Partitionierung ebenso wie die anderen im Rahmen dieses Buches behandelten Layoutaufgaben ein NP-hartes Problem darstellt, also die Rechenzeit mit zunehmender Problemgröße stärker wächst als jede polynomische Funktion, existieren keine Partitionierungsalgorithmen, die ein globales Optimum hinsichtlich der genannten Zielstellungen garantieren (s. Kap. 1.10). Stattdessen entwickelte man insbesondere in den 70er und 80er Jahren effektive Heuristiken zum Finden geeigneter Schaltungsaufteilungen, welche im Rahmen dieses Kapitels detailliert vorgestellt werden:

–   Kernighan-Lin (KL)-Algorithmus
–   Erweiterungen des KL-Algorithmus

– Fiduccia-Mattheyses (FM)-Algorithmus
– Simulated-Annealing (SA)-Algorithmus.

► **2.4.1 Kernighan-Lin (KL)-Algorithmus**

Der KL-Algorithmus ist ein Partitionierungsalgorithmus, der auf iterativen Verbesserungen beruht. Er stellt eine der am häufigsten angewendeten Vorgehensweisen bei der 2-fachen Partitionierung (Aufteilung einer Schaltung in zwei Blöcke) dar und wurde von *B. W. Kernighan* und *S. Lin* erstmals 1970 unter der Überschrift „An Efficient Heuristic Procedure to Partition Graphs" im Bell System Technical Journal veröffentlicht [2.2]. Diesen Algorithmus kann man auch erweitern, um k-fache Partitionierungsprobleme mit $k > 2$ zu lösen oder Partitionierungen in Teilgraphen mit unterschiedlichen Knotenmengen vorzunehmen (s. Kap. 2.4.2).

Gegeben ist ein Graph mit insgesamt 2n Knoten und gewichteten Kanten zwischen beliebigen Knoten.
Gesucht ist die Aufteilung des Graphen in zwei Teilgraphen (Blöcke) mit jeweils n Knoten (Zellen) mit minimalen Schnittkosten (Summe der Gewichte aller geschnittenen Kanten).

a) Übersicht
Der KL-Algorithmus überträgt das Schaltungsproblem komplett in eine Graphenabbildung, d.h. Zellen werden als Knoten und Blöcke als Teilgraphen dargestellt. Er beruht auf dem paarweisen Austausch (Swap) von jeweils zwei Knoten zwischen beiden Teilgraphen. Es werden immer die beiden Knoten getauscht, deren Auswirkung auf eine Verringerung der Schnittkosten maximal ist. Um Endlos-Schleifen zu verhindern, werden einmal ausgetauschte Knoten zeitweise fixiert. Man unterscheidet also zwischen freien und fixierten Knoten.

Wenn alle Knoten fixiert sind, ist ein sog. Pass beendet. Der Algorithmus besteht damit aus einzelnen Pässen, die sich durch den Austausch von jeweils allen Knoten auszeichnen. Anschließend ist zu ermitteln, welche Sequenz von Knotenvertauschungen die größte Verringerung der Schnittkosten erbracht hat, wobei dann nur diese Tauschsequenz auch wirklich realisiert wird. Nach Abschluss des Passes wird die Knotenfixierung wieder aufgehoben.

Danach beginnt man mit den beiden neuen Teilgraphen den nächsten Pass, bei dem dann wiederum alle Knotenvertauschungen auf ihre Schnittkostenminimierung hin untersucht werden. Sollte sich innerhalb eines Passes keine Verbesserung der Schnittkosten erreichen lassen, wird der Algorithmus beendet.

b) Wichtige Begriffe

Schnittkosten (Cutsize, cutcost) eines Graphen
– Bei ungewichteten Kanten bzw. wenn alle Kanten gleiches Gewicht besitzen: Die Schnittkosten sind die Anzahl der bei einer bestimmten Aufteilung von der Schnittlinie erfassten Kanten.

– Bei Kanten mit Kantengewichten: Die Schnittkosten entsprechen der Summe aller Kantengewichte der von der Schnittlinie erfassten Kanten.

Kosten $D(v)$ eines Knotens v im Graphen

– Mittels des Kostenwertes $D(v)$ wird ausgedrückt, inwieweit sich die Teilgraph-Zuordnung jedes individuellen Knotens v „unbelastend" (niedrige Kosten) oder „belastend" (hohe Kosten) auf die aktuellen Schnittkosten des Graphen auswirkt. Konkret heißt das, dass $D(v)$ den Gewinn (oder Verlust) verkörpert, den ein Knoten v aufgrund seiner geschnittenen und nicht geschnittenen Kanten erfährt, wenn er von seinem jetzigen Teilgraphen in den anderen überwechselt:

$$D(v) = \sum v_{extern} - \sum v_{intern},$$

wobei $\sum v_{extern}$ die Anzahl der von der Schnittlinie geschnittenen Kanten des Knotens v und $\sum v_{intern}$ die Anzahl der nicht von der Schnittlinie erfassten Kanten des Knotens sind.

– Hohe Kosten (positiver D-Wert) geben damit einen bestimmten Drang an, die Teilmenge zu wechseln, während niedrige Kosten (negativer D-Wert) ein gewisses „Bleiberecht" verkörpern.

Gewinnwert (Gain value) Δg der Schnittkosten des Graphen

– Mittels des Gewinnwerts wird ausgedrückt, inwieweit sich ein Knotentausch günstig (hoher Gewinnwert) oder ungünstig (niedriger Gewinnwert) auf die Schnittkosten des Graphen auswirkt. Anders ausgedrückt heißt das, dass zu jedem möglichen Tausch zweier Knoten a und b zwischen den beiden Teilmengen ein Gewinnwert ermittelbar ist, der die Sinnfälligkeit des jeweiligen Knotentausches bezüglich der Schnittkostenminimierung angibt:

$$\Delta g = D(a) + D(b) - 2 * c(a,b),$$

wobei $D(a)$, $D(b)$ die Kosten der Knoten a, b darstellen und $c(a,b) = 1$ ist, wenn zwischen a und b eine Kante existiert, andernfalls gilt $c(a,b) = 0$.

– Bei $c(a,b)$ handelt es sich um einen Korrekturterm, falls eine Kante zwischen den beiden auszutauschenden Knoten existiert, da diese auch nach dem Austausch noch von der Schnittlinie erfasst würde.[2]

– Δg gibt damit an, wie sinnvoll es hinsichtlich der Schnittkosten des Graphen ist, zwei Knoten auszutauschen. Je größer Δg ist, umso mehr wird die Gesamtanzahl der geschnittenen Kanten verringert.

– Das Ziel besteht also darin, die zwei Knoten a und b zu finden, deren Wert Δg am größten von allen möglichen Knotenkombinationen ist, und diese dann auszutauschen.

---

[2] Die Berechnung von Δg beruht auf der Annahme, dass eine geschnittene Kante nach dem Knotentausch als ungeschnitten betrachtet werden kann. Sind beide auszutauschende Knoten mittels einer gemeinsamen Kante verbunden, trifft dies nicht zu, da die Kante auch nach dem Tausch noch geschnitten wird. Da dies für beide Knoten gilt, muss man zweimal diese Annahme korrigieren, also den Wert 2 vom Gewinnwert abziehen.

Maximaler positiver Gewinn G_m eines Passes

- Der maximale positive Gewinn G_m gibt die Folge von m Vertauschungen innerhalb eines Passes an, die zu einer maximalen Schnittkostenminimierung des Graphen führt. Konkret ergibt sich G_m aus den aufaddierten Gewinnwerten Δg von m hintereinander erfolgten Vertauschungen innerhalb eines Passes:

$$G_m = \sum_{i=1}^{m} \Delta g_i \rightarrow \max.$$

- Es werden also in jedem Pass zuerst alle möglichen Knotentausche nur „fiktiv" vorgenommen, um anschließend mittels G_m die Sequenz $i = 1 \ldots m$ zu ermitteln, deren Tausch dann tatsächlich erfolgt.

c) Algorithmus

Kernighan-Lin-Algorithmus

Schritt 0:
- V = Menge der $2n$ Knoten
- $\{A, B\}$ sei eine willkürliche Anfangspartitionierung

Schritt 1:
- $i = 1$
- Berechnung von $D(v)$ für alle Knoten $v \in V$

Schritt 2:
- Auswahl von a_i und b_i mit maximalem Gewinnwert $\Delta g_i = D(a_i) + D(b_i) - 2 \cdot c(a_i b_i)$
- Vertauschen und Fixieren von a_i und b_i

Schritt 3:
- Wenn alle Knoten fixiert sind, weiter mit Schritt 4, andernfalls
- Neuberechnung der D-Werte für alle Knoten, welche nicht fixiert und mit a_i und b_i verbunden sind
- $i = i + 1$
- Weiter mit Schritt 2

Schritt 4:
- Bestimmung der Vertauschungssequenz 1 bis m ($1 \leq m \leq i$), so dass

$$G_m = \sum_{i=1}^{m} \Delta g_i \quad \text{maximiert wird}$$

- Wenn $G_m > 0$, weiter mit Schritt 5, andernfalls ENDE

Schritt 5:
- Durchführen aller m Vertauschungen, Beseitigen aller Knotenfixierungen
- Weiter mit Schritt 1.

d) Beispiel

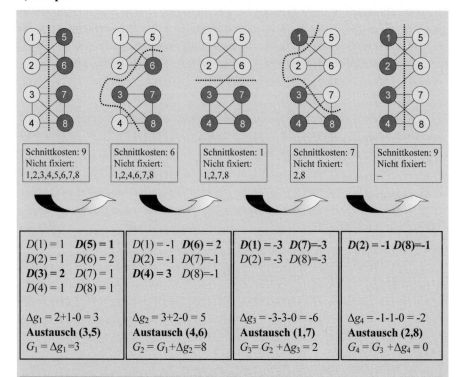

$D(1) = 1$ $\quad D(5) = 1$	$D(1) = -1$ $\quad D(6) = 2$	$D(1) = -3$ $\quad D(7)=-3$	$D(2) = -1$ $\quad D(8)=-1$
$D(2) = 1$ $\quad D(6) = 2$	$D(2) = -1$ $\quad D(7)=-1$	$D(2) = -3$ $\quad D(8)=-3$	
$\boldsymbol{D(3) = 2}$ $\quad D(7) = 1$	$\boldsymbol{D(4) = 3}$ $\quad D(8)=-1$		
$D(4) = 1$ $\quad D(8) = 1$			
$\Delta g_1 = 2+1-0 = 3$	$\Delta g_2 = 3+2-0 = 5$	$\Delta g_3 = -3-3-0 = -6$	$\Delta g_4 = -1-1-0 = -2$
Austausch (3,5)	**Austausch (4,6)**	**Austausch (1,7)**	**Austausch (2,8)**
$G_1 = \Delta g_1 = 3$	$G_2 = G_1 + \Delta g_2 = 8$	$G_3 = G_2 + \Delta g_3 = 2$	$G_4 = G_3 + \Delta g_4 = 0$

Maximaler positiver Gewinn $G_m = 8$ bei $m = 2$.
Da $G_m > 0$, werden die m Vertauschungen (3,5) und (4,6) durchgeführt.

Da $G_m > 0$, weiterer Pass notwendig, bis $G_m \leq 0$ während aller Vertauschungen.

e) Anmerkungen

—   Die notwendige Anzahl der zu durchlaufenden äußeren Schleifen (Pässe) ist
     nicht abhängig von der Problemgröße; oft reichen bereits vier Pässe aus, um die
     erzielbare beste Lösung zu finden.

—   Der Gewinnwert Δg muss während eines Pass-Durchlaufes nicht immer positiv
     sein. Ein Teil der Knoten-Vertauschungen kann auch mit einem negativen Ge-
     winnwert Δg behaftet sein, der dann durch folgende Vertauschungen innerhalb
     des Passes kompensiert wird. Es ist also ratsam, auch bei negativen Gewinn-
     werten die noch verbleibenden Vertauschungen innerhalb eines Passes durch-
     zuführen.

—   Der Algorithmus findet nicht immer die optimale Lösung, ist aber eine schnelle
     und leistungsfähige Heuristik.

– Die Rechenkomplexität des KL-Algorithmus hängt zum einen von der inneren Schleife (Knoten-Vertauschungen) ab, welche n mal ausgeführt wird (n ist die Anzahl der Knoten pro Teilmenge). Zum anderen erfordert die Ermittlung des Knotenpaares mit maximalem Gewinnwert Δg einen paarweisen Vergleich der Knoten mit jeweils maximal n Knoten. Damit ergeben sich hier n^2 Paarungsmöglichkeiten, d.h. eine Rechenkomplexität von O(n^2). Beides zusammen ergibt die Rechenkomplexität von O(n^3).

– Zur Beschleunigung des Algorithmus bietet sich die Ermittlung des geeigneten Knotenpaares durch Sortierung der Knoten an. In diesem Fall müssen dann nur noch die obersten Elemente der Liste verglichen werden. Da ein derartiger Sortieralgorithmus die Rechenkomplexität von O($n \log n$) hat, ergibt sich in diesem Fall eine Rechenkomplexität des KL-Algorithmus von O($n^2 \log n$).

► **2.4.2 Erweiterungen des Kernighan-Lin-Algorithmus**

a) Ungleiche Partitionierungsgrößen $n_1 \neq n_2$
Aufgabe: Partitionierung eines Graphen $G = G(V,E)$ mit $2n$ Knoten in zwei Teilgraphen mit unterschiedlichen oder variablen Knotenanzahlen n_1 und n_2 (mit $n_1 + n_2 = 2n$).
Lösungsmöglichkeit (1), wenn ein Teilgraph *genau* n_1 und der andere *genau* n_2 (mit $n_1 + n_2 = 2n$) Knoten enthalten soll:
– Es gilt min(n_1, n_2) = n_1 falls $n_1 < n_2$, sonst min(n_1, n_2) = n_2 und max(n_1, n_2) = n_1, falls $n_1 > n_2$, sonst max(n_1, n_2) = n_2.
– Aufteilung der Knotenmenge in zwei Mengen A und B, wobei eine Menge min(n_1, n_2) und die andere Menge max(n_1, n_2) Knoten enthält.
– Anwendung des KL-Algorithmus mit der Einschränkung, dass pro Pass nur min(n_1, n_2) Knoten ausgetauscht werden können.

Lösungsmöglichkeit (2), unter der Annahme $n_1 < n_2$ und der Randbedingung, dass am Ende ein Teilgraph *mindestens* n_1 und der andere *maximal* n_2 Knoten enthalten soll:
– Aufteilung der Knotenmenge in zwei Mengen A und B, wobei Menge A dann n_1 und Menge B entsprechend n_2 Knoten enthält.
– „Auffüllen" der Menge A mit ($n_2 - n_1$) sog. „Dummy-Knoten" (Dummy-Knoten besitzen keine Kanten).
– Anwendung des KL-Algorithmus, anschließend Entfernung aller Dummy-Knoten.

b) Berücksichtigung ungleich großer Zellen (Knoten)
Aufgabe: 2-fache Partitionierung mit Knoten, die unterschiedliche Zellengrößen repräsentieren.

Lösungsmöglichkeit:
- Es wird eine Größeneinheit „unit size" definiert, welche der kleinsten Zellen-fläche entspricht, die ein Knoten repräsentiert.
- Die Größenangabe der verbleibenden Knoten erfolgt in ganzzahligen Vielfa-chen dieser Größeneinheiten.
- Jeder Knoten mit der Größe s „unit sizes" wird durch s „Einzelknoten" ersetzt, die untereinander mit unendlicher, d.h. sehr hoher Wichtung verbunden sind.
- Anwendung des KL-Algorithmus.

c) k-fache Partitionierung
Aufgabe: Der Graph habe $k*n$ Knoten, $k > 2$, und es sollen k Partitionen (Teilmen-gen) erzeugt werden, jede mit n Elementen.
Lösungsmöglichkeit:
- Generierung einer zufälligen Knotenaufteilung in k Teilmengen mit jeweils n Knoten.
- Anwendung des KL-Algorithmus für jeweils zwei Teilmengen (1 und 2, 2 und 3, usw.).

▶ **2.4.3 Fiduccia-Mattheyses (FM)-Algorithmus**

Der Fiduccia-Mattheyses-Algorithmus, oft nur als FM-Algorithmus bezeichnet, ist eine den KL-Algorithmus verbessernde Partitionierungsmethodik, die 1982 von *C. M. Fiduccia* und *R. M. Mattheyses* unter der Überschrift „A Linear Time Heuristics for Improving Network Partitions" veröffentlicht wurde [2.1]. Die wesentlichen Unterscheidungsmerkmale zum KL-Algorithmus sind:
- Es wird immer nur eine Zelle verschoben, d.h. kein Knoten-/Zellenpaar ge-tauscht. Damit ist dieser Algorithmus anwendbar für Partitionierungen unglei-cher Größe.
- Das Konzept der Schnittkosten (Cutsize) wird erweitert, um auch Hypergraphs (s. Kap. 1.13) einzuschließen. Damit können auch Mehrpunkt-Netze berück-sichtigt werden. Während sich im KL-Algorithmus die Minimierung der Schnittkosten aus den geschnittenen *Kanten* ergibt, wird beim FM-Algorithmus eine Minimierung der geschnittenen *Netze* angestrebt.
- Die Größe der einzelnen Zellen wird berücksichtigt.
- Die Auswahl der zu verschiebenden Zellen erfolgt deutlich schneller. Die Re-chenkomplexität des FM-Algorithmus ist linear, d.h. $O(n)$, wobei n die Zellen-anzahl angibt.

Gegeben ist ein Graph mit Knoten (Zellen) und gewichteten Kanten zwischen belie-bigen Knoten
Gesucht ist die Aufteilung des Graphen in zwei Teilgraphen (Blöcke) A und B der-art, dass die Anzahl der Netze zwischen beiden Teilgraphen minimiert und gleichzei-tig ein vorgegebenes Größenverhältnis der durch die Teilgraphen repräsentierten Blöcke eingehalten wird.

a) Übersicht

Wie beim KL-Algorithmus erfolgt die Abbildung der Schaltung in einem Graphen. Aufgrund der stärkeren Verknüpfung zur schaltungstechnischen Realität werden beim FM-Algorithmus jedoch die Begriffe „Zelle" (anstelle eines Knotens) und „Block" (anstelle eines Teilgraphen) benutzt.

Die Auswahl der zu verschiebenden Zellen (Knoten) erfolgt ähnlich wie beim KL-Algorithmus mit dem Ziel der Schnittmengenreduzierung. Jedoch wird hier der Gewinnwert pro Einzelzelle berechnet, und nicht pro Austausch zweier Zellen. Auch beim FM-Algorithmus geht man passweise vor, d.h. zu jeder Partitionierung wird in einem Pass die beste Sequenz von Zellenverschiebungen ermittelt.

Eine einmal verschobene Zelle wird fixiert, d.h. sie lässt sich innerhalb dieses Passes nicht mehr zurückschieben. Man unterscheidet also auch hier zwischen freien und fixierten Zellen.

Die Gesamtanzahl der zu verschiebenden Zellen wird beim FM-Algorithmus durch eine Folge c_1, c_2, ..., c_m angegeben (beim KL-Algorithmus werden hingegen die erstbesten m Paare ausgetauscht).

Es ist möglich, Zellen anfänglich innerhalb der Blöcke A oder B zu fixieren, um sie z.B. manuell zu partitionieren.

b) Wichtige Begriffe

Schnittzustand eines Netzes (Cutstate of a net)

— Ein Netz gilt als geschnitten (cut), wenn es Zellen in beiden Blöcken besitzt, ansonsten als ungeschnitten (uncut).

Schnittmenge eines Blockes (Cutset of a partition)

— Die Schnittmenge eines Blockes entspricht der Anzahl der Netze im Block, die als geschnitten (cut) markiert sind.

Gewinnwert einer Zelle (Gain of a cell) $\Delta g(c)$

— Der Gewinnwert $\Delta g(c)$ einer Zelle c ist die Netzanzahl, um die sich die Schnittmenge ihres momentanen Blockes reduziert, wenn man die Zelle c aus ihm heraus verschieben würde:

$$\Delta g(c) = FS(c) - TE(c) \ ,$$

wobei $FS(c)$ die Anzahl der mit der Zelle c verbundenen Netze darstellt, die nicht mit anderen Zellen im gegenwärtigen Block der Zelle c verbunden sind, also *durch die Schnittlinie kommend nur die Zelle c verbinden* („Zugkraft", da jetzt geschnitten, nach Verschiebung jedoch nicht mehr).

$TE(c)$ ist die Anzahl der mit der Zelle c verbundenen Netze, die *nicht die Schnittlinie kreuzen* („Haltekraft", da jetzt ungeschnitten, nach Verschiebung jedoch geschnitten).

— Je höher der Gewinnwert $\Delta g(c)$ einer Zelle c ist, umso sinnvoller ist es hinsichtlich einer Minimierung der Schnittmenge, diese Zelle in den anderen Block zu verschieben.

Maximaler positiver Gewinn G_m eines Passes

– Der maximale positive Gewinn G_m gibt die Folge von m Verschiebungen innerhalb eines Passes an, die zu einer maximalen Schnittkostenminimierung führt. Konkret ergibt sich G_m aus den aufaddierten Gewinnwerten Δg von m hintereinander erfolgten Verschiebungen innerhalb eines Passes:

$$G_m = \sum_{i=1}^{m} \Delta g_i.$$

– Wie beim KL-Algorithmus werden also in jedem Pass zuerst alle ermittelten Verschiebungen nur „fiktiv" vorgenommen, um dann mittels G_m die Sequenz $i = 1...m$ der Verschiebungen zu bestimmen, die man anschließend auch tatsächlich durchführt.

Verhältnisfaktor (Ratio factor) **und Gleichgewichtskriterium** (Balance criterion)

– Da beim FM-Algorithmus die Zellen einzeln verschoben werden, ist eine Berücksichtigung der Partitionierungsgrößen bei jeder Zellenverschiebung notwendig. Es ist offensichtlich, dass sich ansonsten alle Zellen in einer Partition vereinigen, da dies schließlich einer minimalen Schnittmenge entspricht.

– $s(c)$ sei die Fläche einer Zelle c, mit $c = 1, 2, ..., c_{max}$ mit c_{max} Anzahl der Zellen. Wenn V die Menge sämtlicher Zellen c_{max} ist, dann gilt für die Flächengröße über alle Zellen

$$|V| = \sum_{c=1}^{c_{max}} s(c).$$

– Es seien $|A|$ und $|B|$ die Flächen der aus der Partitionierung hervorgehenden Mengen A und B, mit $|A| + |B| = |V|$. Mittels eines sog. *Verhältnisfaktors r* lässt sich ein angestrebtes Größenverhältnis der Flächen zwischen beiden Mengen ausdrücken:

$$r = \frac{|A|}{|A| + |B|}.$$

– Zur Überprüfung des Verhältnisfaktors während der Partitionierung wird ein *Gleichgewichtskriterium* eingeführt. Um dessen Realisierbarkeit sicherzustellen, berücksichtigt man dabei auch die maximale Zellenfläche s_{max}. Eine Partitionierung (A, B) gilt als ausgeglichen, wenn

$r \cdot |V| - s_{max} \leq |A| \leq r \cdot |V| + s_{max}$ gilt,

wobei $|A| + |B| = |V|$ und $s_{max} = \max[s(c)]$, $c \in A \cup B = V$.

– Mittels des Gleichgewichtskriteriums lässt sich also jede Zellenverschiebung dahingehend verifizieren, dass das durch den Verhältnisfaktor vorgegebene Größenverhältnis beider Teilflächen eingehalten wird. Dazu ist die sich ergebende Flächengröße der Partition A zu berechnen und mit der unteren Grenze $r \cdot |V| - s_{max}$ sowie der oberen Grenze $r \cdot |V| + s_{max}$ des Gleichgewichtskriteriums zu vergleichen.

Basiszelle (Base cell)

— Die zur Verschiebung ausgewählte Zelle wird als Basiszelle bezeichnet. Diese besitzt den maximalen Zellengewinnwert $\Delta g(c)$ unter allen verschiebbaren Zellen *und* verletzt durch ihre Verschiebung nicht das Gleichgewichtskriterium.

Netzverteilung (Distribution of a net)

— Die Netzverteilung eines Netzes n wird als Paar $(A(n), B(n))$ angegeben, wobei $A(n)$ die Anzahl der Zellen des Netzes n im Block A verkörpert und $B(n)$ die Zellenanzahl in B.

Kritisches Netz (Critical net)

— Ein Netz n gilt als kritisch, wenn es mit einer Zelle verbunden ist, bei deren Verschiebung sich sein Schnittzustand (Cutstate) ändern würde. Damit ist bei einem kritischen Netz entweder $A(n) = 0$ bzw. 1 oder $B(n) = 0$ bzw. 1 (Abb. 2.4).

— Ein kritisches Netz befindet sich somit komplett innerhalb eines Blockes, oder es hat maximal eine Zelle in einem der beiden Blöcke.

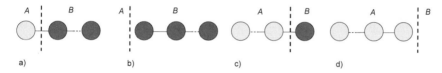

Abb. 2.4 Beispiele für kritische Netze: a) $A(n) = 1$, b) $A(n) = 0$, c) $B(n) = 1$, d) $B(n) = 0$.

— Die Ermittlung kritischer Netze ist notwendig, um die Neuberechnung der Zellengewinne nach der Verschiebung einer Zelle zu vereinfachen. Es ist offensichtlich, dass diese Neuberechnung nur bei Zellen, die mit kritischen Netzen verbunden sind, notwendig wird. Nur bei ihnen kann die Verschiebung von *einer* Zelle den Schnittzustand ändern.

Abgabeblock F (FromBlock), **Zielblock T** (ToBlock)

— Die Begriffe *Abgabeblock* und *Zielblock* benutzt man zum Kennzeichnen der Verschiebungsrichtung einer Zelle, wobei diese Zelle vom *Abgabeblock F* zum *Zielblock T* verschoben wird.

c) Algorithmus

Fiduccia-Mattheyses-Algorithmus

Schritt 0: Errechnen des Gleichgewichtskriteriums

Schritt 1: Ermitteln des Gewinns Δg_1 jeder Zelle

Schritt 2: $i = 1$

— Auswahl der Basiszelle c_1 mit maximalem Gewinnwert Δg_1, Verschiebung dieser Zelle

Schritt 3:

— Fixierung der Basiszelle c_i

— Gewinnwert-Aktualisierung der Zellen, die durch kritische Netze mit der Basiszelle c_i verbunden sind

Schritt 4:

— Wenn alle Zellen fixiert sind, weiter mit Schritt 5, andernfalls

— Auswahl der nächsten Basiszelle c_i mit maximalem Gewinnwert Δg_i und Verschiebung dieser Zelle

— $i = i + 1$, weiter mit Schritt 3

Schritt 5:

— Ermitteln der besten Verschiebungsfolge $c_1, c_2, .., c_m$ $(1 \leq m \leq i)$, so dass $G_m = \sum_{i=1}^{m} \Delta g_i$ maximiert wird

— Wenn $G_m > 0$, weiter mit Schritt 6, andernfalls ENDE

Schritt 6:

— Durchführen aller m Vertauschungen, beseitigen aller Zellenfixierungen

— Neuer Pass, dazu weiter mit Schritt 1.

d) Anmerkungen

Schritt 0: Errechnen des Gleichgewichtskriteriums

— Mittels $r \cdot |V| - s_{\max} \leq |A| \leq r \cdot |V| + s_{\max}$ werden die minimalen und maximalen Flächenwerte des Blocks A bestimmt.

Schritt 1: Ermitteln des Gewinnwertes jeder Zelle

— Im ersten Schritt erfolgt die Berechnung der Gewinnwerte aller freien (nicht fixierten) Zellen für den Fall ihrer Verschiebung.

— Nach der eingangs genannten Gleichung $\Delta g(c) = FS(c) - TE(c)$ wird hier bei jeder Zelle c die Differenz in der Anzahl der mit ihr verbundenen Netze ermittelt, die zum einen durch die Schnittlinie kommend ausschließlich in ihrem Block die Zelle c verbinden ($FS(c)$) und zum anderen nicht durch die Schnittlinie gehen, also komplett innerhalb des Blockes von c liegen ($TE(c)$).

Schritt 2: Auswahl der Basiszelle und Verschiebung dieser Zelle

— Die Basiszelle, also die zu verschiebende Zelle, ist jeweils die Zelle mit dem maximalen Gewinnwert Δg_i (aus Schritt 1), welche außerdem das Gleichgewichtskriterium (aus Schritt 0) erfüllt.

— Der maximale Gewinnwert sämtlicher freien Zellen kann auch negativ sein. In diesem Fall wird mittels der Verschiebung versucht, aus einem lokalen Minimum herauszukommen.

— Sollten mehrere Zellen gleiche Gewinnwerte bei gleichzeitiger Erfüllung des Gleichgewichtskriteriums besitzen, wird die Zelle genommen, die dieses Kriterium „am deutlichsten" erfüllt. Damit hat man die Möglichkeit, für nachfolgende Verschiebungen den „Toleranzrahmen" groß zu halten. Alternativ können auch andere Kriterien berücksichtigt werden.

Schritt 3: Zellenfixierung und Gewinnwert-Aktualisierung

– Nach jeder Verschiebung wird die verschobene Zelle (Basiszelle) in dem neuen Block für den Rest des aktuellen Passes fixiert.

– Anschließend werden die Gewinnwerte $\Delta g(c)$ betroffener Zellen c aktualisiert. Betroffen sind nur freie Zellen, die (I) mit der Basiszelle verbunden sind und
– (IIa) mittels kritischer Netze vor der Verschiebung verbunden sind und dabei als Einzelzelle im Zielblock liegen (Gewinnwert -1) oder, falls der Zielblock bisher leer ist, im Abgabeblock liegen (Gewinnwert +1) oder
– (IIb) mittels kritischer Netze nach der Verschiebung verbunden sind und dabei als Einzelzelle im Abgabeblock übrig geblieben sind (Gewinnwert +1) oder, falls der Abgabeblock nun leer ist, im Zielblock liegen (Gewinnwert -1).[3]

Schritt 4: Auswahl der nächsten Basiszelle und Verschiebung dieser Zelle

– Es sind noch freie Zellen vorhanden: Dann erfolgt die Auswahl der nächsten Basiszelle mit dem maximalen Gewinnwert Δg_i (aus Schritt 3), welche das Gleichgewichtskriterium (aus Schritt 0) erfüllt; weiter mit Schritt 3.

– Alle Zellen sind fixiert: Beenden des aktuellen Passes; weiter mit Schritt 5.

Schritt 5: Ermittlung der besten Verschiebungsfolge 1 ... *m*

– Nachdem alle möglichen Verschiebungen durchgeführt wurden, ist die während des Passes beste aufgetretene Partitionierung als Ergebnis zu ermitteln. Diese ergibt sich aus der Folge aller Verschiebungen, deren aufaddierte Gewinnwerte Δg der verschobenen Zellen einen während des Passes erzielten Maximalwert ergeben. Ähnlich dem KL-Algorithmus wird also nur der Teil der durchgeführten Verschiebungen auch tatsächlich realisiert, der zu einem besten Partitionierungsergebnis geführt hat.

– Die Anzahl der damit tatsächlich zu verschiebenden *m* Zellen (also der Verschiebungen $i = 1, 2, …, m$) ergibt sich nach der eingangs genannten Gleichung

$$G_m = \sum_{i=1}^{m} \Delta g_i \, ,$$ bei der ein Maximalwert von G_m während des Passes erzielt wurde.

Schritt 6: Verschiebung der ersten *m* Zellen tatsächlich durchführen

– Nur die Zellen, welche in der in Schritt 5 ermittelten Folge von Zellenverschiebungen $c_1, c_2, …, c_m$ erfasst wurden, sind in den anderen Block zu überführen.

– Anschließend werden alle fixierten Zellen freigegeben, und ein neuer Pass beginnt mit Schritt 1.

---

[3]   Während der Punkt (I) leicht verständlich ist (der Gewinnwert einer nicht-verschobenen Zelle kann sich bei einer Verschiebung nur ändern, wenn sie mit der verschobenen Zelle verbunden ist), so erfordern die beiden folgenden Punkte IIa und IIb doch einiges Nachdenken: Grundsätzlich ändern sich immer nur die Gewinnwerte von Zellen, die entweder von einem „Einzeldasein" in ein „Zweierdasein" wechseln oder umgekehrt, was jeweils den ersten Halbsatz beider Punkte erklärt. Außerdem ändern sich die Gewinnwerte aller Zellen eines Netzes, wenn diese plötzlich alle in einem Block liegen, also keine geschnittene Kante mehr haben, oder umgekehrt, d.h. durch Verschiebung einer Zelle eine geschnittene Kante erhalten. Dieses erklärt jeweils die zweite Satzhälfte.

e) Beispiel

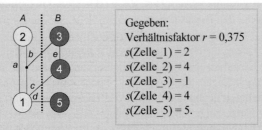

Gegeben:
Verhältnisfaktor $r = 0{,}375$
$s(\text{Zelle\_1}) = 2$
$s(\text{Zelle\_2}) = 4$
$s(\text{Zelle\_3}) = 1$
$s(\text{Zelle\_4}) = 4$
$s(\text{Zelle\_5}) = 5.$

Schritt 0: Errechnen des Gleichgewichtskriteriums

$$r \cdot |V| - s_{\max} \leq |A| \leq r \cdot |V| + s_{\max}$$
$$0{,}375 * 16 - 5 = 1 \leq A \leq 11 = 0{,}375 * 16 + 5.$$

Schritt 1: Ermitteln der Gewinnwerte jeder Zelle
Zelle 1:

— Zwei Netze (c, d) sind nur mit Zelle 1 in deren Block verbunden und sind geschnitten, d.h. $FS(\text{Zelle\_1}) = 2$

— Ein Netz (a) ist mit Zelle 1 verbunden und wird nicht geschnitten, d.h. $TE(\text{Zelle\_1}) = 1$

— $\Delta g(\text{Zelle\_1}) = 2 - 1 = 1$, d.h. Anzahl der geschnittenen Netze reduziert sich um eins (von drei auf zwei), sollte Zelle 1 von A nach B verschoben werden

— Analog werden die Gewinnwerte der verbleibenden Zellen berechnet:

Zelle 2:	$FS(\text{Zelle\_2}) = 0$	$TE(\text{Zelle\_2}) = 1$	$\Delta g(\text{Zelle\_2}) = -1$
Zelle 3:	$FS(\text{Zelle\_3}) = 1$	$TE(\text{Zelle\_3}) = 1$	$\Delta g(\text{Zelle\_3}) = 0$
Zelle 4:	$FS(\text{Zelle\_4}) = 1$	$TE(\text{Zelle\_4}) = 1$	$\Delta g(\text{Zelle\_4}) = 0$
Zelle 5:	$FS(\text{Zelle\_5}) = 1$	$TE(\text{Zelle\_5}) = 0$	$\Delta g(\text{Zelle\_5}) = 1$.

Schritt 2: Auswahl der Basiszelle und Verschiebung
Mögliche Basiszellen: Zelle 1 und Zelle 5

— Gleichgewichtskriterium nach Verschiebung von Zelle 1: $|A| = s(2) = 4$

— Gleichgewichtskriterium nach Verschiebung von Zelle 5: $|A| = s(1) + s(2) + s(5) = 11$.

Beide Verschiebungen verletzen somit nicht das Gleichgewichtskriterium; Zelle 1 wird aufgrund der deutlicheren Erfüllung dieses Kriteriums als Basiszelle ausgewählt und verschoben.

Schritt 3: Zellenfixierung und Gewinnwert-Aktualisierung
1. Zelle 1 fixieren: Neue Anordnung

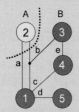

2. Gewinnwert aktualisieren von allen verschiebbaren Zellen, die mittels kritischer Netze mit Zelle 1 verbunden sind:

Zur Bestimmung der kritischen Netze wird von jedem mit Zelle 1 verbundenen Netz n die Anzahl seiner Zellen im Abgabeblock $F(n)$ und im Zielblock $T(n)$ vor der Verschiebung und analog $F'(n)$ und $T'(n)$ nach der Verschiebung von Zelle 1 ermittelt. Sollte einer dieser Werte entweder 0 oder 1 sein, dann gilt n als kritisches Netz. Bei den Netzen a, b, c, d gilt hier, dass $T(n) = 0$ (Netz a) bzw. 1 (Netze b, c, d), daher ist von allen Zellen (2, 3, 4, 5) der Gewinnwert zu aktualisieren.[4]

Die neuen Gewinnwerte Δg ergeben sich wie folgt:

Zelle 2:	$FS(\text{Zelle\_2}) = 2$	$TE(\text{Zelle\_2}) = 0$	$\Delta g(\text{Zelle\_2}) = 2$
Zelle 3:	$FS(\text{Zelle\_3}) = 0$	$TE(\text{Zelle\_3}) = 1$	$\Delta g(\text{Zelle\_3}) = -1$
Zelle 4:	$FS(\text{Zelle\_4}) = 0$	$TE(\text{Zelle\_4}) = 2$	$\Delta g(\text{Zelle\_4}) = -2$
Zelle 5:	$FS(\text{Zelle\_5}) = 0$	$TE(\text{Zelle\_5}) = 1$	$\Delta g(\text{Zelle\_5}) = -1$

Nach Iteration $i = 1$: Mengenverteilung $A_1 = \{2\}$, $B_1 = \{1,3,4,5\}$, davon fixiert $\{1\}$.

Schritt 4: Auswahl der nächsten Basiszelle, zurück zu Schritt 3 usw.

— Iteration $i = 2$

Gemäß obigem Schritt 3: Zelle 2 mit maximalem Gewinnwert $\Delta g_2 = 2$, $|A| = 0$, d.h. Gleichgewichtskriterium nicht erfüllt

Zelle 3 mit nächstem maximalen Gewinnwert $\Delta g_2 = -1$, $|A| = 5$, d.h. Gleichgewichtskriterium erfüllt

Zelle 5 mit nächstem maximalen Gewinnwert $\Delta g_2 = -1$, $|A| = 9$, d.h. Gleichgewichtskriterium erfüllt

Zelle 3 wird verschoben, Mengenverteilung $A_2 = \{2,3\}$, $B_2 = \{1,4,5\}$, davon fixiert $\{1,3\}$.

— Iteration $i = 3$

$\Delta g_3(\text{Zelle\_2}) = 1$ $\Delta g_3(\text{Zelle\_4}) = 0$ $\Delta g_3(\text{Zelle\_5}) = -1$

Zelle 2 mit maximalem Gewinnwert $\Delta g_3 = 1$, $\lceil A \rceil = 1$, d.h. Gleichgewichtskriterium erfüllt

Zelle 2 wird verschoben, Mengenverteilung $A_3 = \{3\}$, $B_3 = \{1,2,4,5\}$, davon fixiert $\{1,2,3\}$.

— Iteration $i = 4$

$\Delta g_4(\text{Zelle\_4}) = 0$ $\Delta g_4(\text{Zelle\_5}) = -1$

Zelle 4 mit maximalem Gewinnwert $\Delta g_4 = 0$, $|A| = 5$, d.h. Gleichgewichtskriterium erfüllt

Mengenverteilung $A_4 = \{3,4\}$, $B_4 = \{1,2,5\}$, davon fixiert $\{1,2,3,4\}$.

---

[4] Die aktualisierten Gewinnwerte müssen nicht unbedingt neu berechnet werden, sondern lassen sich auch aus $T(n)$ ableiten. *Regel:* Wenn $T(n) = 0$, dann werden sämtliche Gewinnwerte der verschiebbaren, mit Netz n verbundenen Zellen um 1 erhöht. *Hier:* $T(a) = 0$, d.h. die mit a verbundene Zelle 2 erhält $\Delta g(2) = \Delta g(2) + 1$. Merkhilfe: Netz a von Zelle 2 ist vom ungeschnittenen in den geschnittenen Zustand übergegangen. Da $\Delta g(c)$ den Gewinn einer möglichen Verschiebung ausdrückt, muss sich dieser Wert um 1 erhöhen, denn durch dieses nun geschnittene Netz hat Zelle 2 „einen Grund mehr" zum Wechsel. *Regel:* Wenn $T(n) = 1$, dann werden sämtliche Gewinnwerte der verschiebbaren, mit Netz n verbundenen alleinigen T-Zellen um 1 verringert. *Hier:* $T(b) = T(c) = T(d) = 1$, d.h. für mit b, c, d verbundene T-Zellen 3, 4, 5 gilt $\Delta g(3,4,5) = \Delta g(3,4,5)-1$. Merkhilfe: Die vorher alleinige T-Zelle bekommt nach der Verschiebung Gesellschaft, ihr Wechselgrund nimmt also ab, womit der erste Term in der Gewinnwertgleichung zu verringern ist. Analog gilt bei $F'(n) = 0$, dass die Gewinnwerte der mit Netz n verbundenen Zellen um 1 verringert bzw. bei $F'(n) = 1$ um 1 erhöht werden.

— Iteration $i = 5$
  $\Delta g_5(\text{Zelle\_5}) = -1$
  Zelle 5 mit maximalem Gewinnwert $\Delta g_5 = -1$, $|A| = 10$, d.h. Gleichgewichtskriterium erfüllt
  Mengenverteilung $A_5 = \{3,4,5\}$, $B_5 = \{1,2\}$, alle Zellen fixiert
  Pass 1 beendet; weiter mit Schritt 5.

Schritt 5: Ermittlung der besten Verschiebungsfolge $1 \dots m$
  $G_1 = \Delta g_1 = 1$
  $G_2 = \Delta g_1 + \Delta g_2 = 0$
  $G_3 = \Delta g_1 + \Delta g_2 + \Delta g_3 = 1$
  $G_4 = \Delta g_1 + \Delta g_2 + \Delta g_3 + \Delta g_4 = 1$
  $G_5 = \Delta g_1 + \Delta g_2 + \Delta g_3 + \Delta g_4 + \Delta g_5 = 0.$

— Maximaler positiver Gewinn $G_m = \sum_{i=1}^{m} g_i = 1$ in Iterationen 1, 3 und 4.

— Aufgrund des ausgewogeneren Gleichgewichtskriteriums ($|A| = 5$) wird Iteration 4 gewählt, d.h. $m = 4$.

Schritt 6: Verschiebung der ersten m Zellen tatsächlich durchführen

— Da $m = 4$, werden nur die ersten vier ausgewählten Zellen (Zellen 1, 3, 2, 4) verschoben.
— Ergebnis von Pass 1: Mengenverteilung $A = \{3,4\}$, $B = \{1,2,5\}$, Schnittkosten von 3 auf 2 reduziert.

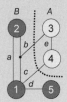

Mit dieser Konfiguration und einer beseitigten Fixierung sämtlicher Zellen wird der Pass 2 durchgeführt (s. Aufgaben zu Kap. 2, Aufgabe 3). In diesem werden die Schnittkosten noch einmal von 2 auf 1 reduziert, bevor sich dann im Pass 3 keine weitere Verbesserung erzielen lässt. Damit gilt die im Pass 2 erreichte Schnittkonfiguration mit den Schnittkosten von 1 als das Partitionierungsergebnis des FM-Algorithmus.

▶ **2.4.4 Simulated-Annealing (SA)-Algorithmus**

a) Iterative Verbesserungsmethodiken, lokale und globale Optima
Iterative Verbesserungsmethodiken (Iterative improvement schemes), zu denen auch der nachfolgend behandelte Simulated-Annealing-Algorithmus gehört, beginnen immer mit einem bestimmten Lösungszustand. Hierbei handelt es sich in der Regel um eine willkürliche Anfangskonfiguration, z.B. die einer Anfangspartitionierung.

Danach erfolgt die Suche nach besseren Lösungszuständen in der lokalen Nachbarschaft. Darunter versteht man die Menge aller Lösungszustände, die durch geringfügige Modifikation eines gegebenen Lösungszustandes S erreicht werden können. Sollte z.B. S eine bestimmte Lösung einer 2-fachen Partitionierung eines Graphen sein, dann versteht man unter der lokalen Nachbarschaft von S die Menge aller Partitionierungen, die man durch Austausch von zwei Knoten zwischen beiden Partitionen erreichen kann.

Bei der iterativen Verbesserungsmethodik wird immer von einem gegenwärtigen Lösungszustand zum Lösungszustand in der lokalen Nachbarschaft übergegangen, sofern letzterer bessere Kosten besitzt. Sollte dabei keiner der Lösungszustände in der lokalen Nachbarschaft bessere Kosten besitzen, so spricht man von *Konvergenz in einem lokalen Optimum*.

Eine iterative Verbesserungsmethodik, welche grundsätzlich nur Lösungsverbesserungen erlaubt (ein sog. Greedy-Algorithmus, s. Kap. 1.11), würde mit einem Anfangs-Lösungszustand S_1 beginnen, auf der Kurve „nach unten gleiten", und im lokalen Minimum L enden (Abb. 2.5). Ein derartiger Algorithmus kann also nur in den wenigsten Fällen das globale Optimum G finden. Damit ist offensichtlich, dass nur dann das *globale* Optimum erreicht werden kann, wenn die iterative Verbesserungsmethodik in der Lage ist, aus dem lokalen Optimum L „herauszuklettern". Nur ein iterativer Algorithmus, der von Zeit zu Zeit auch in der Lage ist, schlechtere Lösungen zu akzeptieren, kann also überhaupt ein globales Optimum erreichen. Derartige Algorithmen werden als Hill-Climbing-Algorithmen bezeichnet.

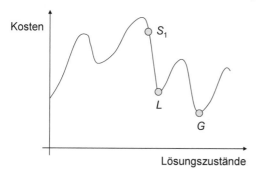

Abb. 2.5 Lokales (L) und globales Optimum (G) bei einem Minimierungsproblem sowie eine Anfangslösung S_1. Die hier dargestellte Kostenkurve hat, wie bei Layoutproblemen oft üblich, mehrere Minima.

Der nachfolgend behandelte Simulated-Annealing-Algorithmus ist einer der erfolgreichsten und am weitesten verbreiteten Vertreter derartiger Hill-Climbing-Algorithmen.

b) Prinzip der simulierten Abkühlung

Unter dem Begriff „Annealing" (Abkühlung) versteht man einen geregelten Abkühlungsprozess, z.B. bei metallischen Schmelzen, bei dem eine flüssige Schmelze mit ungeordneten Atompositionen zu einem Metallgitter mit optimiertem, energieminimalem Atomgitter übergeht. Je mehr dieser Abkühlungsprozess wohltemperiert, also in kleinen Temperaturschritten erfolgt, desto größer ist die Möglichkeit der Atome, ein gleichmäßiges und damit energieminimales Kristallgitter aufzubauen. Ein derartiges Gitter entspricht im energetischen Sinn dem globalen Optimum.

Während der Metallabkühlung wird jede Temperatur für eine bestimmte Zeit aufrechterhalten, bevor die weitere Absenkung um ein vorgegebenes Maß erfolgt. Da die Metallatome bei höheren Temperaturen mehr Bewegungsfreiheit (-energie) als bei niedrigeren besitzen, nimmt mit abnehmender Temperatur auch ihre Bewegungsfähigkeit ab. Während die Atome also zu Beginn des Abkühlungsprozesses noch völlig frei zwischen beliebigen Gitterpositionen „wählen" können und damit völlig neue Lösungszustände erreichen, ist später in zunehmendem Maße nur noch eine lokale Optimierung innerhalb ihrer jeweiligen Nachbarschaft möglich.

Ein Simulated-Annealing-Algorithmus (SA-Algorithmus) beruht auf der Analogie zwischen diesem Freiheitsgrad der Atombewegungen und der Generierung von neuen Lösungszuständen in einem Optimierungsprozess. Zu Beginn werden völlig neue, auch schlechtere, Lösungszustände erlaubt, wobei diese Akzeptanz schlechterer Lösungen mit der Temperatur abnimmt. Bei einem SA-Algorithmus ist so die Temperatur ein Maß für die Wahrscheinlichkeit, mit der schlechtere Lösungen akzeptiert werden. Damit wird während der Abarbeitung des Algorithmus die Möglichkeit reduziert, auf der Suche nach dem globalen Optimum ein „Tal" (Maximierungsproblem) bzw. einen „Hügel" (Minimierungsproblem) zu „durchqueren". Die Temperaturabnahme ist so durchzuführen, dass diese Reduktion erst dann eintritt, wenn mit hoher Wahrscheinlichkeit bereits das Gebiet des globalen Optimums gefunden wurde. Darin liegt eine wesentliche Herausforderung bei der Bestimmung des Gradienten der Temperaturabnahme.

Während also bei der Abkühlung von Metallschmelzen ein globales Optimum bezüglich eines energieminimalen Kristallgitters angestrebt und in beeindruckendem Maße auch erzielt wird, geht es bei einem SA-Algorithmus darum, dem globalen Optimum in einer technischen Aufgabenstellung möglichst nahe zu kommen.

Unter Anwendung wesentlicher Merkmale der Metallabkühlung arbeitet der SA-Algorithmus wie folgt:

– Bei hohen Temperaturen, also im Anfangsstadium der Lösungsfindung zu dem gegebenen Problem, wird viel Flexibilität erlaubt. Auch schlechte Lösungen werden mit einer hohen Wahrscheinlichkeit akzeptiert, womit viele „Kletterpartien" aus einem lokalen Optimum heraus möglich sind.

– Die Temperatur wird Schritt für Schritt während der Lösungssuche abgesenkt. Das hat direkte Auswirkungen auf die Wahrscheinlichkeit, mit der schlechtere Lösungen angenommen werden. Da diese Wahrscheinlichkeit an die Temperatur gekoppelt ist, nimmt sie entsprechend ab.

– Bei jedem Temperaturschritt wird dem Algorithmus genügend Zeit gegeben, mit dem hier möglichen Freiheitsgrad eine bestmögliche Lösung zu finden.

– Bei Temperaturen nahe dem Nullpunkt werden keine „Kletterpartien" mehr erlaubt. Damit akzeptiert der Algorithmus in unmittelbarer Nähe zum Nullpunkt ausschließlich Verbesserungen; es findet also nur noch eine lokale Optimierung statt.[5]

Der Simulated-Annealing-Algorithmus gehört zur Klasse der stochastischen Algorithmen, d.h. mehrere Ausführungen bei ein und demselben Problem können zu unterschiedlichen Ergebnissen führen. Dies resultiert aus der Einbeziehung von Zufalls- bzw. Wahrscheinlichkeitsentscheidungen, im vorliegenden Fall bei der

---

[5] Bildlich gesprochen bewegt sich die Suche im Lösungsraum hier nur noch „nach oben" (Maximierungsproblem) bzw. „nach unten" (Minimierungsproblem). Die aktuelle Lösung des Algorithmus sollte sich also zu diesem Zeitpunkt bereits auf dem richtigen „Hügel" bzw. im richtigen „Tal", und damit im Nahbereich des angestrebten Optimums, befinden.

Auswahl der auszutauschenden Zellen und der Akzeptanz von schlechteren Lösungen.

c) Algorithmus

Simulated-Annealing-Algorithmus
begin
    $T = T_0$, $i = 0$ /* Initialisierung */
    $cur\_part = init\_part$ /* Anfangspartitionierung */
    $cur\_cost = COST(cur\_part)$ /* Anfangsqualität */
    repeat
        repeat
            $i = i + 1$
            $a_i = SELECT(A)$, $b_i = SELECT(B)$
            $trial\_part = EXCHANGE(a_i, b_i, cur\_part)$ /* Tauschversuch */
            $trial\_cost = COST(trial\_part)$
            $\Delta cost = trial\_cost - cur\_cost$
            if($\Delta cost < 0$) **then**   /* wenn Verbesserung */
                $cur\_cost = trial\_cost$ /* Tauschdurchführung */
                $cur\_part = MOVE(a_i, b_i)$
            else   /* ansonsten */
                $r = RANDOM(0,1)$ /* Zufallszahl */
                if($r < e^{-\frac{\Delta cost}{T}}$) **then**   /* bedingter */
                    $cur\_cost = trial\_cost$ /* Tausch */
                    $cur\_part = MOVE(a_i, b_i)$
        until(Abbruchkriterium, z.B. Gleichgewicht bei T, erreicht)
        $T = \alpha * T$ /* $0 < \alpha < 1$ */   /* Temperatur-Reduktion */
    until($T < T_{min}$)
end

d) Anmerkungen

Der Algorithmus beginnt mit der zufälligen Anfangspartitionierung (*cur_part*), von der die Kosten (*cur_cost*) ermittelt werden. Eine neue Partitionierungskonfiguration ist dadurch zu erzeugen, dass zwei aus den beiden Partitionen A und B zufällig ausgewählte Zellen (a_i, b_i) ausgetauscht werden. Die resultierenden Kosten (*trial_cost*) errechnet man und vergleicht sie mit den bisherigen (*cur_cost*). Sollten die neuen Kosten besser (niedriger) sein ($\Delta cost < 0$), wird der Austausch akzeptiert.

Ergeben sich dagegen schlechtere (höhere) oder gleiche Kosten ($\Delta cost \geq 0$), so erfolgt der Austausch nur mit einer Wahrscheinlichkeit von $e^{-\frac{\Delta cost}{T}}$. (Im konkreten Fall wird der Tausch nur durchgeführt, wenn der Wert $e^{-\frac{\Delta cost}{T}}$ größer ist als eine Zufallszahl r mit $0 \leq r \leq 1$.) Die Wahrscheinlichkeit des Austauschs hängt also zum einen von der Kostenverschlechterung $\Delta cost$ ab: Je schlechter die neuen Kosten im Vergleich zu den aktuellen sind, d.h. je größer $\Delta cost$ ist, umso geringer ist die Wahrscheinlichkeit, dass der Austausch durchgeführt wird (aufgrund des negativeren Exponenten).

Zum anderen spielt bei der Austausch-Wahrscheinlichkeit die aktuelle Temperatur T eine große Rolle. Bei hohen Temperaturen ($T \rightarrow \infty$), nähert sich der Exponent dem Wert Null an, womit die Wahrscheinlichkeit des Tausches gegen eins tendiert ($e^0 = 1$), d.h. der Austausch findet mit sehr großer Wahrscheinlichkeit statt. Bei hohen Temperaturen wird damit auch die Annahme schlechterer Partitionierungslösungen erlaubt, womit man aus einem lokalen Optimum „herausklettern" kann. Umgekehrt bewirkt eine niedrigere Temperatur einen immer negativeren Exponenten der e-Funktion, führt also zu geringerer Wahrscheinlichkeit, den Austausch beider Zellen durchzuführen.

Bei jeder Temperatur werden solange Zellenaustausche vorgenommen, bis ein sog. Gleichgewicht (Equilibrium) erreicht ist. Dieses ist dadurch gekennzeichnet, dass bei einer bestimmten Anzahl von Austauschversuchen keine Lösungsverbesserung, also keine Kostenreduktion, erzielt werden kann. Analog lässt sich auch eine bestimmte Anzahl von Austauschversuchen pro Temperaturschritt vorgeben.

Die Anfangstemperatur (T_0) und das Maß der Abkühlung (α) werden in der Regel experimentell ermittelt. Allgemein gilt, dass eine höhere Anfangstemperatur und eine langsamere Abkühlung zum besseren Endergebnis führen. Allerdings erkauft man sich diese Lösungsverbesserung durch die längere Laufzeit des Algorithmus, da diese proportional zu der Anzahl der Temperaturschritte ist.

e) Beispiel

Gegeben: Schaltung mit sechs Zellen und sechs Netzen, wobei alle Zellen identische Größe besitzen, sowie Netzliste mit Netzgewichten
Gesucht: Aufteilung in zwei Blöcke A und B mit jeweils drei Zellen und minimalen Kosten

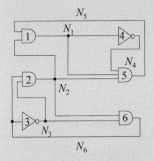

Netze	Gewicht
$N_1 = (1, 4, 5)$	$w_1 = 4$
$N_2 = (1, 2, 5, 6)$	$w_2 = 2$
$N_3 = (2, 3, 6)$	$w_3 = 2$
$N_4 = (4, 5)$	$w_4 = 3$
$N_5 = (1, 5)$	$w_5 = 1$
$N_6 = (2, 3, 6)$	$w_6 = 4$

Parameter des SA-Algorithmus:

–   Anfangstemperatur: $T_0 = 10$, Abbruch bei $T < 3{,}5$

–   Anfangspartitionierung: init_part $A\{1, 2, 3\}$, $B\{4, 5, 6\}$

–   Anzahl der Austauschversuche pro Temperaturschritt T: 4

–   Temperaturabnahme: $\alpha = 0{,}7$

–   Austauschfunktion EXCHANGE(): Paarweiser Tausch der Knoten zwischen A und B

–   Zielfunktion COST(): $\sum\limits_{net \in \psi} w_{net}$ mit Gewicht w_{net} von Netz net und Menge ψ der ge-

schnittenen Netze (d.h. mit Anschlüssen in A und B).

Ablauf des Algorithmus:

Zähler i	T	a_i, b_i	cur_cost	trial_cost	Zufallszahl r	$e^{-\frac{\Delta cost}{T}}$	Tausch
1	10,00	3,4	13	16	0,21713	0,74082	Ja
2	10,00	2,3	16	16	0,66138	1	Ja
3	10,00	4,6	16	13			Ja
4	10,00	1,2	13	2			Ja
5	7,00	2,5	2	16	0,11209	0,13534	Ja
6	7,00	1,5	16	13			Ja
7	7,00	1,4	13	15	0,33190	0,75148	Ja
8	7,00	2,6	15	15	0,12564	1	Ja
9	4,90	1,3	15	16	0,70105	0,81540	Ja
10	4,90	3,4	16	13			Ja
11	4,90	1,6	13	2			Ja
12	4,90	5,6	2	16	0,49375	0,05743	Nein
13	3,43	1,3	2	13	0,86493	0,04048	Nein
14	3,43	2,5	2	16	0,34371	0,01688	Nein
15	3,43	1,6	2	13	0,73232	0,04048	Nein
16	3,43	1,2	2	13	0,02093	0,04048	Ja

Veranschaulichung ausgewählter Iterationen i:

$i = 4$ ($T = 10$):

— Selektierte Zellen zum Tausch sind 1, 2; cur_cost = 13, trial_cost = 2, d.h. Tausch wird akzeptiert

$i = 5$ ($T = 7$):

— Selektierte Zellen zum Tausch sind 2, 5; cur_cost = 2, trial_cost = 16, d.h. Zufallszahl wird generiert: 0,11209

— $0,11209 < e^{-14/2} = 0,13534$, d.h. Tausch wird akzeptiert.

$i = 12\text{-}15$ ($T = 4,9$ bzw. $T = 3,43$):

— trial_cost jeweils größer als cur_cost und Zufallszahl r jeweils größer als $e^{-\Delta cost/T}$, d.h. Vertauschungen nicht akzeptiert

In der 4. Iteration ($i = 4$) erreicht der SA-Algorithmus einen Kostenwert von 2, welcher den besten erzielbaren Wert darstellt. Dieser repräsentiert die Summe der Netzgewichte der geschnittenen Netze (hier Netz 2 mit $w_2 = 2$). Wie dem detaillierten Ablauf zu entnehmen ist, wurde dieses Optimum durch die vorherige Akzeptanz von einer schlechteren Lösung in der 1. Iteration erreicht.

Die beste Lösung entspricht einer Partitionierung von $A\{2, 3, 6\}$ und $B\{1, 4, 5\}$.

Aufgaben zu Kapitel 2

Aufgabe 1: KL-Algorithmus

Die nebenstehende Partition mit den Knoten 1 bis 6 soll durch Anwendung des Kernighan-Lin-Algorithmus optimiert werden. Führen Sie den Algorithmus für nur einen Pass durch. Die Punktlinie stellt die erste Partitionierung des Graphen dar. Alle Knoten haben die gleiche Größe und alle Kanten die gleiche Wichtung.

Hinweis: Gestalten Sie jeden Schritt nachvollziehbar. Geben Sie das nach dem ersten Pass vorliegende Ergebnis auch in graphischer Form an.

Aufgabe 2: Kritische Netze und Gewinnwerte beim FM-Algorithmus

Für die nebenstehende Partition sind folgende Aufgaben zu bearbeiten:

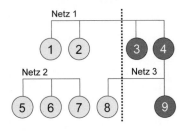

a) Ermitteln Sie für alle Zellen 1 bis 9 die kritischen Netze, die *jeweils* mit diesen Zellen verbunden sind und die vor und nach der Verschiebung dieser Zellen existieren würden. Für jede Zelle ist dabei von der nebenstehenden Partition auszugehen. Geben Sie bei jeder Verschiebung die Zellen an, deren Gewinnwerte im Falle einer Verschiebung neu berechnet werden müssten.

Hinweis: Es empfiehlt sich eine tabellarische Lösung mit den Spalten Zelle / Kritische Netze vor Verschiebung der Zelle / Kritische Netze nach Verschiebung der Zelle / Zellen mit zu aktualisierendem Gewinnwert $\Delta g(c)$.

b) Ermitteln Sie den Gewinnwert $\Delta g(c)$ jeder Zelle c.

Aufgabe 3: FM-Algorithmus

Wenden Sie den Fiduccia-Mattheyses-Algorithmus an, um das in Kap. 2.4.3 gegebene Beispiel des FM-Algorithmus mit Pass 2 weiterzuführen.

Hinweis: Gestalten Sie die Schritte nachvollziehbar. Geben Sie das nach jedem Schritt vorliegende Ergebnis auch in graphischer Form an.

Literatur zu Kapitel 2

[2.1] Fiduccia C. M.; Mattheyses R. M.: A Linear Time Heuristics for Improving Network Partitions. Proc. of the 19th Design Automation Conf., 175-181, 1982

[2.2] Kernighan, B. W.; Lin, S.: An Efficient Heuristic Procedure for Partitioning Graphs. Bell System Technical Journal, vol. 49, 291-307, Feb. 1970

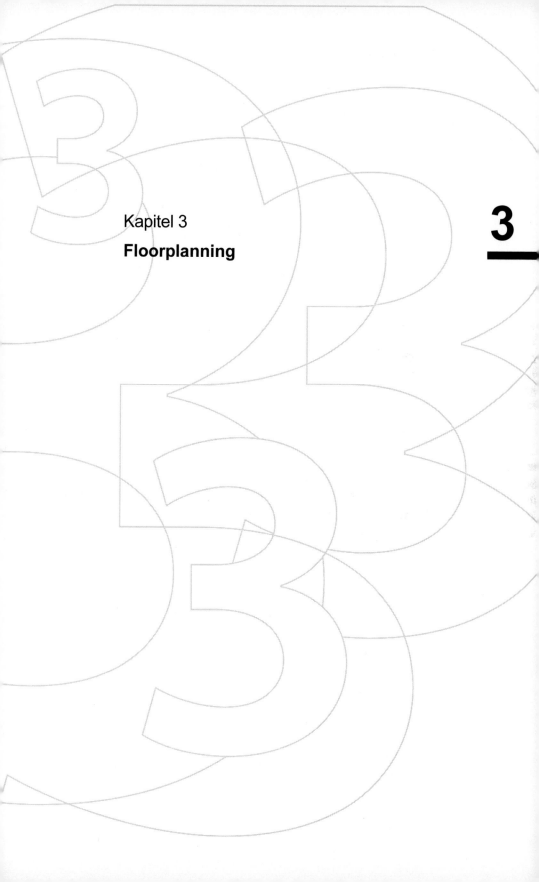

Kapitel 3
Floorplanning

3

3   **Floorplanning**.. **63**

3

3 Floorplanning

3.1 Einführung

Bei dem in Kap. 2 behandelten Partitionierungsschritt wird die Schaltung in unabhängige Teilschaltungen (Partitionen) zerlegt. Aus den dabei den Teilschaltungen zugeordneten Zellen und deren Größen ist die ungefähre Fläche dieser Teilschaltungen bekannt, von der man wiederum ihre möglichen Formen, also Abmessungsbzw. Seitenverhältnisse, ableiten kann. Auch ist die Anschlussanzahl jeder Teilschaltung, d.h. die Anzahl ihrer Außenanschlüsse, vorgegeben.

Das sich an die Partitionierung anschließende Floorplanning betrachtet diese Teilschaltungen, um sie durch Festlegen bisher nicht bestimmter („unscharfer") Parameter für die nachfolgenden Entwurfsschritte vorzubereiten und ggf. im Rahmen der Gesamtschaltung optimiert anzuordnen.

Es ist üblich, beim Floorplanning die Gesamtschaltung als **Topzelle** und die Teilschaltungen (Partitionen) als **Blöcke** zu bezeichnen.

Die Aufgabe des Floorplanning besteht darin, das Ergebnis der Schaltungspartitionierung so aufzubreiten, dass jeder dabei erstellte Block intern platziert und verdrahtet werden kann. Dazu sind i.Allg.

— *die Abmessungen bzw. Seitenverhältnisse der einzelnen Blöcke, und evtl. auch der Topzelle, festzulegen,*

— *die Positionen der Außenanschlüsse in den einzelnen Blöcken zu bestimmen (Pinzuordnung) und*

— *die Positionen dieser Blöcke innerhalb der Topzelle zu definieren.*

Damit werden beim Floorplanning den bei der Partitionierung ermittelten abstrakten Partitionen/Blöcken deren „nach außen sichtbare" Merkmale, wie z.B. Abmessungen und Anschlüsse, zugeordnet. Diese Merkmale sind notwendige Randbedingungen, um die nachfolgende Platzierung (s. Kap. 4) und Verdrahtung (s. Kap. 5 bis 7) der Zellen *innerhalb* der einzelnen Blöcke durchführen zu können, also deren „innere Merkmale" zu definieren.[1]

---

[1] An dieser Stelle sollte man noch einmal „innehalten", um sich die hierarchische Einordnung des Floorplanning in den Entwurfsfluss zu verdeutlichen: Die zuvor ermittelten Partitionen, nun als Blöcke bezeichnet, beinhalten die bereits bei der Partitionierung betrachteten Zellen. Um diese später platzieren und verdrahten zu können, muss zunächst geklärt werden, welche Formen und Anschlusspositionen die sie einschließenden Blöcke haben. Dies lässt sich nur ermitteln, wenn man die Blöcke im Rahmen der Topzelle (Gesamtschaltung) betrachtet, was Aufgabe des Floorplanning ist. Beim Floorplanning befindet man sich also noch einmal auf dem Niveau von Teilschaltungen und der Gesamtschaltung, erst die in den späteren Kapiteln behandelte Platzierung und Verdrahtung betrachtet die Zellen innerhalb der Blöcke.

Das Floorplanning zeichnet sich durch mehrere Freiheitsgrade aus, denn die Anordnung jedes Blocks hängt auch von seinen Abmessungen ab, welche daher gleichzeitig festzulegen sind. Damit wird auch ein wesentlicher Unterschied zur Platzierung deutlich: Bei dieser sind die Abmessungen der zu platzierenden Zellen festgelegt, es geht also lediglich um die Anordnung und evtl. die Orientierung der Zellen auf dem Chip.

Es sei an dieser Stelle darauf hingewiesen, dass es auch Floorplanning mit festen Blöcken (Fixed blocks) geben kann. Insbesondere tritt dies beim Reuse, also der Wiederbenutzung von Schaltungsblöcken auf (s. Kap. 1). Da dieses Problem aber ein Teilproblem des hier behandelten Floorplanning mit flexiblen Blöcken (Soft blocks) darstellt, soll darauf nicht gesondert eingegangen werden.

Beim Floorplanning sind meist folgende **Eingangsgrößen** gegeben:

— Menge von Blöcken

— Fläche jedes Blocks und seine möglichen Formen (z.B. Seitenverhältnisse)

— Anzahl und Potential der Außenanschlüsse jedes Blocks

— Netzliste.

Beispiel
Gegeben: Drei Blöcke mit folgenden Seitenverhältnissen (Breite w, Höhe h)
Block A: $w = 1, h = 4$ oder $w = 4, h = 1$ oder $w = 2, h = 2$
Block B: $w = 1, h = 2$ oder $w = 2, h = 1$
Block C: $w = 1, h = 3$ oder $w = 2, h = 2$ oder $w = 4, h = 1$

Gesucht: Floorplan mit minimaler Gesamtfläche der Topzelle

Lösung:
Seitenverhältnisse
Block A mit $w = 2, h = 2$; Block B mit $w = 2, h = 1$; Block C mit $w = 1, h = 3$

Mögliche Anordnung der Blöcke:

Damit entspricht diese Lösung dem theoretischen Optimum (neun Flächeneinheiten).

3.2 Optimierungsziele

Wie bereits angesprochen, zeichnet sich das Floorplanning durch mehrere Freiheitsgrade, z.B. eine variable Anordnung der Blöcke und deren variable Abmessungen, aus. Umso wichtiger ist die exakte Definition der Zielfunktion zur Bewertung eines erzielten Floorplans. Nachfolgend sind häufige Optimierungsziele von Algorithmen für das Floorplanning angegeben, wobei das Erreichen einer minimalen Fläche und einer vorgegebenen Form der Topzelle (s. Kap. 3.2.1) die mit Abstand gebräuchlichsten Optimierungsziele darstellen.

Auf die Festlegung der Außenanschlüsse (Pinzuordnung) wird in Kap. 3.5 gesondert eingegangen.

▶ 3.2.1 Fläche und Form des umschließenden Rechtecks

Die Gesamtfläche des umschließenden Rechtecks repräsentiert die Größe der Topzelle, d.h. der Gesamtschaltung. Da deren Größe direkte Auswirkungen auf die Gehäuseoptionen, Zuverlässigkeit, Kosten usw. hat, besteht in vielen Fällen das Ziel beim Floorplanning darin, die Gesamtfläche des umschließenden Rechtecks zu minimieren.

Die Flächenminimierung der Topzelle erfolgt unter Ausnutzung der Flexibilität in den Formen der einzelnen Blöcke, denn diese lassen sich dann flächenminimal anordnen, wenn man ihre Formen zueinander passend gestaltet.

Neben der Flächenminimierung bestehen oft auch Vorgaben bezüglich der Form der Topzelle. Auch hier gilt es, die Flexibilität der Blöcke entsprechend auszunutzen, um diese Formvorgaben zu erreichen. Dazu kommt, dass optimierte Formen der Topzelle auch zu einer Verringerung ihrer Fläche beitragen können, Fläche und Form der Topzelle also zwei miteinander verbundene Optimierungsziele darstellen.

▶ 3.2.2 Gesamtverbindungslänge

Die Verdrahtung zwischen den einzelnen Blöcken wird als „Toplevel-Verdrahtung" bezeichnet, die sich oft durch lange Netze auszeichnet und damit das elektrische Verhalten der Gesamtschaltung entscheidend beeinflusst. Bei elektrisch anspruchsvollen Schaltungen, wie z.B. solchen mit hohen Taktfrequenzen, strebt man in vielen Fällen als Zielfunktion eine Minimierung der Gesamtverbindungslänge der Verdrahtung zwischen den Blöcken an.

Dabei wird von der vereinfachten Annahme ausgegangen, dass alle Verbindungen von der Mitte eines Blockes ausgehen. Zur Bestimmung der Länge L sämtlicher Verbindungen gibt es dabei zwei Möglichkeiten:

– Längenbestimmung über Manhattan-Entfernung (s. Kap. 1.14) zwischen den Blöcken:

$$L = \sum\nolimits_{i,j} c_{ij} \cdot d_{ij},$$

mit c_{ij} Matrixelement aus Verbindungsmatrix, welches den Verbindungsgrad bzw. die Verbindungskosten der Blöcke i und j angibt (s. Kap. 1.14) und d_{ij} Manhattan-Entfernung zwischen den Mittelpunkten der Blöcke i und j;

– Längenbestimmung über minimalen Spannbaum (s. Kap. 1.14) jedes Netzes:

$$L = \sum_{i=1}^{n} l_i \,,$$

mit l_i Länge des minimalen Spannbaums von Netz i und n Anzahl der Netze.

▶ **3.2.3 Fläche und Gesamtverbindungslänge**

In vielen Fällen besteht das Ziel beim Floorplanning darin, sowohl die Fläche des die Topzelle umschließenden Rechtecks A als auch die Gesamtverbindungslänge L zu minimieren. Hierzu wird eine Zielfunktion $Z = w_1{*}A + w_2{*}L$ genutzt, wobei w_1 und w_2 nutzerdefinierte Kosten- bzw. Wichtungsfaktoren sind und die sich ergebende Summe Z zu minimieren ist.

▶ **3.2.4 Signalverzögerungen**

Aufgrund der Zunahme von Taktfrequenzen der Schaltungen hat sich in den letzten Jahren die Einhaltung von maximalen Signalverzögerungen einzelner Netze als eine kritische Schaltungsvorgabe ergeben. Unter diesen Umständen wird ein Floorplan gesucht, bei dem die Timing-Vorgaben der einzelnen Signalnetze zwischen den Blöcken erfüllt werden. Dies geschieht in der Regel durch Identifizierung der kritischen Pfade bzw. Netze mit anschließender Ermittlung der zugehörigen Blöcke. Diese werden dann beim Floorplanning vorrangig mit minimalen Abständen zueinander angeordnet.

Alternativ bietet sich auch die Durchführung einer statischen Timing-Analyse an, bei der *während* des Floorplanning die Verzögerungszeiten aller möglichen Pfade ermittelt und deren Maximalwerte auf einem gefundenen kritischen Pfad mit den Vorgaben verglichen werden [3.5].

3.3 _____ **3.3 Begriffsbestimmungen**

Rechteck-Aufteilung (Rectangular dissection): Unterteilung eines gegebenen Rechtecks (Topzelle) durch eine bestimmte Anzahl von horizontalen und vertikalen Liniensegmenten, mit dem Ergebnis einer bestimmten Anzahl von nicht-überlappenden Rechtecken. Diese werden als Blöcke (manchmal auch als Basis-Rechtecke, Basic rectangles) bezeichnet.

Schnittstruktur (Slicing structure): Eine Rechteck-Aufteilung (Rectangular dissection), welche durch wiederholte vertikale oder horizontale Aufteilung von Rechtecken in immer kleinere Rechtecke entsteht, wird Schnittstruktur genannt.

Schnittbaum (Slicing tree, auch Slicing floorplan tree): Ein Schnittbaum ist die Modellierung einer Schnittstruktur (Slicing structure) durch einen Binärbaum mit k Blättern und k-1 Knoten. Jeder Knoten repräsentiert dabei eine Schnittlinie und jedes Blatt einen Block (Abb. 3.1). Die horizontalen und vertikalen Schnittoperatoren werden dabei durch H und V verkörpert.[2] Wesentliches Merkmal eines Schnittbaums ist seine Binärstruktur, d.h. jeder Knoten hat genau zwei Kinder.

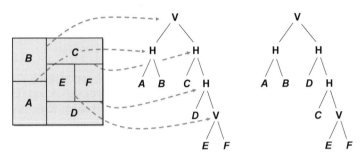

Abb. 3.1 Eine Schnittstruktur (links) und ihre Modellierung durch zwei mögliche Schnittbäume.

Geschnittener Floorplan (Slicing floorplan): Ein Floorplan, bei dem sämtliche Blöcke durch (wiederholte) vertikale oder horizontale Teilung eines jeweils übergeordneten Elternblocks entstanden sind, wird als geschnittener Floorplan bezeichnet. Dieser ist immer das Ergebnis einer Schnittstruktur (Slicing structure, s. Abb. 3.1) und kann mit einem Schnittbaum (Slicing tree) modelliert werden.

Ungeschnittener Floorplan (Non-slicing floorplan): Einen Floorplan, der *nicht* durch vertikale oder horizontale Teilung eines jeweils übergeordneten Elternblocks gebildet werden kann, bezeichnet man als ungeschnittenen Floorplan (Abb. 3.2). Es ist leicht einzusehen, dass dieser immer aus mindestens fünf Rechtecken (Blöcken) bestehen muss. Ein derartiger kleinstmöglicher ungeschnittener Floorplan wird als Rad (Wheel) bezeichnet.

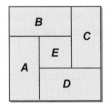
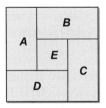

Abb. 3.2 Zwei Möglichkeiten eines ungeschnittenen Floorplans, die bei fünf Rechecken spiralförmig aufgebaut sind und so auch als Räder (Wheels) bezeichnet werden.

Floorplan l-ter Ordnung: Ein Floorplan besitzt die Ordnung l, wenn er durch Teilung eines Rechtecks in maximal l Teile entstanden ist. Ein ungeschnittener (non-slicing) Floorplan hat also mindestens die Ordnung 5 (Abb. 3.3), während ein ge-

---

[2]   Die H- bzw. V-Notation ist in der Literatur nicht eindeutig. Entsprechend der Wahl in Abb. 3.1 bevorzugen bei einer horizontal geführten Schnittlinie einige Autoren eine H-Notation (horizontale Schnittlinie), während andere die horizontale Schnittlinie mehr im Sinne einer vertikalen Aufteilung verstehen und entsprechend mit der V-Notation versehen.

schnittener (slicing) Floorplan stets die Ordnung 2 hat (Schnittoperatoren V bzw. H haben hier jeweils zwei Operanden).

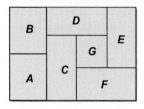

Abb. 3.3 Beispiel für einen Floorplan der Ordnung 5. Die rechte „Hälfte" (Rad) wurde in fünf Teile zerlegt und definiert damit die Ordnung dieses Floorplans.

Floorplanbaum (Floorplan tree): Jeder hierarchische Floorplan kann durch einen Floorplanbaum repräsentiert werden (Abb. 3.4). Jedes Blatt verkörpert dabei einen Block (Basis-Rechteck), jeder Knoten entweder einen vertikalen bzw. horizontalen Schnittoperator oder ein Rad. Die eingangs genannten Schnittbäume (Slicing trees) sind damit Untermengen der Floorplanbäume.

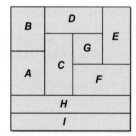 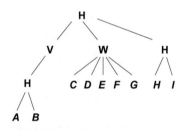

Abb. 3.4 Ein hierarchischer Floorplan der Ordnung 5 (links) und der zugehörige Floorplanbaum. Der mit W markierte Knoten entspricht einem Rad, bestehend aus den fünf Blöcken *C* bis *G*.

Polargraph (Polar graph): Zur graphischen Darstellung eines Floorplans (oder jeder anderen topologischen Platzierung) eignet sich auch der Polargraph. Im Gegensatz zu den bisher genannten Graphenmodellen wird ein Block dabei als Kante abgebildet. Der Polargraph besteht aus zwei gerichteten Graphen, einem vertikalen und einem horizontalen Polargraphen, welche jeweils die vertikale und horizontale Lage der Blöcke zueinander beschreiben.

Vertikaler Polargraph: Knoten sind *horizontal* verlaufende Schnittkanten, Kanten die dazwischen liegenden Blöcke (jeweils von oberer Blockbegrenzung zu unterer Begrenzung).

Horizontaler Polargraph: Knoten sind *vertikal* verlaufende Schnittkanten, Kanten die dazwischen liegenden Blöcke (jeweils von linker Blockbegrenzung zu rechter Begrenzung).[3]

---

[3]   In der Literatur, z.B. [3.12], findet man auch eine umgekehrte Kennzeichnung, d.h. der vertikale Polargraph benutzt vertikal verlaufende Schnittkanten und der horizontale Polargraph die horizontal verlaufenden Schnittkanten.

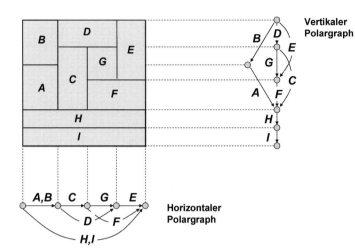

Abb. 3.5 Ein Floorplan und zugehöriger vertikaler und horizontaler Polargraph.

Der längste Pfad im vertikalen Polargraphen verkörpert die minimal benötigte Layouthöhe, der längste Pfad im horizontalen Polargraphen die minimal benötigte Layoutbreite. Die Fläche des kleinsten umschließenden Rechtecks und damit die Abmessungen der Topzelle lassen sich somit aus dem Produkt beider Werte bestimmen.

Beispiel: Erzeugung eines Polargraphen

1. Von oben nach unten werden alle y horizontalen Blockkanten mit $h_1 \ldots h_y$ markiert.

2. Von links nach rechts werden alle x vertikalen Blockkanten mit $v_1 \ldots v_x$ markiert.

3. Vertikaler Polargraph: Kanten $h_1 \ldots h_y$ werden als Knoten, dazwischen liegende Blöcke als verbindende Kanten dargestellt.

4. Horizontaler Polargraph: Kanten $v_1 \ldots v_x$ werden als Knoten, dazwischen liegende Blöcke als verbindende Kanten dargestellt.

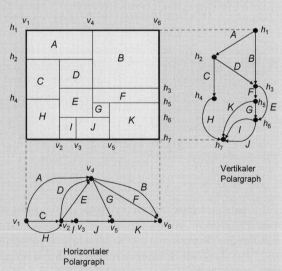

3.4 Algorithmen für das Floorplanning

▶ 3.4.1 Floorplan-Sizing-Algorithmus

a) Vorbemerkungen

Unter „Floorplan-Sizing" versteht man sowohl die Festlegung einer Außenform der Topzelle als auch, daraus abgeleitet, die Festlegung der einzelnen Blockformen bzw. -abmessungen. Erstmals wurden derartige Algorithmen 1983 von *Otten* [3.6] und *Stockmeyer* [3.12] vorgestellt. Bei diesen Algorithmen werden aus den möglichen Formen der einzelnen Blöcke unter Einbeziehung ihrer Anordnungsvarianten die verschiedenen Form- und Größenvarianten der Topzelle ermittelt. Von einer dann festgelegten (minimierten) Topzellen-Form ausgehend, legt man die dazu notwendigen Formen und Anordnungen der Blöcke fest.

Da der Algorithmus auf sog. Formfunktionen der Blöcke und auch der Topzelle beruht sowie der Begriff der Eckwerte eine wesentliche Rolle spielt, sollen diese Bezeichnungen nachfolgend eingeführt werden.

b) Formfunktionen und Eckwerte

Blöcke mit flexiblen Abmessungen sind durch eine Flächenvorgabe A bestimmt. Damit haben, unabhängig von der Form des Blocks, die Höhe h und die Breite w der Randbedingung $h*w \geq A$ zu genügen. Diese gegenseitige Abhängigkeit zwischen Höhe und Breite eines Blocks, d.h. hier die Höhe als Funktion der Breite, wird als **Formfunktion** (Shape function) des Blocks bezeichnet (Abb. 3.6, links):

$$h(w) = \frac{A}{w}.$$

Da man extreme Größenverhältnisse zwischen w und h ausschließen will, ist diese Formfunktion in ihren Randbereichen oft eingeschränkt (Abb. 3.6, rechts).

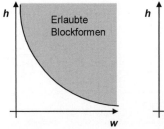 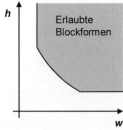

Abb. 3.6 Formfunktionen für einen Block ohne (links) und mit minimaler Höhen- und Breitenbeschränkung (rechts). Die grauen Flächen $h \geq A/w$ enthalten alle Wertepaare (h,w), welche gültigen Formen des Blocks entsprechen (nach [3.2]).

Aufgrund von technologisch bedingten Entwurfsregeln haben Blöcke grundsätzlich diskrete Werte h und w (Abb. 3.7, links). Noch stärker sind die Wertebereiche bei Blöcken aus Bibliotheken und anderen wiederverwendbaren Blöcken eingeschränkt. Hier sind meist nur Rotationen um 90 Grad und Spiegelungen erlaubt, um derartige Blöcke in einem Floorplan einzuordnen (Abb. 3.7, rechts).

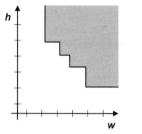
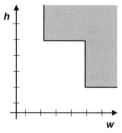

Abb. 3.7 Formfunktionen für einen Block mit diskreten Wertepaaren (h,w) (links) und für einen Bibliotheksblock (rechts).

Die einzelnen diskreten Form-Möglichkeiten eines Blocks, die sich als „äußere" Eckpunkte in der Formfunktion widerspiegeln, werden als **Eckwerte** (Break points) der Formfunktion bezeichnet (Abb. 3.8).

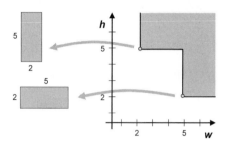

Abb. 3.8 Eckwerte und sie repräsentierende Blockformen für einen Bibliotheksblock (rechts).

c) Ablaufschritte beim Floorplan-Sizing

Schritt 1: Ermittlung der Formfunktionen der Blöcke
Da die Formfunktion der Topzelle mittels Überlagerung der Formfunktionen der in ihr vorhandenen Blöcke bestimmt wird, sind im ersten Schritt diese Funktionen der Blöcke zu ermitteln (Abb. 3.9).

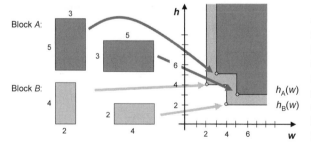

Abb. 3.9 Formfunktionen zweier Bibliotheksblöcke A (5x3) und B (4x2), die in einer Topzelle anzuordnen sind. Es ergeben sich damit zwei Formfunktionen $h_A(w)$ und $h_B(w)$, welche die Höhen-Breiten-Abhängigkeiten beider Blöcke angeben.

Schritt 2: Ermittlung der Formfunktion der Topzelle
Die Formfunktion der Topzelle wird durch Überlagerung der Formfunktionen der sie bildenden Blöcke erzeugt, wobei man zwischen vertikaler und horizontaler Zusammensetzung der Blöcke unterscheidet.

Vertikale Zusammensetzung (Beispiel: Block A ist über B angeordnet, Abb. 3.10)

—   Wenn die Formfunktion von Block A mit $h_A(w)$ gegeben ist und die von Block B mit $h_B(w)$, dann besitzt die Topzelle C die Formfunktion $h_C(w) = h_A(w) + h_B(w)$.

—   Zur Ermittlung von $h_C(w)$ ist es ausreichend, $h_A(w)$ und $h_B(w)$ an ihren Eckwerten (Break points) zu berücksichtigen.

—   Die Breite der Topzelle w_C ergibt sich aus $w_C = \max(w_A, w_B)$.

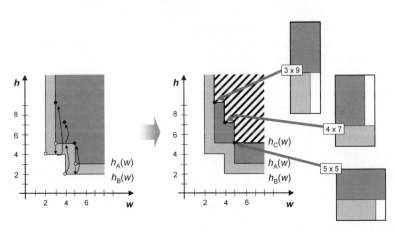

Abb. 3.10 Vertikale Zusammensetzung beider Bibliotheksblöcke A (5x3) und B (4x2). Zur Bestimmung ihres kleinsten umschließenden Rechtecks wird die Formfunktion der Topzelle $h_C(w)$ aus den Formfunktionen von $h_A(w)$ und $h_B(w)$ mittels Addition der Blockhöhen an den jeweiligen Eckwerten $w = 3$ und $w = 5$ (beide von $h_A(w)$) und $w = 4$ (von $h_B(w)$) gebildet. Der Eckwert $w = 2$ wird ignoriert, da die Topzelle nicht schmaler als 3 (Breite von Block A) sein kann.

Horizontale Zusammensetzung (Beispiel: Block A ist neben B angeordnet, Abb. 3.11)

—   Die Breitenfunktion der Topzelle ergibt sich aus $w_C(h) = w_A(h) + w_B(h)$, wobei auch hier nur die Eckwerte (Break points) zu berücksichtigen sind.

—   Die Höhe der Topzelle ergibt sich aus $h_C = \max(h_A, h_B)$.

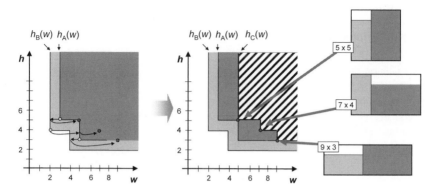

Abb. 3.11 Formfunktion der beiden o.g. Bibliotheksblöcke (Größen 5x3 und 4x2) bei deren horizontaler Zusammensetzung. Analog der vertikalen Zusammensetzung ergibt sich auch hier eine minimale Fläche der Topzelle von 5 x 5.

Schritt 3: Formfestlegung von Topzelle und Blöcken

Sobald die Formfunktion der Topzelle bekannt ist, lässt sich daraus ihre kleinste bzw. passende praktisch realisierbare Form ableiten. Minimale Topzellen-Flächen, d.h. Flächen mit minimalem umschließendem Rechteck, liegen dabei immer auf den Eckwerten der Formfunktion der Topzelle (Abb. 3.12).

Damit werden auch die möglichen Formen und die Anordnungen der einzelnen Blöcke festgelegt, denn nach Ermittlung eines Punktes auf der Begrenzung der Formfunktion der Topzelle sind die Formen und relativen Lagen der Blöcke „rückverfolgbar".

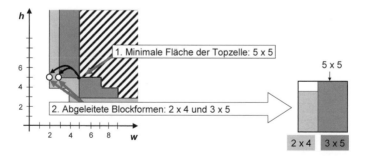

Abb. 3.12 Bestimmung der Formen von Blöcken nach ermittelter optimaler Form der Topzelle des o.g. Beispiels (Bibliothekszellen mit Größen 5x3 und 4x2 bei horizontaler Zusammensetzung). Die minimale Gesamtfläche wurde mit $w = 5$ und $h = 5$ ermittelt, eine Zurückverfolgung der dabei zugrunde liegenden Werte von w_A und w_B ergibt, dass beide Bibliotheksblöcke in vertikaler Position anzuordnen sind.

d) Algorithmus

Floorplan-Sizing-Algorithmus

1. Ermittlung der Formfunktionen aller in der Topzelle anzuordnenden Blöcke.
2. Ermittlung der Formfunktion der Topzelle mit einer Bottom-up-Strategie, bei der vom niedrigsten Blockniveau ausgehend, die Formfunktionen der Blöcke kombiniert werden; Ermittlung der optimalen Größe bzw. Form der Topzelle.
3. Von der Formfestlegung der Topzelle ausgehend, wird der Schnittbaum nach „unten" (Top-down) abgearbeitet und dabei die jeweilige zusammengesetzte Blockform ermittelt, bis sämtliche (Basis-) Blöcke erreicht sind.

Die Rechenkomplexität dieses Algorithmus ist bei geschnittenen Floorplänen polynomisch, bei ungeschnittenen, d.h. mindestens Ordnung 5, dagegen NP-hart (s. [3.2] für eine detailliertere Betrachtung).

e) Beispiel

Gegeben: Zwei Blöcke (A, B) mit folgenden Form-Möglichkeiten

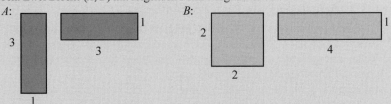

Gesucht: Flächenminimale Formfunktion der Topzelle bei horizontaler und vertikaler Zusammensetzung beider Blöcke sowie resultierender Schnittbaum unter der Zielsetzung einer minimalen Fläche.

1. Formfunktionen der Blöcke

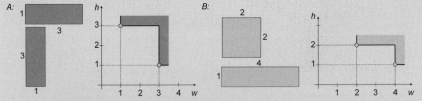

Bei horizontaler Zusammensetzung:
2. Formfunktion der Topzelle, Ermittlung der Eckwerte der minimalen Fläche

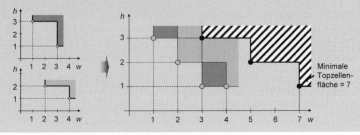

Minimale Topzellen-fläche = 7

3. Ableitung der Formen der Blöcke

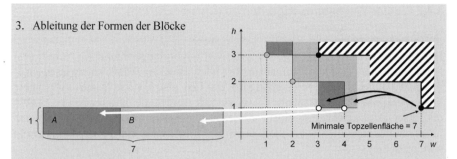

Bei vertikaler Zusammensetzung:

2. Formfunktion der Topzelle, Ermittlung der Eckwerte der minimalen Fläche

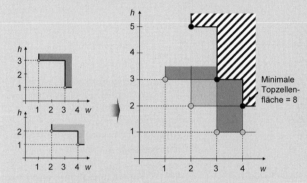

3. Ableitung der Formen der Blöcke

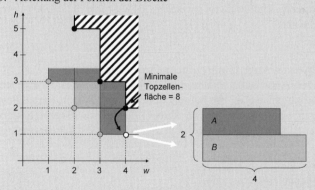

Resultierender Schnittbaum unter der Zielsetzung einer minimalen Fläche

▶ 3.4.2 Cluster-Wachstums-Algorithmus (Cluster Growth)

a) Vorbemerkungen

Der Floorplan wird bei diesem konstruktiven Algorithmus Schritt für Schritt (ein Block nach dem anderen) aufgebaut, bis allen Blöcken Plätze zugewiesen sind. Einen Initialblock wählt man anfänglich aus und platziert ihn in die linke untere Ecke (oder jede beliebige andere Ecke). Danach werden die übrigen Blöcke einzeln und unter Berücksichtigung einer vertikalen, diagonalen und horizontalen Wachstumsrichtung angefügt, wobei diese durch die angestrebte Außenform der Topzelle vorgegeben ist.

Die Reihenfolge, nach der die Blöcke auszuwählen sind, ist anfänglich mit einem Algorithmus zur linearen Anordnung (s. Abschnitt b) zu ermitteln.

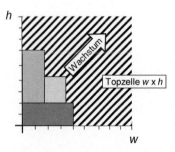

Abb. 3.13 Erzeugung eines Floorplans mittels Cluster-Wachstum.

Im Gegensatz zu dem bisher behandelten Floorplan-Sizing-Algorithmus werden die einzelnen möglichen Blockformen nur durch unterschiedliche Blockorientierungen berücksichtigt; eine direkte Optimierung zwischen Block- und Topzellen-Form findet in der Regel nicht statt.[4]

b) Algorithmus zur linearen Anordnung (Linear Order Algorithm)

Algorithmen zur linearen Anordnung ordnen die Blöcke in eine lineare Folge mit dem Ziel der Minimierung der Netze, die bei einem beliebigen Schnitt durch diese Blockfolge aufzutrennen sind.[5] In einem von *Kang* 1983 vorgeschlagenen Algorithmus [3.3] wird jeder Block in einer Folge durch drei Netzklassen gekennzeichnet (Abb. 3.14), nämlich

— im Block endende Netze,

— vom Block ausgehende neue Netze und

— weitergeführte Netze.

---

[4] Insofern kann man das Cluster-Wachstum auch als Platzierungsalgorithmus einstufen. Es soll aber dennoch innerhalb dieses Kapitels behandelt werden, da diese Vorgehensweise eine größere praktische Bedeutung bei der Anordnung von Teilschaltungen im Rahmen einer Gesamtschaltung besitzt. Darüber hinaus lässt sich das Cluster-Wachstum unter Einschluss variabler Blockformen erweitern.

[5] Derartige Algorithmen zur linearen Anordnung werden oft auch zum Erzielen einer Anfangsplatzierung bei iterativen Platzierungsverfahren benutzt.

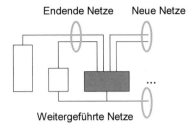

Endende Netze   Neue Netze

Weitergeführte Netze

Abb. 3.14 Netzklassen im Algorithmus zur linearen Anordnung.

Die Reihenfolge der Blockanordnung ergibt sich aus der jeweiligen Anzahl der Netze innerhalb der mit einem Block verbundenen Netzklassen. Es wird immer der Block als nächster platziert, der von den noch unplatzierten Blöcken die höchste Differenz zwischen endenden und neuen Netzen besitzt, also mehr Netze abschließt als jeder andere Block.

Algorithmus zur linearen Anordnung (nach [3.9])

S : Menge aller Blöcke
Order: Reihenfolge der Blöcke   /* anfangs leer */
Begin
    Seed = Auswahl eines Anfangsblocks
    Order = [*Seed*]
    $S = S - \{ Seed \}$
    Repeat
        ForEach Block $m \in S$ **Do**
            Ermitteln des Gewinns (Gain) des aktuellen Blocks m
            $Gain_m$ =(Anzahl der in m endenden Netze)–(von m ausgehende neue Netze)
        End ForEach
        Auswahl des Blocks m^* mit maximalem Gewinn $Gain_m$
        If Gleichheit **Then**
            Auswahl des Blocks, der die meisten Netze beendet
        ElseIf Gleichheit **Then**
            Auswahl des Blocks mit der größten Anzahl ausgehender Netze
        ElseIf Gleicheit **Then**
            Auswahl des Blocks mit der geringsten Anzahl von Verbindungen
        Else
            Willkürliche Auswahl eines Blocks
        Order = [!*Order*, m^*]   /* Hinzufügen von m^* zur existierenden Folge */
        $S = S - \{ m^* \}$
    Until $S = \varnothing$
End.

Zuerst bestimmt man einen Anfangsblock. Dies kann entweder zufallsbasiert erfolgen, oder es werden die Verbindungen zu den Außenanschlüssen bzw. zu den anderen Blöcken in die Entscheidungsfindung einbezogen. Innerhalb der Repeat-Schleife wird für jeden noch nicht betrachteten Block eine Gewinnfunktion (*Gain*) berechnet, welche sich aus der Differenz zwischen endenden und neuen Netzen des jeweiligen

Blocks ergibt. Der Block mit dem höchsten Gewinn wird aus der Menge der noch nicht angeordneten Blöcke entfernt und der bereits ermittelten Folge angegliedert. Sollten mehrere Blöcke identische Gewinnwerte aufweisen, so nimmt man den Block, der die höchste Anzahl bereits existierender Netze beendet. Sollte immer noch Gleichstand herrschen, so ist der Block auszuwählen, der die höchste Anzahl weiterführender Netze besitzt.

Zur Verdeutlichung dieses Algorithmus ist nachfolgend ein Beispiel angegeben.

Beispiel

Gegeben:

— Netzliste mit fünf Blöcken A, B, C, D, E und sechs Netzen

$N_1 = \{A, B\}$
$N_2 = \{A, D\}$
$N_3 = \{A, C, E\}$
$N_4 = \{B, D\}$
$N_5 = \{C, D, E\}$
$N_6 = \{D, E\}$

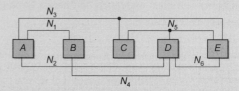

— Anfangsblock: A

Gesucht: Lineare Anordnung mit minimalen Netzkosten

Lösung:

Schritt #	Blöcke	Neue Netze	Endende Netze	Gewinn (*Gain*)	Weitergeführte Netze
0	A^*	N_1, N_2, N_3	-	-3	-
1	B^*	N_4	N_1	0	-
	C	N_5	-	-1	N_3
	D	N_4, N_5, N_6	N_2	-2	-
	E	N_5, N_6	-	-2	N_3
2	C	N_5	-	-1	N_3
	D^*	N_5, N_6	N_2, N_4	0	-
	E	N_5, N_6	-	-2	N_3
3	C	-	-	0	N_3, N_5
	E^*	-	N_6	+1	N_3, N_5
4	C^*	-	$N_3, N_5,$	+2	-

Erläuterung

— Schritt 1: B hat maximalen Gewinn, damit an zweiter Stelle platziert

— Schritt 2: D hat maximalen Gewinn, damit an dritter Stelle platziert

— Schritt 3: E hat maximalen Gewinn, damit an vierter Stelle platziert

Damit ergibt sich die lineare Anordnung $[A, B, D, E, C]$ mit minimalen Netzkosten.

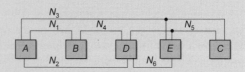

c) Cluster-Wachstum

Aufbauend auf der ermittelten linearen Folge der Blöcke werden diese, von einem Eckpunkt ausgehend, im Floorplan angeordnet. Für jeden Block wählt man den Einbauplatz so, dass der Floorplan gleichmäßig nach rechts und nach oben wächst. Dabei werden die Größen und Formen sowohl von den Blöcken als auch vom Floorplan (Topzelle) berücksichtigt. Parallel dazu lassen sich auch andere Randbedingungen betrachten, z.B. die Minimierung der Verbindungslänge und von freien Flächen.

Cluster-Wachstums-Algorithmus (nach [3.9])

S : Menge aller Blöcke
Rest: Menge aller noch nicht platzierten Blöcke
Begin
    Order = Algorithmus zur linearen Anordnung (S)
    Repeat
        nextBlock = *b* aus *Order* = [*b*, !*Rest*]
        Order = *Rest*
        Platzierung und Orientierung von *b* mit minimaler Erhöhung der Kosten
        /* Kosten ergeben sich aus Größe bzw. Form der Topzelle, Verbindungslänge
        usw. */
    Until *Order* = $\varnothing$
End.

Nachfolgend wird die im vorhergehenden Beispiel erzielte lineare Folge unter Nutzung des o.g. Cluster-Wachstums-Algorithmus mit dem Optimierungsziel einer minimalen Größe der Topzelle platziert.

Beispiel

Gegeben: Blöcke A, B, C, D, E mit freier Orientierung und der linearen Anordnung
[A, B, D, E, C] sowie festen Abmessungen.

Gesucht: Topzelle mit minimaler Fläche

Lösung:

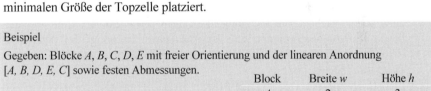

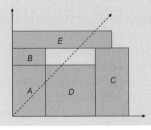

Block	Breite w	Höhe h
A	2	3
B	2	1
C	2	4
D	3	3
E	6	1

Die mittels Cluster-Wachstum erzielten Blockanordnungen in einer Topzelle sind oft nur von durchschnittlicher Qualität. Der Vorteil ist jedoch die einfache Implementierung eines derartigen Algorithmus und die Schnelligkeit seiner Abarbeitung. Daher wird das Cluster-Wachstum auch zum Erzielen einer Anfangsplatzierung von

Blöcken und von Zellen in einem iterativen Algorithmus, wie z.B. Simulated Annealing, benutzt (s. folgendes Kap. 3.4.3a).

▶ **3.4.3 Weitere Algorithmen für das Floorplanning**

a) Simulated-Annealing-Algorithmus
Bereits 1984 wurde erstmals ein Simulated-Annealing-Algorithmus (SA-Algorithmus) für das Floorplanning-Problem von *R. Otten* und *L.V. Ginneken* unter der Überschrift „Floorplan Design Using Simulated Annealing" veröffentlicht [3.8]. Inzwischen hat sich Simulated Annealing als eine der am weitesten verbreiteten iterativen Methoden zur Lösung von Floorplanning-Problemstellungen entwickelt. Floorplanning mittels Simulated Annealing kann auf zwei Arten durchgeführt werden:

— Direkte Methode: Der SA-Algorithmus arbeitet direkt mit den Angaben aus der Layoutstruktur, wie z.B. Blockgrößen und -formen. Die Lösungsfindung schließt auch Überlappungen, also eigentlich ungültige Lösungen, ein. Diese werden mit einem „Strafwert" in der Zielfunktion berücksichtigt; die endgültige Lösung muss jedoch frei von Überlappungen sein.
 Beispiel s. [3.10].

— Indirekte Methode: Der SA-Algorithmus arbeitet mit einer abstrakten Darstellung des Floorplan-Problems, das die topologische Anordnung der Blöcke widerspiegelt. Als abstrakte Darstellung dient oftmals die Abbildung des Floorplan-Problems in einem Graphen, wie z.B. einem Floorplan-Baum oder einem Polargraphen. Der Vorteil der indirekten Methode besteht darin, dass auch alle Zwischenlösungen gültige Lösungen repräsentieren. Eine abschließende Daten-Transformation (ein sog. Mapping) ist nötig, um den realen Floorplan aus der graphischen Darstellung zu erzeugen.
 Beispiele s. [3.14], [3.15].

Weiterführende Literatur s. [3.7], [3.9].

b) Floorplanning mittels Gleichungssystemen (Integer Programming)
Hierbei erfolgt die Darstellung des Floorplan-Problems in einem (oftmals sehr großen) Gleichungssystem, in welchem die verschiedenen Variablen bzw. Konstanten (wie z.B. Floorplanhöhe und -breite, einzelne Blockabmessungen) mit ihren gegenseitigen Abhängigkeiten (Randbedingungen) abgebildet werden. Ziel ist die Ermittlung eines umschließenden Rechtecks mit minimaler Fläche.

Der Vorteil bei der Nutzung von linearen Gleichungen beim Floorplanning besteht darin, dass eine global-optimale Lösung gefunden werden kann. Dem wirkt jedoch die Größe des resultierenden Gleichungssystems entgegen, wo schon bei nur 100 Blöcken mit minimalem Freiheitsgrad (vorgegebene Größe und Orientierung) über 1000 Variable und 20 000 Randbedingungen anfallen. Daher ist diese Methode nur bei einer kleinen Anzahl von Blöcken, i.Allg. im Bereich von 10, anwendbar.

Ein Ausweg besteht in der Nutzung der o.g. Cluster-Wachstums-Methode, bei der immer eine optimal angeordnete Untermenge von Blöcken gemeinsam platziert wird. In diesem Fall hat dann nur noch jedes Teilproblem eine optimale Lösung.

Beispiel s. [3.14].

Weiterführende Literatur s. [3.9], [3.11].

3.5 Pinzuordnung (Pin Assignment)

▶ 3.5.1 Problembeschreibung

Die bei der Partitionierung anfallenden Teilschaltungen (Blöcke) sind durch eine Menge von externen Netzen charakterisiert, mit denen sie untereinander in Verbindung stehen. Dies wird durch die Außenanschlüsse sichergestellt, also durch Pinanschlüsse am Rand der Teilschaltungen, zwischen denen dann die externe Verdrahtung zu realisieren ist. Die Lage der Außenanschlüsse ist in den meisten Fällen vorgegeben, jedoch nicht ihre Zuordnung zu den einzelnen Netzen.

Aufgabe der Pinzuordnung bei Blöcken ist es, jedem Außenanschluss eines Blocks ein Netz so zuzuordnen, dass die anschließende Verdrahtung sowohl innerhalb des Blocks als auch zwischen den Blöcken vereinfacht wird.

Analog besitzen bei der in Kap. 4 behandelten Platzierung viele Zellen funktional äquivalente oder äquipotentiale Pins, welche auch auf Zellenniveau eine Pinzuordnung erfordern:

— Funktional äquivalent sind Pins, wenn ihr Austausch die Schaltung selbst nicht beeinflusst. Beispielsweise lassen sich die beiden Eingangspins eines NAND-Gatters austauschen, ohne dass sich das Schaltungsverhalten des Gatters ändert (Abb. 3.15).

— Äquipotentiale Pins sind zellenintern miteinander verbunden und repräsentieren damit immer das gleiche Netz.

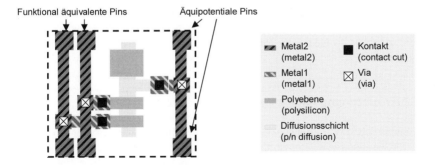

Abb. 3.15 Funktional äquivalente Eingangspins und äquipotentiale Ausgangspins am Beispiel eines vereinfacht dargestellten nMOS NAND-Gatters.

Aufgrund von funktional äquivalenten oder äquipotentialen Pins von Zellen existiert also auch bei der Platzierung von Zellen (s. Kap. 4) ein bestimmter Freiheitsgrad bei der Pinzuordnung.

Aufgabe der Pinzuordnung bei Zellen ist die Optimierung der Netzzuordnung innerhalb funktional äquivalenter bzw. äquipotentialer Pingruppen.

Wesentliche Zielgröße ist dabei eine Reduzierung der Netzdichte bzw. der Netzüberschneidungen, um die anschließende Verdrahtung zwischen den Zellen zu vereinfachen (Abb. 3.16).

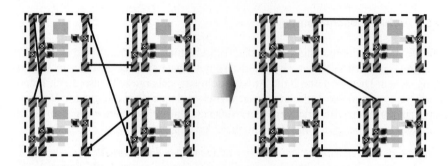

Abb. 3.16 Pinzuordnung mit dem Ziel der Reduzierung der Anzahl der Überschneidungen und der Minimierung der Verbindungslänge durch Ausnutzen von funktional äquivalenten und äquipotentialen Pins der Zelle aus Abb. 3.15.

Die nachfolgenden Ausführungen zur Pinzuordnung sollen damit sowohl im Sinne des Floorplanning als auch der Platzierung verstanden werden, da die Vorgehensweisen sich im Wesentlichen nicht unterscheiden.

Es sei außerdem darauf hingewiesen, dass es neben der hier behandelten allgemeinen Pinzuordnung (General pin assignment) noch spezielle Probleme der Pinzuordnung (Special pin assignment) gibt, auf die hier nicht weiter eingegangen wird. Beispielsweise tritt bei der in Kap. 6 behandelten Kanalverdrahtung das Problem der Pinzuordnung zu Kanälen auf. (Eine Standardzelle wird grundsätzlich von zwei Kanälen begrenzt, und so kann durch die o.g. funktional äquivalenten und äquipotentialen Pins eine wahlweise Zuordnung von Netzen zu Kanälen erfolgen). Auf derart spezielle Probleme der Pinzuordnung wird jeweils an geeigneter Stelle hingewiesen.

► **3.5.2 Pinzuordnung mittels konzentrischer Kreise**

Die nachfolgend beschriebene Vorgehensweise mittels konzentrischer Kreise eignet sich für die allgemeine Pinzuordnung, also z.B. beim Floorplanning mit noch nicht festgelegten Pinpositionen in den einzelnen Blöcken. Diese recht einfache Vorgehensweise wurde erstmals 1972 für die Pinzuordnung auf Leiterplatten veröffentlicht [3.4]. Ziel ist dabei eine Planarisierung der Verbindungen zwischen einem

Block und sämtlichen mit ihm verbundenen Anschlüssen, also eine Minimierung von Verbindungsüberschneidungen. Dabei wird davon ausgegangen, dass bei jeder Verbindung der äußere Pinanschluss (am „Fremdblock") vorgegeben (fixiert), das sog. „innere Pin" am aktuell betrachteten Block dagegen variabel ist.

Wesentliches Merkmal dieser Vorgehensweise ist die Nutzung zweier konzentrischer Kreise:

— Ein *innerer Kreis* zur Darstellung der Pins des z.Zt. betrachteten Blocks und

— ein *äußerer Kreis* zur Darstellung der betreffenden Verbindungsanschlüsse der anderen Blöcke.

Mittels einer Kreiszuordnung der jeweils inneren und äußeren Pins wird angestrebt, dass sich zu jedem äußeren Pin ein inneres Pin derart finden lässt, dass man die resultierenden Verbindungen sämtlicher Pinanschlüsse überschneidungsfrei legen kann.

Algorithmus und Beispiel

1. **Kreisbestimmung.** Zwei Kreise werden so angelegt, dass der innere Kreis innerhalb der (noch nicht netzzugeordneten, d.h. variablen) Pins des betrachteten Blocks liegt. Der äußere Kreis liegt gerade innerhalb der Pins, die mit dem betrachteten Block verbunden werden sollen (a, b).

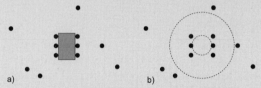

2. **Punktbestimmung.** Vom Zentrum des Blocks werden Linien zu allen Pins gezeichnet (c). Die Punkte auf dem inneren und dem äußeren Kreis werden durch die Schnittpunkte mit diesen Linien definiert (d).

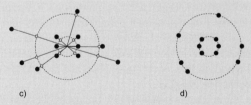

3. **Anfangszuordnung.** Die Anfangszuordnung der Pins resultiert aus der Zuordnung der Punkte auf dem äußeren Kreis (fixierte Pinanschlüsse) zu denen auf dem inneren Kreis (variable Pinanschlüsse). Zuerst wird willkürlich ein Außenkreispunkt mit einem Innenkreispunkt verbunden (e), anschließend sind in einer vorgegebenen Drehrichtung die restlichen Punkte sequentiell (d.h. kreuzungsfrei) anzuschließen (f).

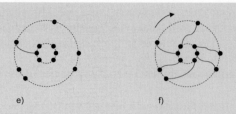

e)   f)

4. **Zuordnungsoptimierung.** Nach der Anfangszuordnung erfolgt eine komplette
   Rotation, bei der die Punkte des Außenkreises sequentiell mit jedem Punkt des
   Innenkreises zu verbinden sind. Dabei wird die Zuordnung mit der kürzesten
   euklidischen Gesamtverbindungslänge gesucht. Abb. (g) zeigt eine bei der Rotation mögliche Zuordnung, (h) das optimale Ergebnis und (i) die erhaltene Pinzuordnung.

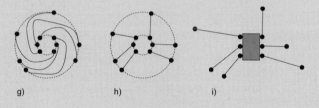

g)   h)   i)

5. Mit nächstem Block weiter mit Schritt 1.

▶ 3.5.3 Topologische Pinzuordnung

H. N. Brady stellte 1984 eine Weiterentwicklung der konzentrischen Kreiszuordnung vor [3.1]. Auch dabei werden die Pins des aktuell betrachteten Blocks und die
mit diesen zu verbindenden Pins auf zwei Kreise projiziert. Jedoch erfolgt eine Verbesserung der Pinzuordnung, insbesondere in den Fällen, in denen die anzuschließenden Pins alle zu einem Block gehören bzw. sich hinter ebenfalls anzuschließenden Blöcken oder sonstigen Hindernissen befinden.

Blöcke mit mehreren an den aktuell betrachteten Block anzuschließenden Pins
werden mittels einer Mittelpunktlinie so „aufgefächert", dass man Pins trotz versetz-
ter Lage noch kreuzungsfrei anschließen kann (Abb. 3.17).

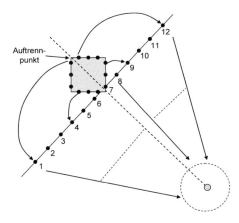

Abb. 3.17 Pinzuordnung bei einem externen Block (links oben), dessen Pins mittels Auffächerung oberhalb und unterhalb einer Mittelpunktlinie so auf einen konzentrischen Kreis zu projizieren sind, dass sie anschließend kreuzungsfrei angeschlossen werden können (nach [3.1]).

Diese Aufteilung ermöglicht auch die Berücksichtigung von mehreren hintereinander liegenden Blöcken, die alle anzuschließen sind, aber, vom aktuellen Block aus betrachtet, im Schattenbereich zueinander liegen. Hier werden anhand von Schnittpunkten mit den jeweiligen Mittelpunktlinien künstliche „Auftrennpunkte" eingeführt, welche die anzuschließenden Pins der jeweiligen Blöcke voneinander trennen, auffächern und in ihrer Kreis-Reihenfolge festlegen (Abb. 3.18).

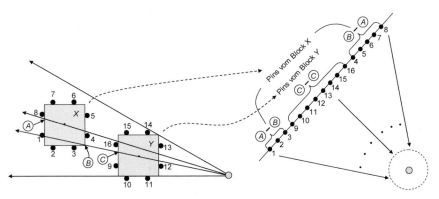

Abb. 3.18 Pinzuordnung bei mehreren externen Blöcken, die untereinander im sog. Schattenbereich liegen (links), auf den äußeren Kreis (rechts, nach [3.1]). Die Pinauftrennung unter Nutzung von Mittelpunktlinien und daraus abgeleitet von Auftrennpunkten (*A*, *B*, *C*) ermöglicht eine Pinzuordnung, welche die später erfolgende Verdrahtung weitestgehend planarisiert.

Aufgaben zu Kapitel 3

Aufgabe 1: Schnittbäume und Polargraph

Ermitteln Sie den Schnittbaum sowie den vertikalen und horizontalen Polargraphen für den nebenstehenden Floorplan.

Aufgabe 2: Floorplan-Sizing-Algorithmus

Gegeben seien die möglichen Abmessungen von drei Blöcken A, B und C sowie ein binärer Schnittbaum.

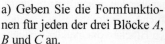

a) Geben Sie die Formfunktionen für jeden der drei Blöcke A, B und C an.

b) Berechnen Sie die minimale Formfunktion der Topzelle unter Anwendung des nebenstehenden Schnittbaums und der ermittelten Formfunktionen der Blöcke. Markieren Sie in der Formfunktion der Topzelle den Punkt der minimalen Fläche, leiten Sie von diesem den sich ergebenden Floorplan ab und zeichnen Sie diesen.

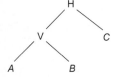

Aufgabe 3: Algorithmus zur linearen Anordnung

Gegeben sei eine Netzliste mit fünf Blöcken A, B, C, D, E und sechs Netzen
$N_1 = \{A, E\}$, $N_2 = \{A, B\}$,
$N_3 = \{A, C, D\}$, $N_4 = \{A, D\}$,
$N_5 = \{B, C, D\}$, $N_6 = \{B, D\}$.

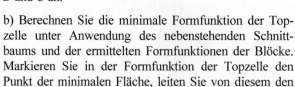

Ermitteln Sie die lineare Anordnung mit minimalen Netzkosten unter der Annahme, dass Block A zuerst platziert wird. Stellen Sie die sich ergebende Folge auch graphisch dar.

Literatur zu Kapitel 3

[3.1]   Brady, H. N.: An Approach to Topological Pin Assignment. IEEE Trans. on CAD, vol. 3, no. 3, 250-255, July 1984

[3.2]   Gerez, S. H.: Algorithms for VLSI Design Automation. John Wiley and Sons, 1999, 2000

[3.3]   Kang, S.: Linear Ordering and Application to Placement. Proc. of the 20th DAC, 457-464, 1983

[3.4]   Koren, N. L.: Pin Assignment in Automated Printed Circuit Board Design. Proc. of the 9th Design Automation Workshop, 72-79, 1972

[3.5]   Narayananan, V.; LaPotin, D.; Gupta, R.; Vijayan G.: Pepper – A Timing Driven Early Floorplanner. ICCD '95, 230-235, 1995

[3.6]   Otten, R.: Efficient Floorplan Optimization. Int. Conf. on Computer Design, 499-502, 1983

[3.7]   Otten, R.: The Annealing Algorithm. Kluwer Academic Publishers, Boston, 1992

[3.8]   Otten, R.; van Ginneken, L. P. P. P.: Floorplan Design Using Simulated Annealing. Proc. of the ICCAD 1984, 96-98, 1984

[3.9]   Sait, S. M.; Youssef, H.: VLSI Physical Design Automation. World Scientific Publishing Co. Pte. Ltd., 1999, 2001

[3.10] Sechen, C.: Chip Planning, Placement and Global Routing of Macro/Custom Cell Integrated Circuits Using Simulated Annealing. Proc. of the 25th DAC, 73-80, 1988

[3.11] Shahookar, K.; Mazumder, P.: VLSI Cell Placement Techniques. ACM Computing Surveys, 23(2), 143-220, June 1991

[3.12] Stockmeyer, L.: Optimal Orientation of Cells in Slicing Floorplan Designs. Information and Control, 57:91-101, 1983

[3.13] Sutanthavibul S.; Shragowitz, E.; Rosen, J.: An Analytical Approach to Floorplan Design and Optimization. IEEE Trans. on CAD, vol. 10, 761-769, June 1991

[3.14] Wong, D. F.; The, K.: An Algorithm for Hierarchical Floorplan Designs. Proc. of the ICCAD, 484-487, 1989

[3.15] Wong, D. F.; Lui, C. L.: A New Algorithm for Floorplan Design. Proc. of the 23rd Design Automation Conf., 101-107, 1986

Kapitel 4

Platzierung

4

4

4 Platzierung

4.1 Einführung

Nachdem man die Gesamtschaltung in einzeln zu bearbeitende Schaltungsblöcke zerlegt hat (Partitionierung) und von diesen die Anordnung und die Abmessungen sowie Pinzuordnungen ermittelt wurden (Floorplanning), erfolgt als nächstes die Platzierung der Zellen u.a. Schaltungselemente innerhalb der einzelnen Blöcke.

Die Aufgabe der Platzierung ist die Anordnung der einzelnen Schaltungselemente (z.B. Zellen und Bauelemente) auf der zur Verfügung stehenden Layoutfläche unter Berücksichtigung von Randbedingungen (u.a. Überlappungsfreiheit) und Optimierungszielen (z.B. minimale Verbindungslänge).

a) Schaltungs-
beispiel
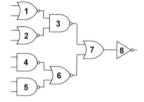

b) Eindimensionale
Platzierung
(Reihenanordnung)
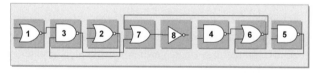

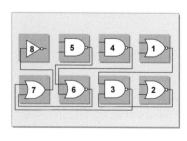

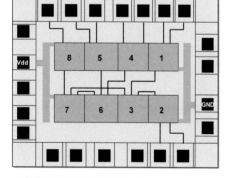

c) Zweireihige Platzierung

d) Platzierung und Verdrahtung im
Standardzellenlayout

Abb. 4.1 Platzierungsanordnungen einer einfachen Beispielschaltung.

Bei der Platzierung stellt man Schaltungselemente, z.B. Zellen, oft symbolisch durch Rechtecke und Netze als Linien dar (Abb. 4.1). Die dabei einbezogenen Verdrahtungsangaben sind ebenfalls von symbolischer Natur, da viele von deren Merkmalen, wie z.B. die konkreten Verdrahtungswege, zum Zeitpunkt der Platzierung noch nicht bekannt sind. Dennoch kann eine ungefähre Abschätzung der benötigten Verdrahtungsfläche durchgeführt werden, indem man z.B. zur Feststellung der Gesamtverbindungslänge die Manhattan-Entfernung zwischen den Schaltungselementen berücksichtigt. Unter der Annahme, dass zwei benachbarte Zellen eine Längeneinheit voneinander entfernt sind, ergibt sich für die Platzierungsanordnung in Abb. 4.1b und 4.1c eine geschätzte Verbindungslänge von jeweils zehn Längeneinheiten. Abb. 4.1d illustriert die Platzierungsanordnung innerhalb eines Standardzellenlayouts unter Angabe der sich an die Platzierung anschließenden Verdrahtung.

4.2 Optimierungsziele

Da dem Platzierungsschritt die Verdrahtung folgt, sind die bei der Platzierung anzustrebenden Optimierungsziele Vorgriffe auf das bei einer konkreten Platzierungsanordnung zu erwartende Verdrahtungsergebnis. Eine Platzierung ist grundsätzlich nur dann sinnvoll, wenn man sie 100%ig verdrahten kann. Aber auch elektrische Eigenschaften der Verdrahtung, wie z.B. Signalverzögerungen, sollten berücksichtigt werden.

Die *konkrete* Beachtung von Verdrahtungszielen kann aus Gründen der Zeiteffektivität nicht während der Platzierung erfolgen. Stattdessen benutzt man einfach zu ermittelnde Parameter, die auf die o.g. Verdrahtungseigenschaften schließen lassen, wie z.B. (Abb. 4.2):

— geschätzte bzw. gewichtete Gesamtverbindungslänge (s. Kap. 4.2.1)

— Anzahl der von einer Schnittlinie geschnittenen Netze (s. Kap. 4.2.2)

— zu erwartende maximale Verdrahtungsdichten in einer bestimmten Flächeneinheit (s. Kap. 4.2.3)

— vorgegebene maximale Signalverzögerungen von Netzen (s. Kap. 4.2.4).

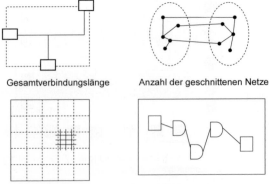

Gesamtverbindungslänge   Anzahl der geschnittenen Netze

Lokale   Signalverzögerungen
Verdrahtungsdichte

Abb. 4.2 Graphische Veranschaulichung unterschiedlicher Optimierungsziele bei der Platzierung.

Weitere Optimierungskriterien, auf die im Rahmen dieses Kapitels jedoch nicht eingegangen wird, können beispielsweise sein:

— Gehäuse (Package)-Anforderungen, wie die Platzierung von I/O-Zellen vorrangig an der Peripherie der Schaltung unter Berücksichtigung der mit ihnen verbundenen logischen Zellen,

— thermische Anforderungen, wie die temperaturabhängige Platzierung leistungsintensiver Bauelemente bzw. Gatter, um eine Gleichverteilung der Temperatur über die Layoutfläche zu erzielen.

▶ 4.2.1 Gewichtete Gesamtverbindungslänge

Wie in Abb. 4.3 ersichtlich ist, hat die Platzierung einen starken Einfluss auf die bei der Verdrahtung benötigten Weglängen aller Netze (Gesamtverbindungslänge). Da diese Länge auch im wesentlichen Maße die Verdrahtbarkeit einer Schaltung beeinflusst, wird ihrer Minimierung eine hohe Priorität in sämtlichen gegenwärtig verwendeten Platzierungswerkzeugen beigemessen.

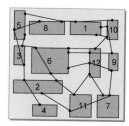 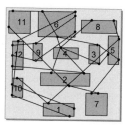

Abb. 4.3 Unterschiedliche Platzierungsanordnungen einer Schaltung mit guter (links) und schlechter Platzierung (rechts) hinsichtlich der zu erwartenden Gesamtverbindungslänge.

a) Abschätzung der Gesamtverbindungslänge bei der Platzierung
Ein wichtiges Kriterium bei der Abschätzung der Gesamtverbindungslänge während der Platzierung ist die Schnelligkeit des dazu eingesetzten Algorithmus. Weiterhin strebt man einen netzunabhängigen, d.h. für alle Netze gleichen Schätzfehler an.

Längenabschätzungen während der Platzierung beruhen meist auf der Annahme, dass die Netze in Manhattan-Geometrie verdrahtet werden. Damit hat ein *Zweipunkt-Netz*, welches die beiden Zellen i und j verbindet, die Manhattan-Länge von $x_{ij} + y_{ij}$, wobei x_{ij} der Horizontalabstand (Spaltenabstand) der beiden Zellen i und j und y_{ij} deren Vertikalabstand (Reihenabstand) ist.

Die etwas kompliziertere Abschätzung der Verbindungslänge bei *Mehrpunkt-Netzen* kann nach verschiedenen Möglichkeiten erfolgen [4.18]:

— **Halber Netzumfang** (Semi-perimeter method)
Aufgrund ihrer Effizienz wird diese Methode häufig angewendet. Dabei ermittelt man das kleinste Rechteck, welches alle Pins des betreffenden Netzes umschließt. Die abgeschätzte Verbindungslänge des Netzes ergibt sich aus dem halben Umfang dieses Rechteckes. Für Netze mit bis zu drei Pins (ca. 80% aller Netze von industriellen Schaltungen) ist dies exakt der Manhattan-Abstand der Pins. Bei hohen Verdrahtungsdichten führt diese Methode in der Regel zu einer Unterschätzung der

Länge halber Netzumfang = 9

tatsächlichen Verbindungslänge.

— **Kompletter Graph** (Complete graph)

Der komplette Graph eines p-Pin-Netzes besteht aus $\dfrac{p(p-1)}{2}$

Kanten, d.h. jedes Pin ist mit jedem anderen Pin verbunden. Da ein Verdrahtungsbaum nur $(p-1)$ Kanten besitzt und diese daher in ihrer Anzahl um den Faktor $2/p$ kleiner gegenüber einem kompletten Graphen sind, ergibt sich eine geschätzte Baumlänge von $L = \dfrac{2}{p} \times \sum\limits_{\forall kanten \in netz} kanten\_längen.$

Länge kompletter
Graph * 2/p = 14,5

— **Minimale Kette** (Minimum chain)

Hierbei wird angenommen, dass alle Pins auf einer Kette angeordnet sind und die Kette keine Verzweigungen hat. Jedes Pin besitzt damit maximal zwei Nachbarn, d.h. jeder Knoten hat einen maximalen Knotengrad von 2. Bei dieser Methode wird, von einem Pin (Knoten) beginnend, immer das nächstgelegene verbunden, bis alle Pins (Knoten) angeschlossen sind. Diese recht einfache Methode führt oft zu einer Überschätzung der tatsächlichen Verbindungslänge.

Kettenlänge = 12

— **Quelle-Senken-Verbindung** (Source to sink connection)

Hierbei geht man davon aus, dass das Output-Pin einer Zelle mit allen anderen Netzpins, welche als Inputs der anderen Zellen angenommen werden, durch separate Verdrahtungswege verbunden ist (sog. Sternschaltung). Dies ist eine gute Abschätzung für hohe Verdrahtungsdichten, führt jedoch bei niedrigen Dichten zu einer Überschätzung und wird daher nur selten angewendet.

Quelle-Senken-
Länge= 15

— **Minimaler rektilinearer Spannbaum** (Minimum rectilinear spanning tree)

Netze werden hier als eine Folge von 2-Punkt-Verbindungen dargestellt (s. Spannbaum in Kap. 1.13). Es existieren schnelle Heuristiken zur Spannbaum-Erzeugung, z.B. der Algorithmus von *Kruskal* [4.15].

Spannbaum-
Länge = 11

— **Steinerbaum-Abschätzung** (Steiner tree approximation)

Ein Steinerbaum enthält alle Pins eines Netzes und eine beliebige Anzahl weiterer Steinerpunkte (s. Steinerbaum in Kap. 1.13). Die Ermittlung eines Steinerbaums ist NP-hart. Optimale Algorithmen existieren für bis zu vier Pins, für mehr als vier Pins gibt es nur suboptimale heuristische Algorithmen (s. Kap. 5).

Steinerbaum-
Länge = 10

b) Gesamtverbindungslänge mit Netzwichtung

Zur Einbeziehung von Netzeigenschaften, z.B. zur Berücksichtigung kritischer Netze, werden bei der Berechnung der Verbindungslänge Netzgewichte eingeführt. Das Netzgewicht ist dabei ein numerischer Faktor (meist ganzzahlig), der die „Wichtigkeit" eines Netzes ausdrückt. Beispiel: Netzgewicht 1 entspricht einem Normalnetz, Netzgewicht 2 einem Netz mit „doppelt-wichtiger" Bedeutung usw.

Die sich damit ergebende Zielfunktion bei der Platzierung P ist die Minimierung der **gewichteten Gesamtverbindungslänge $L(P)$** aller Signalnetze

$$L(P) = \sum_{n \in N} w_n \cdot d_n,$$

wobei d_n die geschätzte Länge (Distance) des Netzes n, w_n das Gewicht (Weight) des Netzes n und N die Menge aller Netze sind.

Anmerkung: Da die Länge jedes Netzes unabhängig von den anderen Netzen ermittelt wird, lässt sich die gewichtete Gesamtverbindungslänge mittels dieser Gleichung nur grob abschätzen.

Beispiel

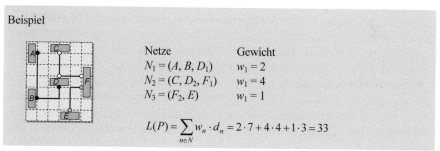

Netze	Gewicht
$N_1 = (A, B, D_1)$	$w_1 = 2$
$N_2 = (C, D_2, F_1)$	$w_1 = 4$
$N_3 = (F_2, E)$	$w_1 = 1$

$$L(P) = \sum_{n \in N} w_n \cdot d_n = 2 \cdot 7 + 4 \cdot 4 + 1 \cdot 3 = 33$$

► 4.2.2 Maximale Schnittanzahl

Es sei eine Layoutfläche mit vertikaler Schnittlinie bei $x = x_i$ gegeben, welche das Layout in die linke Region L_i und die rechte Region R_i teilt (Abb. 4.4).

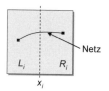

Abb. 4.4 Layout mit vertikaler Schnittlinie und geschnittenem Netz.

Bezüglich dieser Schnittlinie lassen sich Netze in drei Gruppen einteilen:

1. Netze, welche komplett links von der Schnittlinie liegen. Alle Anschlüsse dieser Netze liegen in L_i.
2. Netze, welche komplett rechts von der Schnittlinie liegen. Alle Anschlüsse dieser Netze liegen in R_i.
3. Netze, welche von der Schnittlinie geschnitten werden. Jedes Netz in dieser Gruppe hat mindestens einen Anschluss in L_i und mindestens einen Anschluss in R_i.

Die Anzahl der Netze aus der dritten Gruppe, welche bei einer bestimmten Platzierung P von der vertikalen Schnittlinie x_i geschnitten werden, sei mit $\psi_P(x_i)$ gekennzeichnet. ($\psi_P(x_i)$ ist damit eine Funktion der Platzierung P.) Analog kennzeichnet $\psi_P(y_j)$ die Menge von Netzen, die eine horizontale Schnittlinie y_j schneiden.

Für eine bestimmte Platzierung P sei $x(P)$ der maximale Wert von $\psi_P(x_i)$ über alle Werte i. Analog gilt für horizontale Schnittlinien y_j, dass $y(P)$ der maximale Wert von $\psi_P(y_j)$ über alle j sei. Damit gilt:

$$x(P) = \max_i \left[\psi_P(x_i) \right]$$

$$y(P) = \max_j \left[\psi_P(y_j) \right].$$

Die Bedeutung von $x(P)$ und $y(P)$ lässt sich folgendermaßen verdeutlichen: Angenommen, für eine bestimmte Platzierungskonfiguration gilt $x(P) = 10$ und $y(P) = 15$, d.h., an einer bestimmten vertikalen Schnittlinie x_i schneiden diese 10 horizontale Netzsegmente. Analog wird die horizontale Schnittlinie y_j von 15 vertikalen Netzsegmenten geschnitten. Um die Verdrahtbarkeit dieser Platzierung zu gewährleisten, müssen damit an x_i mindestens 10 horizontale freie Spuren vorhanden sein sowie an y_j mindestens 15 vertikale freie Spuren. Damit lässt sich über $x(P)$ und $y(P)$ die Verdrahtbarkeit einer bestimmten Platzierung P ermitteln.

Bei speziellen Schaltungen, z.B. Gate-Arrays, bei denen die maximale Spuranzahl pro Schnittlinie mit h_{max} und v_{max} gegeben ist, kann man somit $x(P) \leq h_{max}$ und $y(P) \leq v_{max}$ als Optimierungsziel für die Platzierung definieren. Insbesondere bei Gate-Arrays lässt sich damit eine Aussage über die Verdrahtbarkeit treffen. Bei Standardzellen-Schaltungen kann man mittels $x(P)$ auf die Kanalbreite und durch $y(P)$ auf die Anzahl der notwendigen Durchgangszellen (Feedthrough cells) schließen.

Auch die Gesamtverbindungslänge ist von der Schnittanzahl ableitbar. Unter der Annahme, dass eine Gittereinheit den Wert 1 besitzt, ergibt sich bei Summierung über alle möglichen gitterbasierten Schnittlinien

$$L(P) = \sum_i \psi_P(x_i) + \sum_j \psi_P(y_j).$$

Somit gilt zusammenfassend für die Zielfunktion einer Platzierung P unter Berücksichtigung der Schnittanzahl:

—   Um eine minimale Gesamtverbindungslänge zu erzielen, ist $L(P)$ zu minimieren.

—   Um die Verdrahtbarkeit einer Platzierung P zu verbessern, sollten $x(P)$ und $y(P)$ minimiert werden.

Beispiel

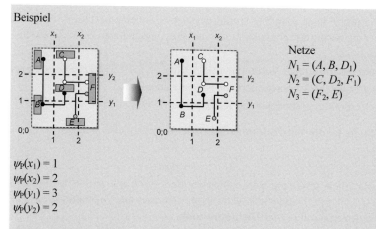

Netze
$N_1 = (A, B, D_1)$
$N_2 = (C, D_2, F_1)$
$N_3 = (F_2, E)$

$\psi_P(x_1) = 1$
$\psi_P(x_2) = 2$
$\psi_P(y_1) = 3$
$\psi_P(y_2) = 2$

Gesamtverbindungslänge:

$$L(P) = \sum_i \psi_P(x_i) + \sum_j \psi_P(y_j) = \psi_P(x_1) + \psi_P(x_2) + \psi_P(y_1) + \psi_P(y_2) = 1 + 2 + 3 + 2 = 8$$

Schnittanzahl:

$$x(P) = \max\left[\psi_P(x_1), \psi_P(x_2)\right] = 2$$
$$y(P) = \max\left[\psi_P(y_1), \psi_P(y_2)\right] = 3.$$

Anmerkung: Die Verschiebung der Zelle B von der Platzierung (0;0) zu (0;1) reduziert die geschätzte Gesamtverbindungslänge von 8 auf 6 Einheiten. Diese Verschiebung verringert $\psi_P(y_1)$ von 3 auf 1 und damit $y(P)$ von 3 auf 2, wodurch sich die Verdrahtbarkeit verbessert.

▶ 4.2.3 Lokale Verdrahtungsdichte

Die Verdrahtbarkeit einer Platzierung P lässt sich auch mittels einer Dichtefunktion $D(P)$ beurteilen. Dazu wird die maximale Verdrahtungsdichte von definierten Layoutbereichen, z.B. von Kanälen und Switchboxen (s. Kap. 5), in Abhängigkeit von einer bestimmten Platzierungskonfiguration P ermittelt, wobei man hier die Anzahl der Netze in den Layoutbereichen in Bezug zu deren Verdrahtungskapazitäten betrachtet (Abb. 4.5).

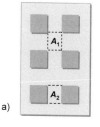

a)

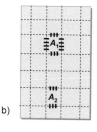

b)

Abb. 4.5 Veranschaulichung der Verdrahtungskapazitäten bestimmter Layoutbereiche, wie z.B. einer Switchbox A_1 und eines Kanals A_2. Während die Switchbox A_1 eine horizontale und vertikale Verdrahtungskapazität besitzt, beschränkt sich die Verdrahtungskapazität des Kanals A_2 auf die vertikale Verdrahtungsrichtung.

Für jede Platzierung P kann man die Anzahl der Netze, die eine bestimmte Switch-boxkante bzw. eine bestimmte Kanalkante durchqueren, abschätzen. Dabei repräsentieren

- e_i die Kante des jeweiligen Verdrahtungsbereiches[1]
- $\eta_P(e_i)$ die geschätzte, sie durchquerende Netzanzahl und
- $\phi_P(e_i)$ die Verdrahtungskapazität der Kante e_i.

Damit lässt sich die **lokale Verdrahtungsdichte** der Kante e_i definieren als

$$d_P(e_i) = \frac{\eta_P(e_i)}{\phi_P(e_i)}.$$

Es ist offensichtlich, dass eine Verdrahtbarkeit über die Kante e_i nur dann gegeben ist, wenn $d_P \leq 1$ gilt. Daraus abgeleitet kann man nun die Verdrahtbarkeit der Platzierung P definieren mittels der **Dichtefunktion**

$$D(P) = \max_i [d_P(e_i)] ,$$

wobei der maximale Wert der Verdrahtungsdichte über alle Kanten e_i sämtlicher Verdrahtungsbereiche betrachtet wird. Dabei gilt offensichtlich, dass bei $D(P) \leq 1$ die Platzierung P einfacher zu verdrahten ist als bei $D(P) > 1$, wo Umwege über andere Kanten erforderlich sind. Damit ist $D(P)$ während der Platzierung zu minimieren.

Hinweis: $D(P) \leq 1$ sagt nicht zwingend aus, dass die Schaltung auch wirklich verdrahtbar ist.

Beispiel

$\eta_P(e_1) = 1$ $\eta_P(e_3) = 1$

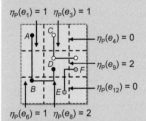

$\eta_P(e_4) = 0$
$\eta_P(e_9) = 2$
$\eta_P(e_{12}) = 0$

$\eta_P(e_6) = 1$ $\eta_P(e_8) = 2$

Netze
$N_1 = (A, B, D_1)$
$N_2 = (C, D_2, F_1)$
$N_3 = (F_2, E)$

Jede Kante besitzt eine Kapazität $\phi_P(e_i) = 3$.

Maximum $\eta_P(e_i) = 2$, $\phi_P(e_i) = 3$, womit $D(P) = 2/3$, d.h. $D(P) \leq 1$, die Platzierung P also einfach zu verdrahten sein sollte.

▶ **4.2.4 Signalverzögerungen**

Die maximale Taktfrequenz einer Schaltung ergibt sich aus Signalverzögerungen auf Leitungen und den Verzögerungszeiten der Gatter. Letztere nehmen aufgrund immer kleinerer Strukturgrößen stetig ab, womit die Leitungsverzögerungen dominant werden.

---

[1]   Im Gegensatz zur Schnittlinie des vorhergehenden Abschnitts ist e_i auf die Kante eines Verdrahtungsbereiches, z.B. einer Switchbox, beschränkt.

Im Allg. ermittelt man die Verzögerungszeiten auf Leitungen unter Nutzung von sog. Timing-Analysis-Tools. Dabei gilt für eine Leitung, dass die auf dieser zu erwartende maximale Signalverzögerung T_{max} die letztmögliche Eintreffzeit des Signals an der Signalsenke T_{LRAT} (LRAT: Latest required arrival time) nicht überschreiten darf, d.h. $T_{max} \leq T_{LRAT}$.

Bei Nichteinhaltung dieser Bedingung bieten sich folgende Lösungsmöglichkeiten an:

-   Modifikation der logischen Schaltung der betreffenden Leitung, z.B. durch Vereinigung logischer Elemente,

-   Anwendung von „Transistor-Sizing", wobei mittels Vergrößerung des Verhältnisses Kanalbreite zu Kanallänge von Transistoren eine Abnahme der Gatter-Verzögerungszeiten angestrebt wird,

-   Generierung des Layouts mittels einer „Timing-driven"-Layout-Methodik, z.B. einem **Timing-driven Placement,** um Signalverzögerungen während der Layouterzeugung zu berücksichtigen.

Beim zuletzt genannten Timing-driven Placement werden Netze bzw. die einzelnen Netzsegmente vor der Platzierung mit ihren maximal erlaubten Verzögerungszeiten gekennzeichnet, die sich unter Abzug der Gatter-Verzögerungszeiten aus der Timing-Analyse ergeben. Diese maximalen Leitungsverzögerungen sind anschließend in Wichtungsfaktoren abzubilden (s. Kap. 4.2.1 b), so dass die Längen zeitkritischer Netze bei der Platzierung vorrangig minimiert werden. Nach erfolgter Platzierung ermittelt man entweder unter Nutzung eines Timing-Analysis-Tools oder durch Anwendung einfacher Berechnungsmethoden, wie z.B. dem Elmore-Delay [4.7], die Signalverzögerungen der Netze, um sie mit den maximal erlaubten zu vergleichen.

Für konkrete Vorgehensweisen beim Timing-driven Placement sei auf Kap. 4.3.6d verwiesen.

4.3 Platzierungsalgorithmen

Algorithmen zur Lösung des Platzierungsproblems lassen sich u.a. in folgende drei Gruppen einteilen (Abb. 4.6):

-   **Rekursive Algorithmen:** Optimierung der Platzierungsanordnung mittels rekursiver und dabei immer feinerer Partitionierung der Schaltung.
    Beispiel: Min-Cut-Platzierung (Kap. 4.3.1 und 4.3.2).

-   **Iterative Algorithmen:** Start mit einer Anfangslösung, d.h. einer willkürlichen Anfangsplatzierung, von dieser ausgehend, wiederholte Versuche der Qualitätsverbesserung, bis ein definiertes Abbruchkriterium vorliegt bzw. keine Verbesserung mehr ersichtlich ist.
    Beispiele: Kräfteplatzierung (Kap. 4.3.3), Simulated Annealing (Kap. 4.3.4).

-   Nutzung von **numerischen Methoden** (Matrixdarstellungen, lineare Gleichungssysteme) zur Abbildung und Optimierung des Platzierungsproblems.
    Beispiel: Quadratische Zuordnung (Kap. 4.3.5).

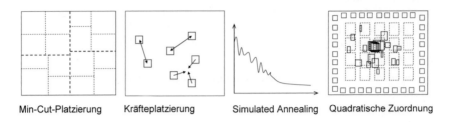

Min-Cut-Platzierung   Kräfteplatzierung   Simulated Annealing   Quadratische Zuordnung

Abb. 4.6 Graphische Illustrationen der Wirkungsweisen verschiedener Platzierungsalgorithmen.

▶ 4.3.1 Min-Cut-Platzierung

Erstmals von *M. A. Breuer* [4.1] vorgestellt, wird hier ähnlich den in Kap. 2 behandelten Partitionierungsalgorithmen die Platzierungsfläche sequentiell mit Schnittlinien durchzogen, bis die Schnittflächen so klein sind, dass sie jeweils nur noch eine Zelle einschließen. Bei jedem Schnitt teilt man die Zellen beispielsweise so auf die beiden entstehenden Teilflächen auf, dass am Ende die Anzahl der die Schnittlinien c_r kreuzenden Netze $\psi_P(c_r)$ (s. Kap. 4.2.2) minimiert ist.

Als Algorithmen zur Minimierung von $\psi_P(c_r)$ benutzt man hauptsächlich den bereits behandelten Kernighan-Lin-Algorithmus (KL-Algorithmus, s. Kap. 2.4.1) sowie den Fiduccia-Mattheyses-Algorithmus (FM-Algorithmus, s. Kap. 2.4.3).

Es ist offensichtlich, dass aus Effektivitätsgründen dabei nur eine sequentielle Optimierung stattfindet, d.h. die Optimierung bezieht sich immer nur auf die Zuordnung zur jeweils betrachteten Schnittlinie.[2] Selbst bei einem angenommenen Optimum eines Schnittes kann damit keine Gesamtoptimalität garantiert werden. Man spricht daher auch von einer *sequentiellen Zielfunktion*, bei der es die Anzahl der beim jeweiligen Schnitt aufgetrennten Netze zu minimieren gilt:

$$F(P) = \min[\psi_P(c_r)] \,|\, \min[\psi_P(c_{r-1})] \,|\, \dots \,|\, \min[\psi_P(c_1)] \,.$$

Die Parameter c_1, c_2, ... c_r verkörpern dabei horizontale oder vertikale Schnittlinien, die sequentiell zur Anwendung kommen. Folgende Vorgehensweisen zur Schnittlinienerzeugung werden benutzt (nach [4.18]), wobei man die zuerst genannte Quadratur-Platzierung bei Min-Cut-Algorithmen am häufigsten anwendet:

---

[2] Es wäre sicher ideal, die in Kap. 4.2.2 eingeführten Platzierungs-Parameter $x(P)$, $y(P)$ und $L(P)$ global zu optimieren, aber aus Komplexitätsgründen ist das für eine Schaltung mit realistischer Größe nicht durchführbar. Wie bei Layoutheuristiken üblich, beschränkt man sich daher auf die sequentielle Bearbeitung ausgewählter kleiner Lösungsmengen, wie hier z.B. die optimierte Zuordnung der zu platzierenden Zellen auf jeweils zwei Teilflächen. Dies geschieht in der Hoffnung, dass die damit verbundene Suboptimalität des Gesamtergebnisses nicht zu weit entfernt vom (oft unbekannten) Globaloptimum liegt.

Quadratur-Platzierung (Quadrature placement)

- Layout wird (rekursiv) mittels einer vertikalen und einer horizontalen Schnittlinie in vier Quadranten aufgeteilt, wobei die Schnittlinien durch das Zentrum der Layoutfläche verlaufen.
- Rekursive Anwendung in jedem Quadranten, bis das gesamte Layout aufgeteilt ist.
- Besonders geeignet für Schaltungen mit hoher Verdrahtungsdichte im Mittelbereich.

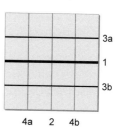

Halbierungs-Platzierung (Bisection placement)

- Layout wird (rekursiv) durch zwei horizontale Schnittlinien in immer kleinere Hälften geteilt, bis jedes horizontale Segment z.B. der Reihenhöhe bei Standardzellen entspricht.
- Anschließend teilt man durch vertikale Schnitte jede Reihe bis auf Zellengröße auf.
- Anwendung bevorzugt für Standardzellen-Schaltungen.

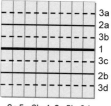

Reihen-/Halbierungs-Platzierung (Slice/bisection placement)

- Jeweils k Zellen werden vom Rest der Schaltung abgetrennt und einer Reihe (Slice) zugewiesen. Dazu teilt man die n Zellen des Layouts mittels einer horizontalen Schnittlinie (hier: 1) in zwei Mengen von k (oberhalb Schnittlinie) und $(n-k)$ Zellen (unterhalb Schnittlinie) auf.
- Anschließend wird diese Vorgehensweise auf die verbleibenden $(n-k)$ Zellen angewendet, wobei man diese in Mengen von k und $(n-2k)$ Zellen aufteilt. Rekursive Anwendung, bis alle Zellen auf Reihen verteilt sind.
- Durch vertikale Schnitte (Bisection) werden Zellen anschließend innerhalb ihrer Reihen Spaltenpositionen zugewiesen.

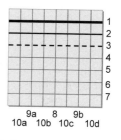

Min-Cut-Algorithmus

1. Aufteilung der Layoutfläche in zwei Teilflächen mit senkrechter oder horizontaler Schnittrichtung.
2. Anwendung eines geeigneten Algorithmus, z.B. des KL- oder FM-Algorithmus, zur optimierten Verteilung der Zellen auf die beiden Teilflächen.
3. Rekursive Aufteilung der neu entstandenen Teilflächen und jeweils Neuzuordnung der Zellen auf diese. Alternierender Wechsel zwischen senkrechter und horizontaler Schnittrichtung.
4. ENDE, falls jede Teilfläche genau eine Zelle enthält, sonst weiter mit Schritt 3.

Die Vorgehensweise bei der Min-Cut-Platzierung wird durch die folgenden beiden Beispiele illustriert, wobei das erste auf dem KL-Algorithmus beruht, während beim zweiten Beispiel der FM-Algorithmus zugrunde gelegt wurde.

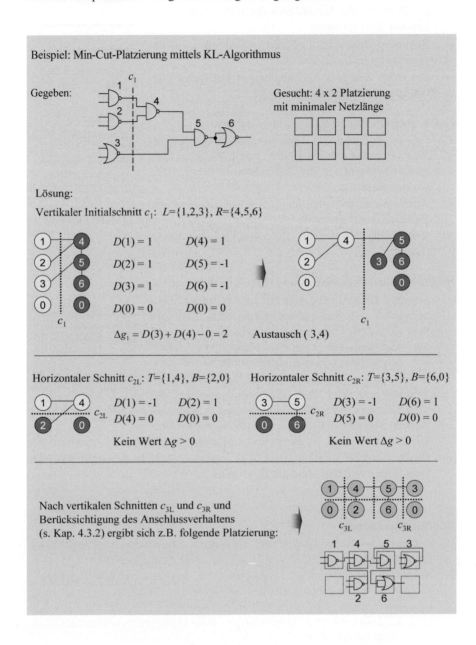

Beispiel: Min-Cut-Platzierung mittels KL-Algorithmus

Gegeben:

Gesucht: 4 x 2 Platzierung mit minimaler Netzlänge

Lösung:

Vertikaler Initialschnitt c_1: $L=\{1,2,3\}$, $R=\{4,5,6\}$

$D(1) = 1$ $D(4) = 1$

$D(2) = 1$ $D(5) = -1$

$D(3) = 1$ $D(6) = -1$

$D(0) = 0$ $D(0) = 0$

$\Delta g_1 = D(3) + D(4) - 0 = 2$ Austausch (3,4)

Horizontaler Schnitt c_{2L}: $T=\{1,4\}$, $B=\{2,0\}$

$D(1) = -1$ $D(2) = 1$

$D(4) = 0$ $D(0) = 0$

Kein Wert $\Delta g > 0$

Horizontaler Schnitt c_{2R}: $T=\{3,5\}$, $B=\{6,0\}$

$D(3) = -1$ $D(6) = 1$

$D(5) = 0$ $D(0) = 0$

Kein Wert $\Delta g > 0$

Nach vertikalen Schnitten c_{3L} und c_{3R} und Berücksichtigung des Anschlussverhaltens (s. Kap. 4.3.2) ergibt sich z.B. folgende Platzierung:

Beispiel: Min-Cut-Platzierung mittels FM-Algorithmus

Gegeben: 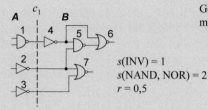 Gesucht: 4 x 2 Platzierung mit minimaler Netzlänge

$s(\text{INV}) = 1$
$s(\text{NAND, NOR}) = 2$
$r = 0,5$

Lösung:

—— Schnitt 1 ————————————————————————————————

Vertikaler Initialschnitt c_1: $L=\{1,2,3\}$, $R=\{4,5,6,7\}$
Gleichgewichtskriterium: $0,5 \times 11 - 2 \leq |A| \leq 0,5 \times 11 + 2$, d.h. $3,5 \leq |A| \leq 7,5$

Auswahl 1. Basiszelle und Verschiebung:
$\Delta g_1(\text{Zelle}\_1, \text{Zelle}\_2, \text{Zelle}\_3) = 1$, Gleichgewichtskriterium nicht erfüllt, da $|A| < 3,5$
$\Delta g_1(\text{Zelle}\_4, \text{Zelle}\_5, \text{Zelle}\_6) \leq 0$
$\Delta g_1(\text{Zelle}\_7) = 1$, $|A| = 6$, Gleichgewichtskriterium erfüllt. Zelle 7 verschieben

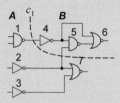

Auswahl 2. Basiszelle und Verschiebung:
$\Delta g_2(\text{Zelle}\_1) = 1$, $|A| = 4$, Gleichgewichtskriterium erfüllt
$\Delta g_2(\text{Zelle}\_2, .., \text{Zelle}\_7) \leq 0$. Zelle 1 verschieben

Maximaler positiver Gewinn $G_2 = \Delta g_1 + \Delta g_2 = 2$,
d.h. nach erster Partitionierung (Schnitt c_1):
$T=\{1,4,5,6\}$, $B=\{2,3,7\}$, Schnittkosten = 1

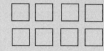

—— Schnitt 2 ————————————————————————————————

Schnitt c_{2T}: $L=\{1,4\}$, $R=\{5,6\}$
Schnittkosten = 1

Schnitt c_{2B}: $L=\{3,0\}$, $R=\{2,7\}$
Schnittkosten = 1

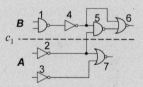

—— Schnitt 3 ————————————————————————————————

Nach Schnitten c_{3L} und c_{3R} und Berücksichtigung
des Anschlussverhaltens (s. Kap. 4.3.2)
ergibt sich z.B. folgende Platzierung:

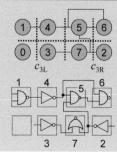

▶ 4.3.2 Min-Cut-Platzierung mit Anschlussfestlegung

Der klassische Min-Cut-Algorithmus (s. Kap. 4.3.1) berücksichtigt nicht die Lage von Anschlusspunkten in den Partitionen, die in früheren Schritten „abgetrennt" wurden. Ebenfalls vernachlässigt wird die Lage von Außenanschlüssen, welche oftmals fest vorgegebene Positionen besitzen. In Abb. 4.7 ist es offensichtlich sinnvoll, die Zelle 1 so nahe wie möglich an dem Punkt zu platzieren, an dem das Netz N_1 aus der Platzierungsfläche austritt.

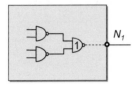

Abb. 4.7 Zuordnung der Zelle 1 zu einem Anschluss, welcher die Verbindung zur benachbarten Teilfläche darstellt.

Die Berücksichtigung von Netzen, die entweder von bereits zugeordneten Partitionen oder von Außenanschlüssen kommen, bezeichnet man als **Anschlussfestlegung**. Diese Vorgehensweise, welche in der englischsprachigen Literatur unter dem Begriff „Terminal propagation" bekannt ist, wurde erstmals von *A. E. Dunlop* und *B. W. Kernighan* vorgestellt [4.4].

Dabei fixiert man aufgrund einer Partitionierungs- oder Außenanschlussfestlegung ein in die aufzuteilende Fläche eintretendes Netz mittels eines fiktiven Terminals an den Rand der aufzuteilenden Fläche. Dieses fiktive Terminal wird als sog. Dummy-Zelle bei der Min-Cut-Platzierung berücksichtigt. Durch die Fixierung lässt sich die Kostenfunktion der zu partitionierenden Fläche derart beeinflussen, dass eine bevorzugte Platzierung der mit diesem Netz verbundenen Zellen in der zum Eintrittspunkt benachbarten Partition erfolgt (s. Beispiel).

Die Min-Cut-Platzierung mit Anschlussfestlegung beruht darauf, dass die in einer Partitionierungsfläche befindlichen Zellen eines Netzes im jeweiligen Partitionsmittelpunkt angenommen werden. Sollte sich das damit ergebende fiktive Terminal bzw. die Dummy-Zelle in der „Nähe" der aktuellen Partitionierungslinie befinden (s. Beispiel, Schritt 2), wird der Eintrittspunkt bei der folgenden Partitionierung nicht berücksichtigt, da er für beide Partitionierungsflächen gut erreichbar ist. Den Begriff „Nähe" legen *Dunlop* und *Kernighan* intuitiv mit „within the middle third of the side" fest [4.4].

Beispiel: Min-Cut-Platzierung mit Anschlussfestlegung

Vier Zellen einer Schaltung sind auf ein 2x2-Feld aufzuteilen, wobei die Min-Cut-Platzierung und Anschlussfestlegung anzuwenden sind.

1.   Partitionierung in L und R. Partitionierungskosten = 1.

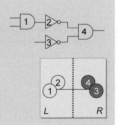

2. Partitionierung in L_1 und L_2 ohne Beeinflussung durch R, da der Schnittpunkt x nahe der Partitionierungslinie liegt (Zellen werden jeweils im Mittelpunkt ihrer Regionen angenommen).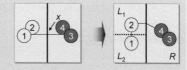

3. Partitionierung in R_1 und R_2 mit Beeinflussung durch L, da Schnittpunkt x nicht in „Nähe" der Partitionierungslinie liegt. Erzeugen einer Dummy-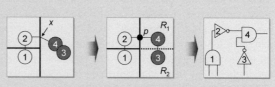
    Zelle p, womit Zelle 4 in R_1 und Zelle 3 in R_2 liegen müssen, um Partitionierungskosten R_1-R_2 von 1 zu erhalten.

Hinweis: Ohne Anschlussfestlegung wären mit Zelle 3 in R_1 und 4 in R_2 anfänglich ebenfalls Partitionierungskosten R_1-R_2 von 1 erzielt worden, die sich jedoch später, d.h. unter Berücksichtigung der Platzierung in L, als Kostenwert 2 herausgestellt hätten.

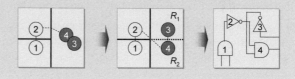

Bei der Partitionierung unter Berücksichtigung *externer* Anschlüsse (Außenanschlüsse) spannen die außerhalb der aktuell betrachteten Partition liegenden Anschlüsse eines Netzes N_i einen minimalen rektilinearen Steinerbaum auf. Die Schnittstellen an den Partitionierungsflächen werden dabei als Dummy-Zellen von N_i angenommen. Sollten sich diese Schnittstellen in der „Nähe" der Partitionierungslinie befinden, ignoriert man auch hier diese Dummy-Zellen. Die interne Partitionierung erfolgt dann unter Berücksichtigung der verbleibenden Dummy-Zellen von N_i.

Beispiel: Min-Cut-Platzierung mit Anschlussfestlegung bei externen Anschlüssen

1. Erstellen eines Steinerbaums für die drei externen Anschlüsse von Netz N_1.
2. Ermitteln der sich aus den Schnittstellen ergebenden Dummy-Zellen p_1, p_2, p_3.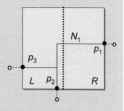
3. Die Dummy-Zellen werden in den nachfolgenden Partitionierungsschritten als Zellen von N_1 behandelt, deren Lage bzgl. der jeweiligen Partitionen (hier: L und R) nicht veränderbar ist.

Hinweis: Bei der Aufteilung in L und R (vertikaler Schnitt) wird p_2 ignoriert, da es sich in der Nähe der Schnittlinie befindet. Analog würde bei einem horizontalen Schnitt p_1 ignoriert.

▶ 4.3.3 Kräfteplatzierung (Force Directed Placement)

a) Vorbemerkungen
Bei der Kräfteplatzierung werden die zu platzierenden Zellen analog einem mechanischen System aus mit Federn verbundenen Körpern betrachtet. Dabei üben miteinander verbundene Körper (Zellen) eine Anziehungskraft zueinander aus, wobei diese Kraft direkt proportional zur Entfernung zwischen den Körpern ist[3]. Sofern man allen Körpern freie Bewegung zugesteht, bewegen diese sich zu einer Position mit einem Kräftegleichgewicht. Auf das hier behandelte Platzierungsproblem angewendet heißt das, dass sich am Ende alle zu platzierenden Zellen in einem Kräftegleichgewicht hinsichtlich der die Verdrahtung repräsentierenden Kräfte befinden.

Die Kräfteplatzierung wurde Mitte der 70er Jahre von *N. R. Quinn* entwickelt [4.17].

Angenommen, eine Zelle a ist mit einer Zelle b verbunden. Die Anziehungskraft zwischen beiden Zellen beträgt

$$\vec{F} = w_{ab} \cdot \vec{d}_{ab} \quad (\text{bzw. } F = w_{ab} \cdot d_{ab}, \text{ da } \vec{F} \text{ parallel } \vec{d}_{ab} \text{ ist}),$$

wobei d_{ab} die Entfernung zwischen den Zellen a und b mit $d_{ab} = \sqrt{\left(\Delta x_{ab}\right)^2 + \left(\Delta y_{ab}\right)^2}$ und w_{ab} die Wichtung der Verbindung zwischen diesen ist.

Analog gilt für eine Zelle i, die mit mehreren Zellen $1 \ldots j$ verbunden ist

$$\vec{F}_i = \sum_j (w_{ij} \cdot \vec{d}_{ij}).$$

Dabei repräsentiert $\vec{F}_i$ die gewichtete Gesamtverbindungslänge sämtlicher von der Zelle i ausgehenden Verbindungen (Abb. 4.8). Somit ist diese minimiert, wenn sich alle Zellen in ihre Position mit minimaler Kraft verschoben haben bzw., falls diese bereits belegt ist, sich so nahe wie möglich zu dieser platzieren. Diese Position wird als **ZFT** (Zero force target)-**Position** (Zero-force target location) bezeichnet.

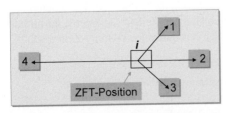

$$\vec{F}_i = w_{i1} \cdot \vec{d}_{i1} + w_{i2} \cdot \vec{d}_{i2} + w_{i3} \cdot \vec{d}_{i3} + w_{i4} \cdot \vec{d}_{i4} \to \min$$

Abb. 4.8 ZFT-Position einer Zelle i, die mit vier bereits platzierten Zellen verbunden ist.

Darauf aufbauend lässt sich das Platzierungsproblem auf zwei Arten lösen:

— Die auf eine Zelle wirkenden Kräfte werden in Form der o.g. Kräftegleichung dargestellt, wobei man diese noch um abstoßende Kräfte (zwischen unverbundenen Zellen zur Vermeidung von Überlappungen) und die Berücksichtigung

---

[3] Dies entspricht dem Zusammenhang zwischen Federweg und Federkraft in der Mechanik: Zwei durch eine Feder verbundene Körper üben eine Kraft zueinander aus, die sich aus dem Produkt der Federsteife c und der Entfernung d ergibt ($F = c{\cdot}d$).

des Layoutmittelpunktes (zur Erzielung einer ausgewogenen Platzierung) erweitern kann. Sämtliche Kräftegleichungen bilden damit ein lineares Gleichungssystem, welches mit verschiedenen mathematischen Methoden, oft der klassischen Mechanik entnommen, lösbar ist.

— Für jede Zelle wird eine ideale, mit minimaler Energie verbundene Position des Kräftegleichgewichts, die ZFT-Position ermittelt. Durch sequentielle Verschiebung aller Zellen auf ihre jeweilige ZFT-Position bzw., falls diese schon belegt ist, in ihre Nähe, oder durch rekursive Zellenaustausche, wird eine graduelle Platzierungsverbesserung erreicht. Am Ende dieses Prozesses befinden sich dann alle Zellen in der Position des minimalen Kräftegleichgewichts.

b) Grundalgorithmus der Kräfteplatzierung

Algorithmen zur Kräfteplatzierung beruhen meist auf der o.g. zweiten Methode, also der Nutzung einer ZFT-Position. Diese besteht im Wesentlichen darin, die für jede Zelle i auf sie wirkenden Kräfte zu berechnen, um die Zelle dann in ihrer jeweiligen ZFT-Position (x_i^0, y_i^0) zu platzieren. Diese Position lässt sich ermitteln, indem man die in x- und in y-Richtung wirkenden Kräfte Null setzt:

$$\sum_j w_{ij} \cdot \left(x_j^0 - x_i^0\right) = 0, \qquad \sum_j w_{ij} \cdot \left(y_j^0 - y_i^0\right) = 0.$$

Die Umstellung dieser Gleichungen nach x_i^0 und y_i^0 liefert dann

$$x_i^0 = \frac{\sum_j w_{ij} \cdot x_j}{\sum_j w_{ij}}, \qquad y_i^0 = \frac{\sum_j w_{ij} \cdot y_j}{\sum_j w_{ij}}.$$

Diese Gleichungen ermöglichen die Berechnung der ZFT-Position einer Zelle i, welche mit den Zellen $1 \ldots j$ verbunden ist (s. Beispiel).

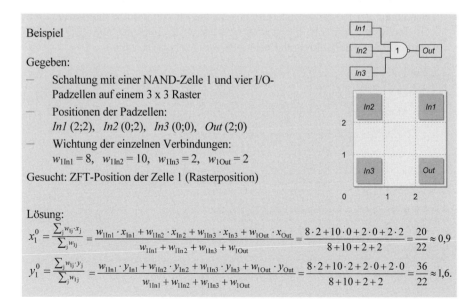

Beispiel

Gegeben:

— Schaltung mit einer NAND-Zelle 1 und vier I/O-Padzellen auf einem 3 x 3 Raster

— Positionen der Padzellen:
$In1$ (2;2), $In2$ (0;2), $In3$ (0;0), Out (2;0)

— Wichtung der einzelnen Verbindungen:
$w_{1In1} = 8$, $w_{1In2} = 10$, $w_{1In3} = 2$, $w_{1Out} = 2$

Gesucht: ZFT-Position der Zelle 1 (Rasterposition)

Lösung:

$$x_1^0 = \frac{\sum_j w_{ij} \cdot x_j}{\sum_j w_{ij}} = \frac{w_{1In1} \cdot x_{In1} + w_{1In2} \cdot x_{In2} + w_{1In3} \cdot x_{In3} + w_{1Out} \cdot x_{Out}}{w_{1In1} + w_{1In2} + w_{1In3} + w_{1Out}} = \frac{8 \cdot 2 + 10 \cdot 0 + 2 \cdot 0 + 2 \cdot 2}{8 + 10 + 2 + 2} = \frac{20}{22} \approx 0,9$$

$$y_1^0 = \frac{\sum_j w_{ij} \cdot y_j}{\sum_j w_{1j}} = \frac{w_{1In1} \cdot y_{In1} + w_{1In2} \cdot y_{In2} + w_{1In3} \cdot y_{In3} + w_{1Out} \cdot y_{Out}}{w_{1In1} + w_{1In2} + w_{1In3} + w_{1Out}} = \frac{8 \cdot 2 + 10 \cdot 2 + 2 \cdot 0 + 2 \cdot 0}{8 + 10 + 2 + 2} = \frac{36}{22} \approx 1,6.$$

Damit entspricht die Rasterposition (1;2) der ZFT-Position der
Zelle 1.

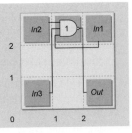

Nachfolgend ist die grundlegende Vorgehensweise bei der Kräfteplatzierung angegeben:

Algorithmus zur Kräfteplatzierung

1. Ermitteln einer willkürlichen Anfangsplatzierung

2. Auswahl einer Zelle (z.B. diejenige mit maximalem Verbindungsgrad) und Berechnen ihrer ZFT-Position

   — wenn ZFT-Position frei, dann Verschiebung zu dieser

   — wenn ZFT-Position belegt, Anwendung einer der vier Belegungsoptionen
     unter c)

3. Weiter mit Schritt 2 und neuer Zelle, bis Abbruchkriterium erreicht ist.

c) Optionen bei bereits erfolgter Belegung einer ZFT-Position

Unter der Annahme, dass p die zu verschiebende Zelle verkörpert und q die Zelle,
die sich bereits in der ZFT-Position befindet, lassen sich z.B. folgende vier Strategien anwenden, um eine Zellenverschiebung durchzuführen:

— Verschieben von p zu einer Zellenposition möglichst nahe zu q.

— Berechnen der Kostenveränderung bei Austausch von p mit q. Sollten sich die
  Gesamtkosten, wie z.B. die gewichtete Gesamtverbindungslänge $L(P)$ verringern, werden p und q in ihren Positionen vertauscht (s. Beispiel).

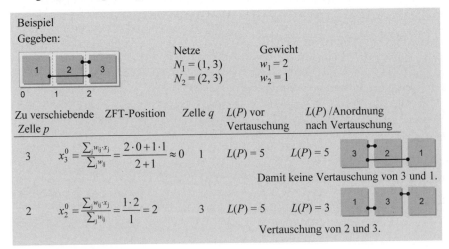

Beispiel
Gegeben:

	Netze	Gewicht
	$N_1 = (1, 3)$	$w_1 = 2$
	$N_2 = (2, 3)$	$w_2 = 1$

Zu verschiebende Zelle p	ZFT-Position	Zelle q	$L(P)$ vor Vertauschung	$L(P)$ /Anordnung nach Vertauschung
3	$x_3^0 = \dfrac{\sum_j w_{ij} \cdot x_j}{\sum_j w_{ij}} = \dfrac{2 \cdot 0 + 1 \cdot 1}{2 + 1} \approx 0$	1	$L(P) = 5$	$L(P) = 5$
				Damit keine Vertauschung von 3 und 1.
2	$x_2^0 = \dfrac{\sum_j w_{ij} \cdot x_j}{\sum_j w_{ij}} = \dfrac{1 \cdot 2}{1} = 2$	3	$L(P) = 5$	$L(P) = 3$
				Vertauschung von 2 und 3.

- „Chain move": Die Zelle p wird auf die belegte Position verschoben und die Zelle q auf die nächstliegende Position bewegt. Sollte diese von einer Zelle r bereits belegt sein, so wird r auf die zu ihr nächstliegende Position verschoben. Dies wird solange fortgeführt, bis eine freie Position gefunden ist.
- „Ripple move": Die Zelle p wird auf die belegte Position verschoben und eine neue ZFT-Position für q berechnet. Diese Prozedur (ripple: „zurecht kämmen") führt man solange fort, bis alle Zellen platziert sind.

d) Kräfteplatzierung mit Ripple-Moves

Der nachfolgend vorgestellte Platzierungsalgorithmus benutzt Ripple-Moves zur Verschiebung von Zellen, welche ZFT-Positionen anderer Zellen belegen.

Algorithmus zur Kräfteplatzierung mit Ripple-Moves (nach [4.23])

```
Berechnen des Verbindungsgrades jeder Zelle
Sortierung der Zellen mit abnehmendem Verbindungsgrad in Liste L
While (iteration_count < iteration_limit)
    seed = nächste Zelle aus L
    Aktuelle Zellenposition von seed wird auf VACANT gesetzt
    While end_ripple = false
        Ermittlung der ganzzahligen ZFT-Position von seed
        Case ZFT-Position ist
            VACANT
                Verschieben von seed zur ZFT-Position und Fixierung
                end-ripple ← true
                abort_count ← 0:
            LOCKED:
                Verschieben von seed zur nächsten freien Position und Fixierung
                end_ripple ← true;
                abort_count ← abort_count + l;
                If abort_count > abort_limit Then
                    Beseitigung der Fixierung aller Zellenpositionen
                    Iteration_count ← iteration_count + 1;
                EndIf;
            SAME AS PRESENT LOCATION:
                end_ripple ← true;
                abort_count ← 0;
            OCCUPIED: (und nicht fixiert)
                Verschieben von seed zur ZFT-Position und Fixierung
                seed = bisherige Zelle in ZFT-Position
                end_ripple ← false;
                abort_count ← 0;
        EndCase
    EndWhile
End While
End.
```

Die Zellen werden nach ihrer gewichteten Verbindungssumme, dem Verbindungs-grad, sortiert (s. Kap. 1.14). Für die aktuell zu verschiebende Zelle, genannt *seed*, wird die ZFT-Position berechnet und diese Zelle möglichst dorthin verschoben. Sollte diese Position bereits besetzt sein, so verschiebt man die zu besetzende Zelle als nächste, sofern sie nicht schon einmal verschoben wurde. Um unendliche Schlei-fen zu vermeiden, wird eine einmal verschobene Zelle mit der LOCK-Markierung versehen, d.h. sie ist in der aktuellen Iteration für weitere Verschiebungen gesperrt (fixiert).

In jeder Iteration dürfen nur eine bestimmte Anzahl (*abort_limit*) fixierte Zellen bei der Verschiebung angetroffen werden. Sollte der bei jeder fixiert (locked) ange-troffenen Zelle auf der ZFT-Position inkrementierte Zähler (*abort_count*) diesen Maximalwert erreichen, so werden alle fixierten Zellen freigegeben. Anschließend beginnt, wiederum mit der Zelle mit dem höchsten Verbindungsgrad, die nächste Iteration.

Es sind genau vier Optionen für jede zu verschiebende Zelle möglich [4.23]:

— VACANT (die Zielposition ist frei): Platzierung der Zelle hier und Fixierung, beenden des Ripple-Mode, d.h. weiter mit nächster Zelle lt. Verbindungsgrad,

— LOCKED (die Zielposition ist belegt und gleichzeitig fixiert): Platzierung der Zelle auf nächster freier Position, inkrementieren des *abort_count*-Parameters, falls dieser noch unterhalb *abort_limit*: Beenden des Ripple-Mode, d.h. weiter mit nächster Zelle lt. Verbindungsgrad aus Liste *L*,

— SAME AS PRESENT LOCATION (identisch zur aktuellen Position der *seed* Zelle): Platzierung der Zelle hier, beenden des Ripple-Mode, d.h. weiter mit nächster Zelle lt. Verbindungsgrad aus Liste *L*,

— OCCUPIED (die Zielposition ist belegt, aber nicht fixiert): Platzierung der Zelle hier, die ursprünglich hier befindliche Zelle wird als nächste verschoben, d.h. Verbleiben bzw. Umschalten im Ripple-Mode.

Die innere While-Schleife, d.h. die Zellenverschiebung, ist nur auszuführen, solange *end_ripple = false* ist. Dieser Parameter wird auf *true* gesetzt, wenn die Optionen VACANT, LOCKED und SAME AS… angetroffen werden, da es hier zur Beendi-gung des Ripple-Mode kommt. Damit kann dann die nächste Zelle entsprechend dem Verbindungsgrad ausgewählt werden.

Die äußere Iterationsschleife, d.h. die Auswahl von *seed*-Zellen basierend auf ih-rem Verbindungsgrad und die Versuche, diese auf ihren „idealen" ZFT-Positionen unterzubringen, setzt man solange fort, bis der Parameter *iteration_limit* erreicht ist.

▶ **4.3.4 Simulated Annealing**

a) Übersicht über den Algorithmus
Der in Kap. 2 bereits eingeführte Simulated-Annealing-Algorithmus (SA-Algorithmus) ist einer der am meisten eingesetzten Platzierungsalgorithmen. Dieser wurde zum ersten Mal Mitte der 80er Jahre im kommerziellen Platzierungspaket „TimberWolf" von *C. Sechen* angewendet [4.20][4.21][4.22], welches auch heute noch zu den marktführenden Platzierungswerkzeugen gehört.

Simulated-Annealing-Platzierungsalgorithmus
begin
    $T = T_0$ /* Initialisierung */
    $P = init\_placement$ /* Anfangsplatzierung */
    repeat
        repeat
            $NewP$ = PERTURB(P)
            $\Delta cost$ = COST($NewP$) – COST(P)
            if($\Delta cost$ < 0) **then**   /* wenn Verbesserung */
                $P = NewP$ /* Übernahme neuer Platzierung */
            else   /* ansonsten */
                r = RANDOM(0,1)   /* Zufallszahl zwischen 0 und 1 */
                if($r < e^{-\frac{\Delta cost}{T}}$) **then**   /* bedingte Übernahme */
                    $P = NewP$ /* der neuen Platzierung */
        until(Abbruchkriterium, z.B. Gleichgewicht bei T, erreicht)
        $T = \alpha * T$ /* 0 < α < 1 */   /* Temperatur-Reduktion */
    until($T < T_{min}$)
end.

Erläuterungen:

— Die PERTURB-Funktion erzeugt eine neue Platzierungskonfiguration, z.B. durch Austausch von zwei Zellen innerhalb der aktuellen Platzierung.

— Mittels $\Delta cost$ = COST($NewP$) – COST(P)) werden die Kosten der neuen und der bisherigen Platzierungskonfiguration verglichen. Dies geschieht beispielsweise durch Vergleich der assoziierten Gesamtverbindungslängen, wobei COST(P) die bisherige Verbindungslänge und COST($NewP$) die Verbindungslänge der neuen Platzierungskonfiguration ist.

— Die neue Platzierungskonfiguration wird akzeptiert, wenn $\Delta cost$ < 0, d.h. COST($NewP$) < COST(P), z.B. wenn die neue Verbindungslänge kürzer als die bisherige ist. Die neue Platzierung ist auch akzeptabel, wenn die durch die Zufallsfunktion RANDOM(0,1) erzeugte Zahl kleiner als $e^{-\frac{\Delta cost}{T}}$ ist, wobei diese Bedingung durch die Abnahme der Temperatur T mit zunehmender Zeit immer unwahrscheinlicher wird.

b) Der TimberWolf-Algorithmus
TimberWolf ist ein auf dem SA-Algorithmus basierendes kommerzielles Werkzeug zur Platzierung von Standardzellen, welches ausführlich in [4.21] beschrieben ist. Aufgrund der vorliegenden Zellenbreiten und der Anzahl der Zellen kann der Algorithmus eine Anfangsplatzierung der Zellenreihen und eine Zielgröße für deren Länge ermitteln. Nach den Standardzellen werden Makrozellen und die Außenanschluss-Pads platziert. TimberWolf (Version 3.2) optimiert jedoch nur die Platzierung der Standardzellen, hält also Makro- und Padzellen auf ihren Anfangspositionen.

Die Platzierungsoptimierung geschieht in drei Schritten:
1. Platzierung der Standardzellen mit minimaler Gesamtverbindungslänge,
2. Durchgangszellen (s. Kap. 1.6.2) werden nach Bedarf eingeführt, erneutes Minimieren der Gesamtverbindungslänge und Durchführen einer ersten globalen Verdrahtung,
3. Lokale Optimierung der Platzierung mit dem Ziel einer minimalen Kanalbreite.

Im ersten Schritt erfolgt die eigentliche Platzierung der Standardzellen, wobei der benutzte SA-Algorithmus bereits unter a) vorgestellt wurde. Die nachfolgende Beschreibung kann sich somit auf eine detaillierte Angabe der dabei benutzten Funktionen beschränken (nach [4.22]).

PERTURB-Funktion
Neue Platzierungskonfigurationen erzielt man durch eine PERTURB-Funktion, die zufällig eine von den nachfolgend genannten drei Platzierungsveränderungen auswählt:

– Move: Verschieben einer Zelle zu einer neuen Position, z.B. in eine andere Reihe,

– Swap: Austausch zweier Zellen,

– Mirror: Spiegelung einer Zelle um ihre x-Achse.

Die zuletzt genannte Platzierungsveränderung, die Spiegelung, wird nur in solchen Fällen angewendet, bei denen eine Verschiebung der Zellen (Move bzw. Swap) nicht möglich ist.

Weiterhin sind die Platzierungsveränderungen innerhalb der PERTURB-Funktion auf ein Fenster mit der Breite w_T und der Höhe h_T beschränkt (Abb. 4.9). Damit ist eine Zelle nur innerhalb dieses Fensters verschiebbar (Move). Auch können zwei Zellen a und b mit den Mittelpunktkoordinaten (x_a, y_a) und (x_b, y_b) nur dann vertauscht werden (Swap), wenn die Bedingungen $|x_a - x_b| \le w_T$ und $|y_a - y_b| \le h_T$ erfüllt sind.

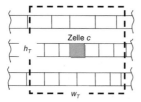

Abb. 4.9 Fenster mit den Abmessungen w_T und h_T um eine Standardzelle c.

Die Fenstergrößen (w_T, h_T) sind dabei temperaturabhängig, d.h. sie nehmen parallel zur Temperaturverminderung ab. Konkret werden bei einer aktuellen Temperatur T_1 und einer folgenden (d.h. neuen) Temperatur T_2 die neue Fensterbreite und –höhe folgendermaßen ermittelt:

$$w(T_2) = w(T_1) \frac{\log(T_2)}{\log(T_1)}, \quad h(T_2) = h(T_1) \frac{\log(T_2)}{\log(T_1)}.$$

COST-Funktion

Die Kostenfunktion in TimberWolf (Version 3.2) besteht aus den drei Komponenten γ_1, γ_2, γ_3 mit $\gamma = \gamma_1 + \gamma_2 + \gamma_3$, welche hier vorgestellt werden.

— Gesamtverbindungslänge γ_1

γ_1 repräsentiert ein Maß für die geschätzte Gesamtverbindungslänge. Für jedes Netz i wird dabei von seiner horizontalen und vertikalen Spannweite x_i und y_i der am weitesten außen liegenden Pins die Verbindungslänge mittels der Summe $(x_i + y_i)$ abgeschätzt, also der halbe Umfang des umschließenden Rechtecks berechnet. Anschließend erfolgt eine Multiplikation dieses Wertes entweder mit den Netzkosten w_i oder den richtungsabhängigen Kosten w_i^H (horizontal) bzw. w_i^V (vertikal). Damit ergibt sich γ_1 als Summe über alle Netze einer Platzierung zu

$$\gamma_1 = \sum_{i \in Nets} \left[w_i^H \cdot x_i + w_i^V \cdot y_i \right] .$$

Dabei unterstützt ein hohes Gewicht die Verkürzung eines Netzes. Richtungsabhängige Wichtungsfaktoren können benutzt werden, um eine bestimmte Verdrahtungsrichtung zu bevorzugen. Bei Standardzellen-Schaltungen mit ihren „teuren" Durchgangszellen kann man so durch niedrige w_i^H-Werte die Nutzung der horizontalen Kanäle stimulieren (anstelle von vertikalen Verbindungen, die Durchgangszellen erfordern).

— Überlappungen γ_2

Die Verschiebung einer Zelle oder die Zellenvertauschung kann zu Zellenüberlappungen führen. o_{ij} sei die Fläche der Überlappungen zwischen den Zellen i und j. Der Wert γ_2 wird aus der quadratischen Summe sämtlicher Überlappungen und einem Wichtungsfaktor für Überlappungen w_2 ermittelt:

$$\gamma_2 = w_2 \sum_{i \neq j} \left[o_{ij} \right]^2 .$$

Durch die quadratische Berücksichtigung der Überlappungsfläche werden größere Überlappungen, die schwerer zu beseitigen sind, stärker „bestraft".

— Ungleichheit der Reihenlängen γ_3

Die Verschiebung einer Zelle oder die Zellenvertauschung führt in der Regel zu einer Längenänderung der Zellenreihen, welche dadurch von einer eingangs ermittelten Zielgröße für die Länge der Zellenreihen immer mehr abweichen. Wie praktische Beispiele zeigen, führen diese Ungleichheiten in den Reihenlängen zu einer Verschwendung von Chipfläche und, aufgrund der ungleichen Verdrahtungsverteilung, sowohl zu einer Erhöhung der Gesamtverbindungslänge als auch zur Abnahme der Verdrahtbarkeit des Layouts.

Damit repräsentiert γ_3 die Kosten, welche durch die Abweichung der Reihenlänge L_R von einer ermittelten Zielgröße $\overline{l_R}$ entstehen, wobei auch hier ein Wichtungsfaktor w_3 eingeführt wird:

$$\gamma_3 = w_3 \sum_{Reihen} \left| l_R - \overline{l_R} \right| .$$

Temperatur-Reduktion

Die Temperatur T wird durch Multiplikation mit einem Abkühlungsparameter α reduziert, welcher experimentell ermittelt wurde und temperatur(bereichs)abhängig ist.

Der Annealing-Prozess startet mit einer sehr hohen Temperatur, z.B. $4 * 10^6$ (Einheiten spielen hier keine Rolle). Anfänglich reduziert man die Temperatur sehr schnell ($\alpha \approx 0{,}8$). Im mittleren Bereich verringert sie sich nur langsam ($\alpha \approx 0{,}95$), da sich hier im Wesentlichen die Platzierungsanordnung einstellt. Im Niedertemperaturbereich wird die Temperatur wieder schnell reduziert ($\alpha \approx 0{,}8$). Der Algorithmus ist beendet, wenn $T < T_{min}$ mit z.B. $T_{min} = 1$.

Häufigkeit des Durchlaufens der inneren Schleife bei einer Temperatur

Bei jeder Temperatur wird eine fest vorgegebene Anzahl von Versuchen unternommen, mittels der PERTURB-Funktion neue Platzierungskonfigurationen zu erzielen. Diese Anzahl hängt stark von der Problemgröße, d.h. der Größe der Schaltung, ab. Experimentell haben sich beispielsweise folgende Werte als sinnvoll herausgestellt [4.22]:

–   Schaltung mit 200 Zellen: 100 Schleifendurchläufe pro Zelle, d.h. $2 * 10^4$ Durchläufe pro Temperaturschritt,

–   Schaltung mit 3000 Zellen: 700 Schleifendurchläufe pro Zelle, d.h. $2{,}1 * 10^6$ Durchläufe pro Temperaturschritt.

▶ **4.3.5 Quadratische Zuordnung (Quadratic Assignment)**

Ein Spezialfall des Platzierungsproblems ist es, n Zellen auf n vordefinierte Platzierungspositionen in Form von Einbauplätzen zuzuweisen. Dieses Zuweisungsproblem wird als **Quadratic Assignment Problem** (QAP) [4.14] bezeichnet.

Gesucht ist mit P eine Permutation der Platzierungszuweisungen der Zellen $i = 1\ldots n$, welche die gewichtete Gesamtverbindungslänge $L(P)$

$$L(P) = \sum_{i=1}^{n}\left(k_{i,p(i)} + \sum_{j=1}^{n} c_{ij} \cdot l_{p(i),p(j)} \right)$$

minimiert.

Es erfolgt hier also eine Zuweisung von n Zellen auf n vordefinierte Platzierungspositionen, wobei $k_{i,p(i)}$ die festen Kosten der Zuweisung der Zelle i auf die Platzierungsposition $p(i)$, c_{ij} die Verbindungskosten zwischen den Zellen i und j (s. Kap. 1.14) sowie $l_{p(i),p(j)}$ den Abstand der Platzierungspositionen $p(i)$ und $p(j)$ zweier als punktförmig angenommener Zellen i und j angeben.

Aus der Gleichung ist ersichtlich, dass es unrealistisch ist, eine exakte Lösung für dieses Problem für $n > 15$ zu erhalten, da bei einer erschöpfenden Suche $n!$ Platzierungszuweisungen untersucht werden müssten. Zur Lösung des QAP wurden daher verschiedene Lösungsheuristiken entwickelt, wie z.B. iterative Optimierungsverfahren (u.a. Simulated Annealing und evolutionäre Algorithmen) sowie numerische Optimierungsansätze, wie das nachfolgend erläuterte Eigenwertverfahren.

K. M. Hall stellte 1970 eine elegante Lösung des QAP für das Zuweisen von Zellen auf Einbauplätze in Gate-Arrays vor [4.9]. *Hall* konnte zeigen, dass sich das Platzierungsproblem mit Hilfe einer *quadratischen* Darstellung der Kostenfunktion $L(P)$ und einer zusätzlichen Einführung von mathematisch motivierten quadratischen Randbedingungen (zur Vermeidung der Triviallösungen $x_i = 0$ und $y_i = 0$, $i = 1...n$) leicht in ein äquivalentes Eigenwertproblem umwandeln lässt. Hierbei wird das Ziel der minimalen gewichteten quadratischen Gesamtverbindungslänge bei der Zuweisung auf die Einbauplätze mittels der Berechnung von Eigenwerten einer Gesamtkostenmatrix erreicht. Bei diesem Ansatz kommen drei Matrizen zur Anwendung:

— Verbindungsmatrix C, welche die Verbindungen und Verbindungskosten zwischen den n zu platzierenden Zellen i und j enthält ($i, j = 1 ... n$; $c_{ij} = 0$, falls $i = j$ oder Zelle i nicht mit Zelle j verbunden ist, s. Kap. 1.14),

— Diagonalmatrix D, die den Verbindungsgrad c_i jeder Zelle i, d.h. die Summe aller mit dieser Zelle assoziierten Verbindungskosten, beinhaltet (s. Kap. 1.14),

— Gesamtkostenmatrix E, welche sich aus $(D - C)$ ergibt, also sowohl die einzelnen Verbindungskosten zwischen den Zellen als auch die Summe der Verbindungskosten jeder Zelle enthält.

Die Aufgabenstellung lässt sich folgendermaßen formulieren:

— Es seien n feste und bekannte Platzierungspositionen für n zu platzierende Zellen und eine Verbindungsmatrix C gegeben.

— Es sei die Verteilung der n Zellen auf die n Platzierungspositionen derart gesucht, dass eine minimale Gesamtverbindungslänge $L(P)$ entsprechend der o.g. Gleichung erzielt wird.

Bei dem nachfolgenden Lösungsansatz berücksichtigt man nur die in der Verbindungsmatrix C befindlichen Verbindungskosten c_{ij} zweier Zellen i und j, welche bei nahe zueinander zu platzierenden Zellen entsprechend hoch ist. Der in der obigen Gleichung auch einbezogene Abstand $l_{p(i),p(j)}$ der Platzierungspositionen $p(i)$ und $p(j)$ zweier Zellen i und j wird hier nicht direkt betrachtet. Das Ziel der minimalen Gesamtverbindungslänge wird bei diesem Ansatz daher indirekt über die gegebenen Netzgewichte (und nicht über die tatsächliche Netzlänge) erreicht.

Prinzipielle Vorgehensweise:

— Es seien C die Verbindungsmatrix und c_i die Kostensumme aller Elemente in der i-ten Zeile von C. Dann lässt sich eine Diagonalmatrix D definieren mit

$$d_{ij} = \begin{cases} 0, & \text{wenn } i \neq j, \\ c_i, & \text{wenn } i = j. \end{cases}$$

–   Eine resultierende Gesamtkostenmatrix E sei definiert als $E = D - C$. $X^T = [x_1, x_2, \dots, x_n]$, $Y^T = [y_1, y_2, \dots, y_n]$ seien deren Eigenvektoren, welche den x- und y-Koordinaten der Zellen $1 \dots n$ einer Zuweisungslösung entsprechen.

–   *Hall* konnte in [4.9] zeigen, dass das Optimierungsziel „gewichtete quadratische Gesamtverbindungslänge" genau dann minimiert ist, wenn die betragsmäßig kleinsten nichttrivialen Eigenwerte λ_m (mit $\lambda_m \neq 0$, $m = 1 \dots n$) von E zur Generierung der Eigenvektoren X^T und Y^T benutzt werden. Die aus den beiden kleinsten Eigenwerten λ_m und λ_{m+1} resultierenden Eigenvektoren X^T und Y^T ergeben dabei die optimalen x- und y-Mittelpunktkoordinaten aller Zellen.

–   Die errechneten optimalen Mittelpunktkoordinaten der Zellen repräsentieren eine Approximation der finalen Platzierungslösung, da die geometrischen Abmessungen der Zellen bisher unberücksichtigt blieben und so Überlappungen möglich sind. In einem nachfolgenden lokalen Platzierungsschritt sind daher alle Zellen den nächstgelegenen Einbauplätzen zuzuweisen. Diese nachträgliche Zuweisung der finalen Platzierungspositionen führt jedoch meist zu einem suboptimalen Platzierungsergebnis.

Die Vorteile dieser Vorgehensweise liegen in der einfachen Ermittlung der optimalen Mittelpunktkoordinaten und der $O(n^2)$ Komplexität der Berechnung der Eigenwerte der symmetrischen Matrix E (mit n Anzahl der Zellen). Nachteilig sind die nur punktförmige Annahme aller Platzierungspositionen und die Beschränkung auf vorgegebene Einbaupositionen, womit sich die Anwendung auf regelmäßige und kleinflächige Zellenstrukturen wie Gate-Arrays oder Standardzellen-Schaltungen beschränkt.

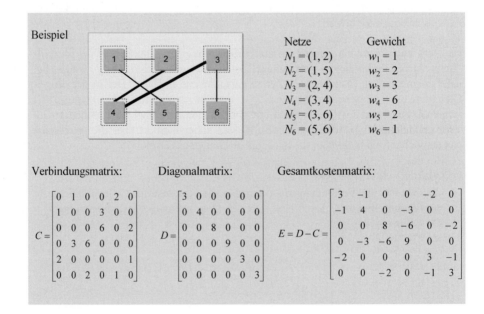

Beispiel

Netze	Gewicht
$N_1 = (1, 2)$	$w_1 = 1$
$N_2 = (1, 5)$	$w_2 = 2$
$N_3 = (2, 4)$	$w_3 = 3$
$N_4 = (3, 4)$	$w_4 = 6$
$N_5 = (3, 6)$	$w_5 = 2$
$N_6 = (5, 6)$	$w_6 = 1$

Verbindungsmatrix:

$$C = \begin{bmatrix} 0 & 1 & 0 & 0 & 2 & 0 \\ 1 & 0 & 0 & 3 & 0 & 0 \\ 0 & 0 & 0 & 6 & 0 & 2 \\ 0 & 3 & 6 & 0 & 0 & 0 \\ 2 & 0 & 0 & 0 & 0 & 1 \\ 0 & 0 & 2 & 0 & 1 & 0 \end{bmatrix}$$

Diagonalmatrix:

$$D = \begin{bmatrix} 3 & 0 & 0 & 0 & 0 & 0 \\ 0 & 4 & 0 & 0 & 0 & 0 \\ 0 & 0 & 8 & 0 & 0 & 0 \\ 0 & 0 & 0 & 9 & 0 & 0 \\ 0 & 0 & 0 & 0 & 3 & 0 \\ 0 & 0 & 0 & 0 & 0 & 3 \end{bmatrix}$$

Gesamtkostenmatrix:

$$E = D - C = \begin{bmatrix} 3 & -1 & 0 & 0 & -2 & 0 \\ -1 & 4 & 0 & -3 & 0 & 0 \\ 0 & 0 & 8 & -6 & 0 & -2 \\ 0 & -3 & -6 & 9 & 0 & 0 \\ -2 & 0 & 0 & 0 & 3 & -1 \\ 0 & 0 & -2 & 0 & -1 & 3 \end{bmatrix}$$

Kleinster Eigenwert von E ($\lambda \neq 0$): $\lambda_2 = 1{,}309$
mit resultierendem normierten Eigenvektor: $X^T = [-0{,}545;\ 0{,}234;\ 0{,}385;\ 0{,}391;\ -0{,}578;\ 0{,}113]$

Zweit-kleinster Eigenwert von E: $\lambda_3 = 2{,}496$
mit resultierendem normierten Eigenvektor: $Y^T = [0{,}322;\ 0{,}534;\ -0{,}093;\ 0{,}160;\ -0{,}186;\ -0{,}737]$.

Hinweis:
$\lambda_1 = 0$, daher ist λ_1 kein gültiger Eigenwert für die Lösung dieses Platzierungsproblems.

Resultierende Platzierung:

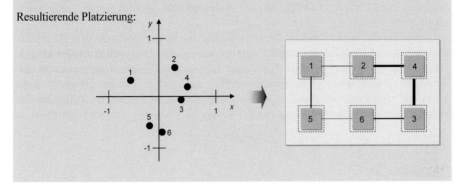

4.3.6 Weitere Platzierungsalgorithmen

a) Quadratische Platzierung

Bei der quadratischen Platzierung geht die euklidische Verbindungslänge *quadratisch* in die gewichtete Kostenfunktion $L(P)$ ein. Überdurchschnittlich lange Verbindungen, die auf Signallaufzeiten besonders negativen Einfluss haben, lassen sich so verstärkt minimieren. Die Kostenfunktion $L(P)$ ist mit

$$L(P) = \frac{1}{2} \sum_{i,j=1}^{n} c_{ij} \left(\left(x_i - x_j\right)^2 + \left(y_i - y_j\right)^2 \right)$$

gegeben, wobei c_{ij} die Verbindungskosten zwischen den Zellen i und j, $(x_i - x_j)$ die horizontale und $(y_i - y_j)$ die vertikale Entfernung zwischen den Mittelpunktkoordinaten der Zellen i und j sowie n die Anzahl der zu platzierenden Zellen sind.

Bei den nachfolgenden Betrachtungen wird davon ausgegangen, dass jedes Netz in Zweipunktverbindungen aufgespalten ist.

Die quadratische Platzierung besteht i.Allg. aus zwei Phasen. Während der ersten Phase, der sog. globalen Platzierung, wird unter Beachtung der Positionen der Außenanschlüsse die kosten*optimale* Platzierung aller Zellenmittelpunkte bestimmt. Dieses Platzierungsergebnis ist jedoch gekennzeichnet durch eine hohe Konzentration von Zellen im Platzierungszentrum und durch zahlreiche Zellenüberlappungen. In der zweiten Phase, der sog. detaillierten Platzierung, werden derartige Konzentrationen bzw. Überlappungen beseitigt und den Zellen entwurfsregelgerechte Platzierungspositionen zugewiesen.

Zur Bestimmung einer kostenoptimalen **globalen Platzierung** wird die Kosten-funktion $L(P)$ ausgehend von obiger Formulierung neu geschrieben als

$$L(P) = \frac{1}{2}\left[X^\mathrm{T}CX + Y^\mathrm{T}CY\right] + X^\mathrm{T}K_\mathrm{x} + Y^\mathrm{T}K_\mathrm{y} + k\,,$$

wobei X^T und Y^T Vektoren der Dimension n der x- bzw. y-Koordinaten der zu plat-zierenden n Zellen, C die Verbindungsmatrix, K_x und K_y die Koordinatenvektoren der nicht verschiebbaren Zellen und der Außenanschlüsse sind sowie k eine Kon-stante repräsentiert.

Aufgrund der quadratischen Darstellung der Verbindungskosten sind sämtliche Eigenwerte der Verbindungsmatrix C größer oder gleich Null. Mit Hilfe der obigen Darstellung der Kostenfunktion $L(P)$ kann man so das Platzierungsproblem in ein konvexes quadratisches Optimierungsproblem umwandeln. Dessen globales Mini-mum und damit die optimalen x- und y-Platzierungskoordinaten der Zellen lassen sich durch die partielle Ableitung von $L(P)$, also

$$\frac{\partial L(P)}{\partial X} = CX + K_\mathrm{x} = 0 \quad \text{und} \quad \frac{\partial L(P)}{\partial Y} = CY + K_\mathrm{y} = 0,$$

bestimmen.

Zum Lösen dieser linearen Gleichungssysteme eignen sich iterative Methoden, wie z.B. das Verfahren der konjugierten Gradienten (Conjugated gradient method, CG) oder das sog. Successive-Over-Relaxation-Verfahren (SOR).

Zur Beseitigung der lokalen Konzentration von Zellen und deren Überlappungen während der **detaillierten Platzierung** existieren verschiedene Ansätze, u.a. die in Kap. 4.3.1 vorgestellte Min-Cut-Methodik (z.B. [4.24]) sowie die in Kap. 4.3.3 beschriebene Kräfteplatzierung (z.B. [4.6]).

b) Neuronale Netzwerke
Bei den auf neuronalen Netzwerken (Neural Networks, Neural Computing) beru-henden Vorgehensweisen modelliert man die Denkweise eines Gehirns, um so kom-plexe Optimierungsaufgaben zu lösen. Dabei werden insbesondere die Eigenschaf-ten neuronaler Netze, wie selbständige Lernfähigkeit und das Vermögen der Selbstorganisation, ausgenutzt. Damit kann man z.B. zur Platzierungsoptimierung einer elektronischen Schaltung Mechanismen anwenden, die in der Natur wirksam sind, um Ordnung in ein Chaos zu schaffen.

Wichtigster Bestandteil eines neuronalen Netzwerks ist das künstliche **Neuron**, das aus mehreren analogen Eingangssignalen $x_1, \ldots, x_\mathrm{n}$ ein analoges Ausgangssignal OUT erzeugt (Abb. 4.10).

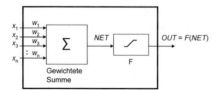

Abb. 4.10 Prinzipieller Aufbau eines künstli-chen Neurons (nach [4.18]).

Zunächst wird jedes Eingangssignal x_i durch das Neuron mit einem Wichtungsfaktor w_i , das sog. **Synapsengewicht**, bewertet. Aus der gewichteten Summe der Eingangssignale

$$NET = \sum_{i=1}^{n} w_i \cdot x_i$$

wird mit der sog. Aktivierungsfunktion F (Activation function) des Neurons dessen Ausgangssignal OUT gebildet. Eine hierfür oft benutzte Funktion ist z.B.

$$OUT = F(NET) = \frac{1}{1 + e^{-NET}},$$

die bei großen positiven NET-Werten Eins („obere Sättigung") und bei großen negativen NET-Werten Null („untere Sättigung") ergibt.

Ein **neuronales Netzwerk** verknüpft nun in Analogie zum biologischen Nervensystem eine beliebige Anzahl von Neuronen miteinander. Je nach der Topologie des Netzwerkes können diese in mehreren Schichten angeordnet sein, so dass die Ausgangssignale der Neuronen einer Schicht die Eingangssignale der Neuronen der nächsten Schicht bilden. Im einfachsten Fall eines einschichtigen neuronalen Netzwerkes mit m Neuronen und n Eingangssignalen (Abb. 4.11) hat jedes Neuron i genau n Wichtungsfaktoren w_{i1}, w_{i2}, …, w_{in} und das gesamte Netzwerk $m \cdot n$ Wichtungsfaktoren, die in einer Wichtungsmatrix W darstellbar sind.

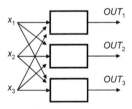

Abb. 4.11 Einschichtiges neuronales Netzwerk, bestehend aus drei Neuronen, jedes mit drei Eingangssignalen.

Wegen ihrer massiv parallelen Informationsverarbeitung können neuronale Netzwerke komplexe Optimierungsaufgaben sehr rasch einer globalen Lösung zuführen. Dazu werden in einem Lernprozess die Synapsengewichte schrittweise an die Eingangssignale angepasst. Die Wahl der Netzwerkstruktur, der Lernregel und der Eingangsstimuli hängt von der Aufgabenstellung ab.

Für die Verarbeitung der zweidimensionalen Topologie von Platzierungsaufgaben eignen sich insbesondere die sog. Kohonen-Netzwerke [4.13], mit denen die somatotopische Abbildung der Hautoberfläche auf das für den Tastsinn zuständige somatosensorische Rindenfeld im Gehirn nachgebildet wird.[4] Hierbei handelt es sich um ein einschichtiges Netzwerk, bei dem aber die Nachbarschaft der Neuronen eine

---

[4]   Die Großhirnrinde des Menschen beinhaltet das sog. somatosensorische Rindenfeld. Es besteht aus einer Neuronenschicht, in welcher Signale eintreffen, die von Rezeptoren in der Haut zum Gehirn geschickt werden. Jeder Körperregion ist dabei ein bestimmter Neuronenbereich zugeordnet. Diese Zuordnung heißt somatotopische Abbildung.

wesentliche Rolle spielt, da benachbarte Neuronen für benachbarte Teile der Hautoberfläche zuständig sind. Durch die Abbildung der Merkmale der Eingangssignale
auf einer ebenen Schicht von Neuronen ist dieses Modell für die Verarbeitung einer
zweidimensionalen Topologie, wie sie z.b. bei einem Platzierungsproblem auftritt,
besonders geeignet.

Als Anwendungsbeispiel sei die Platzierungsaufgabe bei regelmäßigen Array-
Strukturen, wie z.B. die Anordnung der einzelnen Zellen (Logikblöcke) auf einem
Gate-Array, betrachtet. Jedes Neuron entspricht hier einer Gate-Array-Zelle. Die
neuronale Netzwerkstruktur leitet sich aus der Schaltungsstruktur ab, d.h. die Nachbarschaft zweier Neuronen im Netzwerk entspricht der Verdrahtung der entsprechenden Zellen in der Schaltung.

Jedes Neuron hat ein zweifaches Eingangssignal (x_1, x_2), welches die Koordinaten (x_m, y_m) einer Arrayposition für eine *mögliche* Platzierung der entsprechenden
Zelle sind. Die zwei Synapsengewichte (w_1, w_2) des Neurons entsprechen den Koordinaten (x_a, y_a) der durch das Neuron repräsentierten Zelle in der *aktuellen* Platzierung.

Der iterative Platzierungsprozess beginnt mit einer zufällig gewählten Anfangsplatzierung der Zellen, also zufälligen Synapsengewichten $(w_1, w_2)_i$ für jedes Neuron i. Hinzu kommt ein zufällig gewähltes Eingangssignal (x_1, x_2), das für alle die
Zellen repräsentierenden Neuronen identisch ist. Dasjenige Neuron i mit einem
minimalen Abstand $|(x_1, x_2) - (w_1, w_2)_i|$ sowie seine Nachbarn innerhalb einer defi-
nierten Nachbarschaftszone passen daraufhin ihre Synapsengewichte (aktuelle
Platzierung) nach einer vorgegebenen Lernregel an das Eingangssignal (mögliche
Platzierung) an. Mit jedem neu gewählten Eingangssignal lernen die Neuronen
schrittweise die optimalen Positionen der Zellen unter Berücksichtigung ihrer Verdrahtung, wobei die Größe der betrachteten Nachbarschaftszone kontinuierlich reduziert wird.

Weiterführende Literatur:
Als eine Einführung in neuronale Netzwerke sei [4.11] empfohlen. Kohonen-
Netzwerke sind in [4.13] erläutert. Die Anwendungsmöglichkeiten eines anderen
Netzwerkmodells, des Hopefield-Modells, zur Entwurfsautomatisierung werden in
[4.26] untersucht. Lösungen des Platzierungsproblems mittels neuronaler Netze sind
in [4.27] beschrieben.

c) Evolutionäre Algorithmen

Evolutionäre Algorithmen (Evolutionary algorithms, auch als genetische Algorithmen, Genetic algorithms, bezeichnet) simulieren den Evolutionsprozess in der Natur. Dieser realisiert ein leistungsfähiges und vielfältiges Optimierungsverfahren, das
zur Herausbildung vieler hochgradig komplexer biologischer Systeme geführt hat.
Auch wenn der Erfolg dieser Optimierung sich nur schwer in qualitativ messbaren
Größen ausdrückt, und sich stattdessen auf abstrakte Termini wie z.B. „Überlebens-
fähigkeit" beschränkt, so lässt sich eine Simulation von Evolutionsprinzipien dennoch zur Optimierung künstlicher Systeme einsetzen.

Eine Lösung zu einem Optimierungsproblem wird dabei als ein **Individuum** aufgefasst. Eine Menge von verschiedenen Lösungen zu diesem Problem stellt damit eine Menge von Individuen dar. Diese Menge von Individuen (Problemlösungen) bezeichnet man als **Population**. Im Gegensatz zu anderen Lösungsstrategien arbeitet also ein evolutionärer Algorithmus *gleichzeitig* mit einer Vielzahl von Problemlösungen. Weiterhin kommt eine **Fitness-Funktion** zur Anwendung, welche jedes Individuum hinsichtlich eines vorgegebenen Optimierungsziels bewertet. Beispielsweise kann die Fitness-Funktion darin bestehen, für jede Platzierungsanordnung die zugehörige Gesamtverbindungslänge zu berechnen.

Auf die Population von Individuen (Problemlösungen) werden drei evolutionäre Operationen angewendet:

– **Selektion**, basierend auf der o.g. Fitness-Funktion, zur Auswahl von Eltern-Individuen zur Nachkommenerzeugung und Auswahl, wer in die nächste Generation übernommen wird,

– **Crossover** zur Kombination zweier Elternindividuen mit dem Ziel, einen Nachkommen zu erzeugen, der „überlebenswerte" Elemente beider Elternteile vereint, aber gleichzeitig auch neue Lösungsvarianten offeriert,

– **Mutation** zur zufälligen Veränderung eines Individuums, um völlig neue Lösungsmöglichkeiten zu erschließen.

Zu Beginn ermittelt der Algorithmus eine Anfangspopulation von willkürlich erstellten Problemlösungen. Beispielsweise lassen sich hier 50 zufällig erzeugte Platzierungslösungen zu einem Platzierungsproblem generieren. In iterativ zu wiederholenden Generationen wird aus dieser Population durch Selektion eine Menge von Elternpaaren ausgewählt, welche durch den Crossover-Operator Nachkommen, also aus beiden Elternindividuen abgeleitete neuartige Platzierungslösungen, erzeugen. Auch kommen Mutationen, d.h. willkürliche Veränderungen der Platzierungsanordnungen, sowohl bei der Ausgangspopulation als auch bei der Nachkommenpopulation zur Anwendung.

Nach Erreichen einer bestimmten Anzahl von Nachkommen wird zum Erzeugen einer neuen Generation die Nachkommenpopulation mit der Ausgangspopulation mittels Selektion vereint („Survival of the fittest"). Dabei hält man üblicherweise die Gesamtanzahl der Individuen konstant, also auf dem Niveau der ursprünglichen Anfangspopulation. Diese neue Population unterzieht man erneut den Operatoren Selektion, Crossover und Mutation.

Da mittels der Fitness-Funktion als besser eingeschätzte Individuen eine höhere Reproduktionswahrscheinlichkeit besitzen und bei der Kombination zweier Elternindividuen Elemente beider Elternteile kombiniert werden, kommt es während des evolutionären Prozesses zu einer umfassenden Suche im Lösungsraum an Stellen potentieller Optima. Durch den Mutationsoperator und einer gewissen Zufälligkeit bei der Selektion und dem Crossover ist parallel dazu sichergestellt, dass die genetische Vielfalt, also die Fähigkeit, gleichzeitig unterschiedliche Bereiche des Lösungsraums im Blickfeld zu haben, nicht (vorzeitig) verloren geht.

Der evolutionäre Prozess wird solange fortgesetzt, bis ein Abbruchkriterium erreicht ist, z.B. keine Verbesserung des besten Individuums (der besten Platzierungslösung) innerhalb von zehn Generationen. Das beste jemals existierende Individuum entsprechend der eingangs definierten Fitness-Funktion verkörpert abschließend die beste Lösung des Platzierungsproblems.

Weiterführende Literatur:
Eine sehr gute allgemeine Einführung in evolutionäre Algorithmen wird in [4.8] gegeben, während die Anwendung derartiger Algorithmen bei der Layoutsynthese Gegenstand von [4.16] ist.

d) Timing-driven Placement (Performance-driven Placement)

Komplexe Baugruppen benötigen Platzierungsergebnisse, die nicht nur geometrischen Anforderungen genügen, wie z.B. minimale Verbindungslänge oder Überlappungsfreiheit der Zellen, sondern auch Timing-bezogene Parameter erfüllen. Beispielsweise sollten auch alle Anforderungen an maximale Signalverzögerungen durch die Platzierung erfüllt werden. Derartige Platzierungsalgorithmen stuft man als Timing-driven ein. Die bei der Platzierung zu berücksichtigenden Grenzwerte werden meist während der Schaltungserstellung erzeugt und an das Platzierungswerkzeug übergeben, z.B. maximal erlaubte Signalverzögerungen der Netze in einem SDF-File (SDF: Standard Delay Format).

Timing-driven Placement lässt sich unterscheiden in pfadbasierte und netzbasierte Vorgehensweisen. Bei der **pfadbasierten** (path-based) **Platzierungsoptimierung** können die kritischen Pfade in der Schaltung direkt berücksichtigt werden. Die Platzierung der angeschlossenen Zellen erfolgt derart, dass die Pfadlänge innerhalb der Zeitvorgabe liegt. Damit lassen sich hier Signalverzögerungen direkt in die Platzierung einbeziehen, wobei die Rechenkomplexität das Hauptproblem darstellt. Der erste pfadbasierte Platzierungsalgorithmus wurde von *M. A. B. Jackson* und *E. S. Kuh* 1989 vorgestellt [4.12].

Bei der **netzbasierten** (net-based) **Vorgehensweise** bildet man die Timing-Anforderungen über netzspezifische Wichtungsfaktoren (Netzgewichte) oder sog. Budgets ab. Die entsprechenden Platzierungsalgorithmen werden als Netzwichtungs- bzw. Netzbudget-Algorithmen bezeichnet.

Netzwichtungs-Algorithmen waren die ersten Timing-driven Platzierungsalgorithmen und sind bis heute in den vielfältigsten Varianten in Anwendung. Dabei werden einer Untermenge von Netzen, den sog. kritischen Netzen, höhere Wichtungen zugeordnet, um diese dann in den Platzierungsalgorithmen zu berücksichtigen. Die Netzwichtung wurde Anfang der 80er Jahre erstmals bei einem Min-Cut-Algorithmus eingesetzt [4.5].

Bei Netzbudget-Algorithmen bestimmt man zuerst die möglichen Netz- und Gatterverzögerungen, wobei diese dann in Obergrenzen von Netzlängen zu überführen sind. Damit erfüllt eine Platzierung, die diese maximalen Netzlängen einhält, auch die Timing-Anforderungen der Schaltung. Netzbudget-Algorithmen wurden erstmals Ende der 80er Jahre bei einem sog. Zero-Slack-Algorithmus (ZSA) vorgestellt [4.10].

Weiterführende Literatur:
Als weiterführende Literatur sei [4.19] empfohlen, welche sich sowohl zur Einführung in diese Thematik als auch zur Übersichtsgewinnung eignet.

Aufgaben zu Kapitel 4

Aufgabe 1: Abschätzung der Verbindungslänge

Es sei ein 5-Punkt-Netz gegeben. Die Zielfunktion ist die Verbindungslänge zwischen den Netzpunkten, gemessen als Manhattan-Entfernung, wobei der Gitterabstand einer Längeneinheit entspricht.

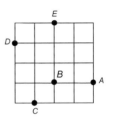

a) Zeichnen Sie eine minimale Kette, einen minimalen Spannbaum und einen minimalen Steinerbaum, um alle Netzpunkte miteinander zu verbinden. Benutzen Sie A jeweils als Start-Punkt.

b) Berechnen Sie die gewichtete Gesamtverbindungslänge $L(P)$ aller drei Fälle unter der Annahme, dass das Netz ein Gewicht von 2 hat.

Aufgabe 2: Min-Cut-Platzierung

Wenden Sie den Min-Cut-Algorithmus an, um die nachfolgende Schaltung auf einem 4 x 2-Gitter ($x \times y$) zu platzieren. Zur Minimierung der geschnittenen Netze ($\psi_P(c_r)$) ist der Kernighan-Lin-Algorithmus zu verwenden. Nutzen Sie alternierende vertikale und horizontale Schnittlinien. Die Linie c_1 stellt den Initialschnitt dar.

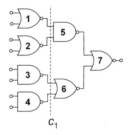

Unter der Annahme, dass jede Kante im 4 x 2-Gitter eine Kapazität $\phi_P(e_i) = 2$ besitzt, ist mittels der Dichtefunktion $D(P)$ die Verdrahtbarkeit zu klären.

Aufgabe 3: Kräfteplatzierung

Gegeben sei eine Schaltung mit zwei Gattern (1, 2) und drei I/O-Padzellen (*In1*, *In2*, *Out*) auf einem 3 x 3 Raster, wobei die Positionen der drei Padzellen gegeben sind: *In1* (0;2), *In2* (0;0), *Out* (2;1). Die Wichtung der einzelnen Verbindungen ist im Schaltplan angegeben.

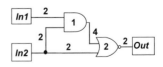

Ermitteln Sie rechnerisch die ZFT-Position (Zero-force target location) der beiden Gatter 1 und 2 (Rasterpositionen). Stellen Sie die sich ergebende Platzierung auch auf einem 3 x 3 Raster graphisch dar.

Literatur zu Kapitel 4

[4.1] Breuer, M. A.: A Class of Min-Cut Placement Algorithms. Proc. Design Automation Conf., S. 284-290, 1977. Auch in: Breuer, M. A.: Min-Cut Placement. Journal Design Automation and Fault-Tolerant Computing, 343-382, Oct. 1977

[4.2] Breuer, M. A.: Min-Cut Placement. Journal Design Automation and Fault-Tolerant Computing, 343-382, Oct. 1977

[4.3] Burstein, M.; Youssef, M. N.: Timing Influenced Layout Design. Proc. 22nd Design Automation Conf., 124-130, 1985

[4.4] Dunlop, A. E.; Kernighan, B. W.: A Procedure for Standard-Cell VLSI Circuits. IEEE Transactions on Computer Aided Design, vol. 4, no. 1, 92-98, Jan. 1985

[4.5] Dunlop, A. E.; Agraval, V. D.; Deutsch, D. N.: Chip Layout Optimization Using Critical Path Weighting. Proc. Design Automation Conf., 133-136, 1984

[4.6] Eisenmann, H.; Johannes, F.: Generic Global Placement and Floorplanning. Proc. Design Automation Conf., 269-274, 1998

[4.7] Elmore, W. C.: The Transient Response of Damped Linear Networks With Particular Regard to Wide Band Amplifiers. J. Applied Physics, vol. 19, no. 1, 55-63, 1948

[4.8] Goldberg, D. E.: Genetic Algorithms in Search, Optimization and Machine Learning. Addison-Wesley, 1989

[4.9] Hall, K. M.: An r-dimensional Quadratic Placement Algorithm. Management Science, 17, 219-229, Nov. 1970

[4.10] Hauge, P. S.; Nair, R.; Yoffa, E. J.: Circuit Placement for Predictable Performance. Proc. International Conf. on CAD (IC-CAD), S. 88-91, 1987. Auch in: Nair, R. et al.: Generation of Performance Constraints for Layout. IEEE Trans. on CAD, vol. 8, no. 8, 860-874, Aug. 1989

[4.11] Hopefield, J. J.; Tank, D. W.: Neuronal Computation of Decisions in Optimization Problems. Biological Cybernetics, 52, 141-152, 1985

[4.12] Jackson, M. A. B.; Kuh, E. S.: Performance-Driven Placement of Cell Based IC's. Proc. Design Automation Conf., 370-375, 1989

[4.13] Kohonen, T.: Self-Organized Formation of Topological Correct Feature Maps. Biological Cybernetics, vol. 43, 59-69, 1982.

[4.14] Koopmans, T. C; Beckmann, M. J.: Assignment Problems and the Location of Economic Activities. Econometrica, vol. 25, 53-76, 1957

[4.15] Kruskal, J. B.: On the Shortest Spanning Subtree of a Graph and the Traveling Salesman Problem. Proc. of the American Mathematical Society, vol. 7, no. 1, 48-50, 1956. Auch in: Aho, A. V.; Hopcroft, J.

E.; Ullman, J. D.: The Design and Analysis of Computer Algorithms. Addison-Wesley, Reading, MA, 1986

[4.16] Lienig, J.: Anwendung evolutionärer Algorithmen für den rechnergestützten Entwurf des Schaltungslayouts. Fortschritt-Berichte VDI, Reihe 20, Nr. 228. VDI-Verlag Düsseldorf, 1996

[4.17] Quinn, N. R.: The Placement Problem as Viewed from the Physics of Classical Mechanics. Proc. Design Automation Conf., 173-178, 1975

[4.18] Sait, S. M.; Youssef, H.: VLSI Physical Design Automation. World Scientific Publishing Co. Pte. Ltd., 1999, 2001

[4.19] Sarrafzadeh, M.; Wang, M.; Yang, X.: Modern Placement Techniques. Kluwer Academic Publishers, 2003

[4.20] Sechen, C.: Chip-Planning, Placement and Global Routing of Macro/Custom Cell Integrated Circuits Using Simulated Annealing. Proc. Design Automation Conf., 73-80, 1988

[4.21] Sechen, C.: VLSI Placement and Global Routing Using Simulated Annealing. Kluwer Academic Publishers, 1988

[4.22] Sechen, C.; Sangiovanni-Vincentelli, A. L.: TimberWolf3.2: A New Standard Cell Placement and Global Routing Package. Proc. Design Automation Conf., 432-439, 1986

[4.23] Shahookar, K.; Mazumder, P.: VLSI Cell Placement Techniques. ACM Computing Surveys, vol. 23, no. 2, 143-220, June 1991

[4.24] Tsay, R.; Kuh, E.; Hsu, C.: PROUD: A Sea-of-Gates Placement Algorithm. IEEE Design & Test of Computers, 44-56, 1988

[4.25] Youssef, H.; Lin, R.-B.; Shragowitz, E.: Bounds on Net Delays for VLSI Circuits. IEEE Transactions on Circuits and Systems – II, vol. 39, no. 11, 815-824, Oct. 1992

[4.26] Yu, M. L.: A Study of the Applicability of Hopefield Decision Neural Nets to VLSI CAD. Proc. Design Automation Conf., 412-417, 1989

[4.27] Zhang, Ch.-X.: VLSI-Plazierung mit neuronalen Lernalgorithmen. Fortschritt-Berichte VDI, Reihe 9, Nr. 133. VDI-Verlag Düsseldorf, 1992

Kapitel 5

Globalverdrahtung

5

5

5 Globalverdrahtung

5.1 Einführung

▶ 5.1.1 Allgemeines Verdrahtungsproblem

Nach der Platzierung der Zellen u.a. Schaltungselemente erfolgt die Bestimmung der konkreten Verdrahtungsanordnung entsprechend der in der Netzliste festgelegten Zuordnung der Netze zu den Pinanschlüssen. Das allgemeine Verdrahtungsproblem lässt sich folgendermaßen definieren:

Bei der Verdrahtung sind alle Zellen- bzw. Bauelementeanschlüsse gleichen Potentials, die also zu einem Netz gehören, miteinander zu verbinden. Dies beinhaltet das Festlegen von Verdrahtungswegen sowie die Zuordnung der Leiterzugsegmente zu Verdrahtungsebenen. Dabei müssen Randbedingungen (z.B. Kreuzungsfreiheit) eingehalten werden, und die Optimierung von Zielfunktionen (z.B. minimale Verbindungslänge) ist anzustreben.

Abb. 5.1 verdeutlicht dies an einem Beispiel.

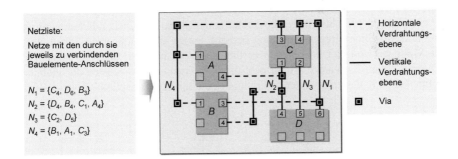

Abb. 5.1 Beispiel einer Verdrahtungsaufgabe, bei der die in der Netzliste enthaltenen Verbindungsinformationen in konkrete Verdrahtungswege umgesetzt werden (2-Ebenen-Verdrahtung).

Erste automatische Verdrahtungswerkzeuge, sog. Router, wurden für Leiterplatten entwickelt. Heutiges Hauptanwendungsgebiet ist jedoch der Schaltkreisentwurf, da bei ihm aufgrund der Größe mit teilweise Millionen von Netzen und der damit verbundenen Komplexität des Verdrahtungsproblems die manuelle Verdrahtung von vornherein ausscheidet.

Abb. 5.2 gibt sowohl einen Überblick über unterschiedliche Verdrahtungsverfahren, wie sie im Laufe der letzten 40 Jahre für verschiedene Einsatzbereiche entwickelt wurden, als auch deren Zuordnung zu den einzelnen Kapiteln dieses Buches.

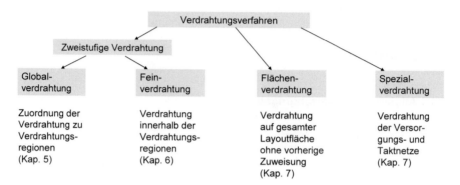

Abb. 5.2 Einteilung von Verdrahtungsverfahren und ihre Kapitelzuordnung.

► 5.1.2 Globalverdrahtung

Die bereits genannte Komplexität der Aufgabenstellung verhindert, dass man beim Schaltkreisentwurf nach der Platzierung sofort eine detaillierte Verdrahtung durchführen kann. Hier wird die Verdrahtung in zwei Schritte, die Globalverdrahtung (Global routing) und die Feinverdrahtung (Detailed routing), aufgespalten (Abb. 5.3). Da bei der Globalverdrahtung nur eine grobe Zuordnung der Netze auf die einzelnen Verdrahtungsbereiche erfolgt und sich die anschließende Feinverdrahtung ausschließlich dieser Zuordnung bedient, lassen sich damit auch Schaltungen mit Millionen von Netzen effektiv verdrahten. Wie auch bei anderen sequentiell abzuarbeitenden Entwurfsschritten geht diese Aufspaltung auf Kosten der globalen Optimalität, d.h. das zu erwartende Ergebnis kann nur von suboptimaler Natur sein.

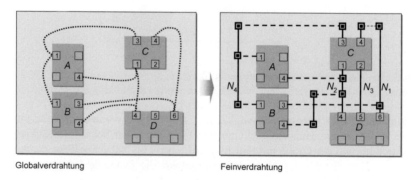

Abb. 5.3 Aufspaltung einer Verdrahtungsaufgabe in Global- und Feinverdrahtung.

Es sei angemerkt, dass eine Trennung in Global- und Feinverdrahtung bei den meisten Leiterplatten-Verdrahtungsprogrammen nicht üblich ist, d.h. hier wird in der Regel jedes Netz sofort detailliert verdrahtet (s. Flächenverdrahtung in Kap. 7).

Bei der Globalverdrahtung werden ungefähre Verbindungswege auf einer Layoutoberfläche festgelegt. Dies geschieht meist durch Zuweisung der Netzsegmente in sog. Verdrahtungsregionen unter Berücksichtigung der jeweiligen Verdrahtungskapazitäten dieser Regionen.

Die genaue Zuordnung der Verdrahtungswege zu konkreten Koordinaten und damit zu einer detaillierten Wegführung erfolgt in der Feinverdrahtung (s. Kap. 6).

Vor Beginn der Globalverdrahtung sind folgende Aufgaben zu lösen:

— **Festlegen der Netzreihenfolge**, d.h. in welcher Folge werden die Netze global verdrahtet?

— **Festlegen der Anschlussfolge** innerhalb eines Netzes, d.h. in welcher Folge werden die einzelnen Pins eines Netzes miteinander verbunden?

Diese Aufgaben resultieren aus der Sequentialität der Verdrahtungsdurchführung, d.h. Netze lassen sich aufgrund ihrer Vielzahl oft nur nacheinander verdrahten. Auch die einzelnen Pinanschlüsse eines Netzes werden bei den meisten Verdrahtungsalgorithmen sequentiell berücksichtigt. Unbedingt zu beachten ist, dass die Lösungsqualität dieser Teilaufgaben großen Einfluss auf das zu erwartende Verdrahtungsergebnis hat.

Zur Bestimmung der Netzreihenfolge zieht man oft Netzkriterien heran, die jedem Netz eine bestimmte Netzwichtung (auch als „Criticality" oder Netzgewicht bezeichnet) zuordnen. Auch können hier weitere Kriterien, wie z.B. die Anschlussanzahl oder -positionen, berücksichtigt werden.

Zum Festlegen der Anschlussfolge innerhalb eines Netzes werden entweder Steinerbaum-basierte Algorithmen verwendet (z.B. Steinerbaum-Verdrahtung, s. Kap. 5.6.1), oder man geht von geometrischen Kriterien aus. Beispielsweise lassen sich die einzelnen Anschlüsse nach aufsteigenden x-Koordinaten ordnen und dann in dieser Reihenfolge anschließen.

5.2 Begriffsbestimmungen

Verdrahtungsregion (Routing region): Die Zuordnung von Netzen bei der Globalverdrahtung erfolgt in sog. Verdrahtungsregionen. Diese werden aus einer Aufteilung des Layouts in Regionen gebildet, die gröber als das zugrunde liegende Layoutraster sind. Die Grenzen dieser Verdrahtungsregionen können dabei gleichmäßig über das Layout gelegt werden (Aufteilung in gleichgroße Gebiete, sog. „Tiles") oder können sich nach Zellenkanten bzw. Pinanschlüssen richten. Im letzteren Fall bezeichnet man die Verdrahtungsregionen als Kanäle oder Switchboxen.

Kanal (Channel): Sind die Verdrahtungsregionen an zwei Seiten von Zellen- bzw. Bauelementekanten begrenzt, spricht man von Kanälen. Ein Kanal hat damit immer an zwei gegenüberliegenden Seiten Pinpositionen der in ihm zu verlegenden Netze. Insbesondere beim Standardzellen-Entwurf mit wenigen Verdrahtungsebenen werden Kanäle angewendet. Bei ihnen unterscheidet man oft zwischen horizontalen (horizontale Hauptverdrahtungsrichtung, Pinanschlüsse „oben" und „unten") und vertikalen Kanälen (vertikale Hauptverdrahtungsrichtung, Pinanschlüsse „rechts" und „links").

Die **Kapazität (Capacity)** eines Kanals in seiner jeweiligen Verdrahtungsrichtung ergibt sich aus der sog. Spuranzahl. Diese wird aus dem Quotienten aus der Höhe h des Kanals und dem Leiterzugmittelabstand, dem Pitch d_{pitch}, ermittelt, wobei d_{pitch} der Summe von Leiterzug- bzw. Viabreite und minimalem Leiterzugabstand entspricht (Abb. 5.4). Unter der Annahme einer Mehrlagenverdrahtung in der jeweiligen Verdrahtungsrichtung des Kanals mit n_{layer} Ebenen lässt sich die Kanalkapazität c_{tracks} wie folgt berechnen:

$$c_{tracks} = \frac{n_{layer} \cdot h}{d_{pitch}}.$$

Hinweis: Da der Abstand der am unteren und oberen Rand liegenden Netzsegmente von den Standardzellen jeweils oftmals auch dem Leiterzugmittelabstand d_{pitch} entspricht, ergibt sich in diesen Fällen die Kanalkapazität durch Rundung von c_{tracks} auf den nächst niedrigeren ganzzahligen Wert.

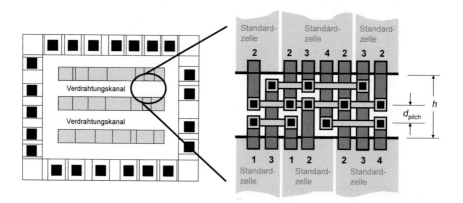

Abb. 5.4 Kanalverdrahtung in einem horizontalen Kanal.

Die Verdrahtungswege in Kanalrichtung werden als **Spuren (Tracks)** bezeichnet. Diese legen mit ihrer Anzahl die Höhe des Kanals fest. Senkrecht zu ihnen verlaufen die sog. **Spalten (Columns)**. Wichtig ist, dass alle Pins (Anschlüsse) auf diesen Spalten liegen, um sie überhaupt anschließen zu können. Bei der klassischen Standardzellenschaltung sind die Kanalhöhen flexibel, d.h. die Kanalkapazität wird den Erfordernissen der Verdrahtung angepasst.

Aufgrund der Zunahme der Anzahl von Verdrahtungsebenen verliert die Kanal-definition zunehmend an Bedeutung, da man ab der dritten Ebene nicht mehr an Zellenkanten gebunden ist (s. OTC-Verdrahtung in Kap. 6.7).

Switchbox: Der Kreuzungsbereich von horizontalen und vertikalen Kanälen wird als Switchbox bezeichnet (Abb. 5.5). Während Kanäle nur an zwei gegenüberlie-genden Seiten feste Anschlüsse besitzen (Pinanschlüsse), haben bei einer Switchbox alle vier Seiten definierte Anschlusspositionen (Kanalanschlüsse). Da damit die Switchbox-Größe festgelegt ist, sich also nicht wie beim Kanal „aufweiten" lässt, ergibt sich ein im Vergleich zur Kanalverdrahtung deutlich schwierigeres Verdrah-tungsproblem.

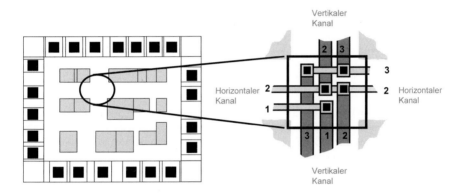

Abb. 5.5 Switchbox-Verdrahtung im Kreuzungsbereich von horizontalen und vertikalen Kanälen einer Makrozellenschaltung.

Die Verdrahtung einer Switchbox erfolgt meist im Anschluss an die Verdrahtung der sie begrenzenden Kanäle, da erst dann die Eintrittspositionen der Leiterzüge festgelegt werden.

Man unterscheidet heute oft zwischen **zweidimensionalen (2D) und dreidimensio-nalen (3D) Switchboxen**. Dies resultiert aus der Zunahme der Ebenen, denn über den Zellen (ab der dritten Ebene) ist die Anwendung der klassischen Switchbox-Definition nicht sinnvoll. Eine 2D-Switchbox ist an allen vier Seiten von Zellen umgeben und entspricht damit dem klassischen Switchbox-Modell. Sie kommt damit nur auf den Zellenebenen zum Einsatz (Abb. 5.6). Darüber liegende Switch-boxen (i.Allg. ab der dritten Ebene) sind 3D-Switchboxen. Diese haben Anschlüsse an allen sechs Seiten, also auch nach oben und unten. Die nach unten gehenden Anschlüsse dienen der Verbindung zu Kanälen und zu 2D-Switchboxen auf den Zellenebenen. Nach oben gehende Anschlüsse können notwendig sein, um spezielle Anschlussstellen auf der Schaltkreisoberfläche anzuschließen (z.B. Flip-Chip-Technik).

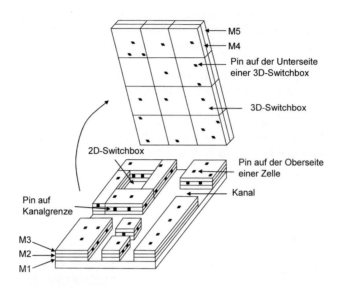

Abb. 5.6 Illustration von 2D- und 3D-Switchboxen in einem 5-Lagen-Prozess, wobei die Zellen bis zur Ebene M3 intern verdrahtet sind (nach [5.5]). In diesem Fall werden die Ebenen M1, M2, M3 zur Kanalverdrahtung und für 2D-Switchboxen genutzt. Die Ebenen M4 und M5 sind in 3D-Switchboxen gleicher Größe aufgeteilt.

T-Kreuzung (T-Junction): Bei ungleichmäßigen Layoutdarstellungen (z.B. beim Makrozellen-Entwurf) kann es zur Bildung von T-Kreuzungen kommen, bei denen ein vertikaler und ein horizontaler Kanal T-förmig zusammentreffen (Abb. 5.7).

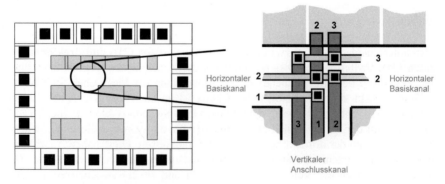

Abb. 5.7 Verdrahtung bei einer Makrozellen-Schaltung mit T-Kreuzung.

Der vertikale Anschlusskanal (Crosspiece channel) sollte aus folgenden zwei Gründen vor dem horizontalen Basiskanal (Base channel) verdrahtet werden:

— Zur Verdrahtung des horizontalen Basiskanals sind die Pininformationen an beiden Pinkanten erforderlich. Im Bereich der T-Kreuzung liegen diese jedoch erst vor, wenn der vertikale Anschlusskanal zuvor verdrahtet wurde.

— Die Breite des vertikalen Anschlusskanals ergibt sich erst nach dessen Verdrahtung. Diese Breite beeinflusst jedoch die Lage der Pinpositionen im Basiskanal.

5.3 Optimierungsziele   5.3

Bei der Globalverdrahtung werden i.Allg. zwei Teilziele angestrebt:
— Ermittlung, ob eine bestimmte Platzierung verdrahtbar ist,
— Zuordnung von Netzen zu den Verdrahtungsregionen.

Die der Globalverdrahtung zugrunde liegenden Verdrahtungsregionen haben in den meisten Fällen jeweils eine maximale horizontale und vertikale Kapazität entsprechend ihrer Größe und den ebenenspezifischen Entwurfsregeln. Durch Berücksichtigung dieser Aufnahmekapazität ist es möglich, die Verdrahtbarkeit einer Platzierung zeiteffektiv zu bestimmen und darüber hinaus eine Gleichverteilung der Verdrahtungsdichte anzustreben. Außerdem können so vorgegebene Verdrahtungskriterien, wie z.B. maximale Verbindungslängen kritischer Netze, eingehalten werden, indem man z.B. diese Netze bevorzugt auf kürzestem Weg verlegt. Da die nachfolgende Feinverdrahtung auf der Netzzuordnung zu Verdrahtungsregionen beruht, lassen sich mittels der Globalverdrahtung Netzwichtungen effektiv berücksichtigen.

▶ ## 5.3.1 Kundenspezifischer Entwurf

Verdrahtungsregionen sind beim kundenspezifischen Entwurf (Full-custom design) in unterschiedlichen Formen und Abmessungen gegeben und müssen daher zuerst in Kanäle und Switchboxen aufgeteilt werden (Channel definition problem). Auch ist festzulegen, in welcher Reihenfolge die einzelnen Verdrahtungsregionen zu verdrahten sind (Channel ordering problem).

Beispielsweise lassen sich die Aufteilung in Kanäle sowie deren Bearbeitungsreihenfolge durch Erstellen eines Schnittbaums aus der Layoutanordnung ermitteln (Abb. 5.8, s. auch Kap. 3.3). Die entsprechende Aufteilung und die Reihenfolge der Bearbeitung ergeben sich aus dem „Depth-First-Durchgang" durch den Schnittbaum. Hierbei wird, von der Wurzel beginnend, jeder Zweig des Baums bis zu seinen Blättern verfolgt. Jedoch werden den Knoten die entsprechenden Reihenfolge-Nummern erst im jeweiligen „Rückwärtsgang" zugewiesen, d.h. die Wurzel erhält den letzten Platz in der Rangfolge. Die Kanäle sind dann bei der Pinzuweisung bzw. Feinverdrahtung in dieser Reihenfolge abzuarbeiten.

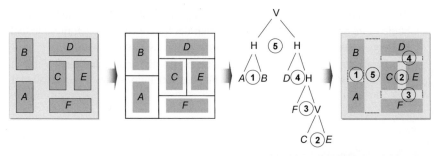

Abb. 5.8 Festlegen von Kanälen und deren Bearbeitungsreihenfolge mittels eines aus dem Layout erstellten Schnittbaums. Die Verdrahtungsreihenfolge der Kanäle ist durch die eingekreisten Ziffern 1 bis 5 angegeben, wobei diese mittels eines Depth-First-Durchgangs durch den Schnittbaum mit „rückwärts" zugewiesenen Reihenfolge-Nummern ermittelt werden.

Sollte das Layout nicht durch wiederholte vertikale und horizontale Teilung in einem Schnittbaum abbildbar sein, lässt sich das Verdrahtungsproblem nicht auf die Kanalverdrahtung begrenzen, d.h. es müssen auch Switchbox-Verdrahter eingesetzt werden.

Sind die Verdrahtungsregionen bestimmt und ist deren Abarbeitungsreihenfolge festgelegt, kann die eigentliche Globalverdrahtung durchgeführt werden. Die Aufgabe besteht dabei darin, die Netze auf die einzelnen Verdrahtungsregionen aufzuteilen, z.B. unter Nutzung einer Steinerbaum-Verdrahtung (s. Kap. 5.6.1), der Globalverdrahtung im Verbindungsgraphen (s. Kap. 5.6.2) oder der Wegsuche mit dem Dijkstra-Algorithmus (s. Kap. 5.6.3).

Verdrahtungsregionen können beim kundenspezifischen Entwurf eine flexible Ausdehnung haben, d.h. eine maximale Verdrahtungskapazität ist in diesen Fällen nicht vorgegeben. Wesentliches Zielkriterium ist dabei, neben einer *Minimierung der Gesamtverbindungslänge bzw. der Netzlänge des jeweils längsten Netzes*, die *Gleichverteilung der Verdrahtungsdichte*.

Sollten aufgrund von Platzierungsrestriktionen die Verdrahtungsregionen feste Kapazitätsgrenzen haben, so wird als ein weiteres Ziel die *Feststellung der Verdrahtbarkeit* angestrebt.

▶ 5.3.2 Standardzellen-Entwurf

Bei der Platzierung von Standardzellen werden die Positionen der Zellen in den einzelnen Standardzellenreihen sowie die Positionen und Kapazitäten der einzelnen Durchgangszellen (Feedthrough cells) festgelegt. Derartige Durchgangszellen erlauben die Durchleitung der Verdrahtung durch die Zellenreihen, stellen also Zellen dar, deren „oberes" und „unteres" Pin direkt miteinander verbunden sind (Abb. 5.9, s. auch Kap. 1.6.2). Weiterhin liegt nach der Platzierung fest, ob es neben diesen Zellen noch weitere Durchgangsmöglichkeiten durch die Standardzellen-Reihen gibt. Möglichkeiten hierfür sind sog. Durchgangsverbindungen (Feedthrough wires) innerhalb „regulärer" Standardzellen oder die Ausnutzung der Ebene(n) „oberhalb" der Standardzellen. Dagegen sind die Höhen der einzelnen Kanäle nicht vorgegeben, womit deren Verdrahtungskapazität variabel dem Bedarf anpassbar ist.

Sind sämtliche Durchquerungsmöglichkeiten der Standardzellenreihen in ihrer Anzahl fest vorgegeben, so ist die *Feststellung der Verdrahtbarkeit* des Standardzellen-Layouts ein Zielkriterium für die Globalverdrahtung.

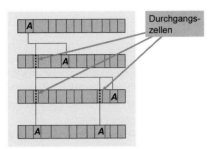

Abb. 5.9 Nutzung dreier Durchgangszellen zur Verbindung des Netzes *A*.

Sollten alle Anschlüsse eines Netzes an *einen* Kanal grenzen, lässt sich dieses Netz mittels der Feinverdrahtung (in diesem Fall durch die sog. Kanalverdrahtung) komplett in diesem Kanal verdrahten. Sofern ein Netz in mehreren Kanälen zu verlegen ist, besteht die Aufgabe der Globalverdrahtung darin, die *Netze auf die einzelnen Kanäle aufzuteilen*, so dass diese anschließend voneinander unabhängig verdrahtet werden können. Zur Aufteilung eines Netzes auf die Kanäle werden oft rektilineare Steinerbäume (s. Kap. 5.6.1) benutzt, deren Generierung die Zuordnung einzelner Netzsegmente auf die Kanäle ermöglicht (Abb. 5.10).

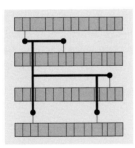   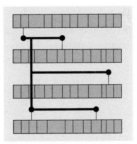

Steinerbaum mit minimaler
Verbindungslänge

Steinerbaum mit minimaler
Anzahl von Reihendurchquerungen

Abb. 5.10 Zwei Möglichkeiten der Aufteilung eines Netzes auf unterschiedliche Kanäle mittels eines rektilinearen Steinerbaums.

Die Gesamthöhe eines Standardzellenlayouts ergibt sich aus der Summe der Standardzellenhöhen pro Reihe und der einzelnen Kanalhöhen. Zur Minimierung dieser Layouthöhe ist eine *Minimierung der Kanalhöhen* anzustreben. Auch wenn die zur Verdrahtung benötigten Kanalhöhen im Wesentlichen durch die Platzierung der

Standardzellen festgelegt werden, so kann die Globalverdrahtung hierauf noch bedingt Einfluss nehmen. Beispielsweise lässt sich durch Ausnutzen der beiderseitigen Anschließbarkeit von Zellen festlegen, ob diese im Kanal „oberhalb" oder „unterhalb" zu verdrahten sind.

Weitere Zielkriterien sind oft eine *minimale Gesamtverbindungslänge* bzw. die *Minimierung der Netzlänge des jeweils längsten Netzes.*

▶ 5.3.3 Gate-Array-Entwurf

Beim Gate-Array-Entwuf sind die Zellengrößen sowie deren Einbauplätze und damit auch die Kanalkapazitäten fest vorgegeben. Somit ist das wesentliche Zielkriterium die *Feststellung der Verdrahtbarkeit* (Abb. 5.11) und, falls diese gegeben ist, die entsprechende *Zuweisung der Netze auf die Verdrahtungsregionen.*

Untergeordnete Zielkriterien sind oft eine *minimale Gesamtverbindungslänge* bzw. die *Minimierung der Netzlänge des jeweils längsten Netzes.*

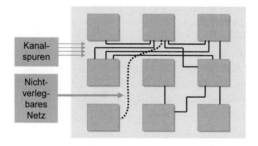

Abb. 5.11 Beispiel der eingeschränkten Verdrahtbarkeit eines Gate-Arrays, bei dem aufgrund einer maximalen horizontalen Kanalkapazität von vier Spuren ein Netz in der gegebenen Konfiguration nicht verdrahtet werden kann.

5.4   5.4 Abbildung von Verdrahtungsregionen

Um die Globalverdrahtung rechentechnisch effektiv durchführen zu können, werden Verdrahtungsregionen, d.h. Tiles, Kanäle oder Switchboxen, oft in einem Graphen abgebildet. Die Knoten stellen dabei die einzelnen Verdrahtungsregionen dar, wobei man diese in vielen Fällen mit Kapazitätsangaben versieht.

Die Verdrahtungsaufgabe besteht darin, einen Pfad im Graphen zu finden, der die Knoten bzw. Kanten verbindet, in welchen die jeweiligen Pinanschlüsse liegen. Der

Pfad kann dabei nur über solche Knoten gelegt werden, die noch eine entsprechend freie Verdrahtungskapazität besitzen.

Nachfolgend sind die drei am häufigsten benutzten Globalverdrahtungsmodelle dargestellt.

Kanal-Verbindungsgraph (Channel Connectivity Graph)
Gegeben sei ein Graph $G = (V, E)$, wobei jeder *Kanal* durch einen Knoten V repräsentiert wird. Eine Kante E zwischen zwei Knoten modelliert die Nachbarschaft der durch die Knoten repräsentierten Kanäle. Damit verbindet eine Kante zwei Knoten genau dann, wenn die durch diese Knoten repräsentierten Kanäle aneinander grenzen (Abb. 5.12). Den Knoten können Aufnahmekapazitäten zugeordnet werden, welche ihre Aufnahmefähigkeit für Netze, z.B. die Spuranzahl, angeben.

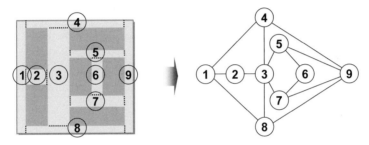

Abb. 5.12 Layout mit platzierten Zellen und der zugeordnete Kanal-Verbindungsgraph.

Switchbox-Verbindungsgraph (Bottleneck Graph, Channel Intersection Graph)
Gegeben sei ein Graph $G = (V, E)$, wobei die *Switchboxen* als Knoten V modelliert werden. Zwischen den Knoten befindet sich eine Kante E, wenn sich die Switchboxen auf gegenüberliegenden Seiten ein und desselben Kanals (horizontal oder vertikal) befinden. Zwei Knoten besitzen also eine Kante miteinander, wenn die durch sie repräsentierten Switchboxen mit einem Kanal verbunden sind (Abb. 5.13). Damit werden in diesem Modell sowohl horizontale als auch vertikale Kanäle als Kanten dargestellt.

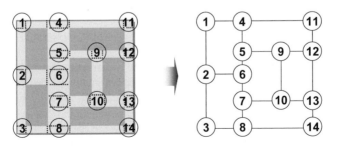

Abb. 5.13 Layout mit zugehörigem Switchbox-Verbindungsgraphen.

Gittergraph (Grid Graph Model)

Gegeben sei ein Graph $G = (V, E)$, wobei sog. globale Zellen, welche *gleichverteilte Layoutbereiche* darstellen, durch Knoten V und ihre Nachbarschaft durch Kanten E modelliert werden (Abb. 5.14). Die Aufnahmefähigkeit einer globalen Zelle lässt sich durch Zuordnung von k Kapazitätswerten zu den Knoten ausdrücken, wobei k die Anzahl der modellierten Ebenen repräsentiert. Beispielsweise geben die Kapazitätswerte (3,1) bei einer Zweiebenen-Struktur ($k = 2$) an, dass drei horizontale Spuren und eine vertikale Spur in dieser Zelle noch frei sind.

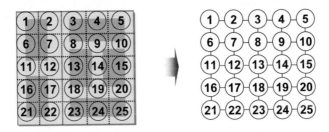

Abb. 5.14 Layoutbeispiel mit Gittergraphen.

5.5 Ablauf der Globalverdrahtung

1. Schritt: Festlegung der Verdrahtungsregionen (Region definition)

In diesem Schritt wird die Layoutfläche in Verdrahtungsregionen aufgeteilt. Meist betrachtet man hierbei die Layoutflächen zwischen den Zellen und die Flächen über denselben, die sog. OTC-Flächen (Over-the-cell), gesondert. Wie bereits erwähnt, wird innerhalb der Zellenebenen oft in Kanäle und 2D-Switchboxen unterteilt, während man oberhalb dieser Ebenen in gleichgroße Tiles, d.h. 3D-Switchboxen, aufteilt (s. Abb. 5.6). Alternativ können auf den zuletzt genannten Ebenen auch Zellenbegrenzungen übernommen werden.

Die Verdrahtungsregionen werden in einem Graphen abgebildet (s. Kap. 5.4), in dem dann die eigentliche Netzzuweisung (2. Schritt) stattfindet.

2. Schritt: Zuordnung der Netze zu den Verdrahtungsregionen (Region assignment)

Jede Verdrahtungsregion besitzt eine bestimmte Verdrahtungskapazität, d.h. Aufnahmefähigkeit für Netze. Darauf basierend wird im zweiten Schritt festgelegt, in welchen Verdrahtungsregionen die Netze zu verlegen sind. Dabei lassen sich Randbedingungen berücksichtigen, wie z.B. die Signallaufzeiten und die Gleichverteilung der Netze. Letztere Bedingung verhindert unter anderem das vorschnelle Füllen von Verdrahtungsregionen, die sich bei fortgeschrittener Verdrahtung als problematisch erweisen. Durch einen Belegungsfaktor, der mit der Auslastung einer Verdrahtungsregion anwächst und so mit steigendem „Druck" Umwege erzwingt, kann eine wirksame Steuerung der Belegung erreicht werden.

Bei variablen Layoutabmessungen, wie z.B. beim Standardzellenlayout, bei dem sich Kanäle in ihrer vertikalen Abmessung der Netzbelegung anpassen, spielt die Verdrahtungskapazität nur eine untergeordnete Rolle. Hier geht es hauptsächlich um eine Gleichverteilung der Verdrahtungsdichte sowohl zwischen den Kanälen als auch innerhalb eines Kanals.

3. Schritt: Anschluss-Zuweisung (Pin assignment)

In diesem Schritt werden jedem Netz, das in einer Verdrahtungsregion vorhanden ist, konkrete Anschlusspositionen auf dem Rand dieser Region zugewiesen. Nach der Anschluss-Zuweisung lässt sich für jede Region unabhängig von den anderen die Feinverdrahtung (s. Kap. 6) durchführen. Gerade bei komplexen Layouts mit Millionen von Gattern ist diese parallele Vorgehensweise angebracht.

Die Anschluss-Zuweisung setzt eine zuvor festgelegte Abfolge von Abhängigkeiten der Verdrahtungsregionen voraus, also der Reihenfolge, in der die einzelnen Regionen zu verdrahten sind (s. Kap. 5.3.1). Beispielsweise ist es oft notwendig, die an eine Switchbox grenzenden Kanäle in ihren Anschlusspositionen zuerst festzulegen und diese Positionen dann für die nachfolgend zu verdrahtende Switchbox zu übernehmen.

Bei einigen Entwurfssystemen entfällt die Anschlusszuweisung während der Globalverdrahtung, da sie Bestandteil der Feinverdrahtung ist. Bei dieser werden dann entweder mehrere Verdrahtungsregionen eines Netzes gemeinsam betrachtet oder man geht ohnehin netz- bzw. kanalweise vor.

5.6 Algorithmen für die Globalverdrahtung   5.6

Algorithmen für die Globalverdrahtung lassen sich u.a. in vier Gruppen einteilen:

–   **Sequentielle Netzbetrachtung**, wie z.B. Steinerbaum-Verdrahtung, Globalverdrahtung im Verbindungsgraphen und mittels des Dijkstra-Algorithmus, bei denen die Netze nacheinander verdrahtet werden.

–   **Parallele Netzbetrachtung** durch hierarchische Aufteilung (Hierarchical decomposition) des Layouts in sukzessive immer kleinere „Quadranten". In jedem Schritt erfolgt eine Zuweisung der Netze auf diese Regionen. Bei dieser Vorgehensweise ist die Parallelbearbeitung von Netzen möglich, es entfällt also die Sortierung der Netzreihenfolge bzw. die Aufteilung in 2-Punkt-Verbindungen.

–   **Numerische Methoden**, bei denen das Globalverdrahtungsproblem in Form eines Gleichungssystems abgebildet wird. Damit lassen sich jeweils sämtliche Verdrahtungswege eines Netzes betrachten.

–   **Stochastische Wegsuche-Algorithmen**, wie z.B. Simulated Annealing und evolutionäre Algorithmen.

Nachfolgend werden Algorithmen mit sequentieller Netzbetrachtung (erster Anstrich) detaillierter vorgestellt.

▶ 5.6.1 Steinerbaum-Verdrahtung

a) Vorbemerkungen
Aufgrund des sequentiellen Charakters der meisten Algorithmen zur Feinverdrahtung ist es erforderlich, ein Multi-Pin-Netz in *nacheinander* zu verbindende Netzsegmente aufzuteilen. Diese Netzaufteilung sollte vor Anwendung der Feinverdrahtung gelöst sein und ist damit meist Bestandteil der Globalverdrahtung. Dabei ist zu beachten, dass die am Ende vorliegenden Verdrahtungsergebnisse stark von der Qualität dieser Aufteilung abhängen.

Zur Lösung dieses Problems sind minimale rektilineare Steinerbäume geeignet, welche alle Anschlusspunkte eines Netzes unter Einschluss von Zusatzpunkten, sog. Steinerpunkten, derart verbinden, dass die einzelnen Netzsegmente bezüglich der gesamten Netzlänge optimiert sind. Gleichzeitig werden die Netzsegmente einzelnen Verdrahtungsregionen zugeordnet.

Rektilinearer Steinerbaum
Gegeben seien die p Pins eines Netzes auf einem horizontalen und vertikalen Raster. Ein Rasterbaum heißt rektilinearer Steinerbaum (RST), wenn er alle p Pins und beliebig viele Rasterpunkte als Knoten enthält. Knoten des RST, die nicht Pins des Netzes sind, heißen Steinerknoten.

Ein RST mit minimaler Kantenlänge wird als minimaler rektilinearer Steinerbaum (MRST) bezeichnet. Folgende Eigenschaften zeichnen einen MRST aus:
- Die Anzahl s der Steinerknoten ist $0 \leq s \leq p\text{-}2$ (p Anzahl der Pinknoten).
- Der Knotengrad von Pinknoten ist 1, 2, 3 oder 4, der Knotengrad von Steinerknoten ist 3 oder 4.
- Der MRST eines Netzes liegt stets innerhalb des minimal umschließenden Rechtecks (Minimum rectangle, MR) sämtlicher Pins dieses Netzes.
- Die Länge des MRST (L_{MRST}) kann nicht kleiner sein als die Länge des halben Umfanges des umschließenden Rechtecks (L_{MR}), d.h. es gilt $L_{MRST} \geq L_{MR}$.

Die Pinanschlüsse eines Netzes lassen sich grundsätzlich mittels eines Spannbaums darstellen (s. auch Kap. 1.13). Zur Abbildung einer realistischeren Verdrahtungsstruktur ist es jedoch sinnvoll, diesen in einen Steinerbaum zu überführen, da Steinerpunkte Bestandteile verdrahteter Mehrpunktnetze sind.

Spannbäume und Steinerbäume
- Bei einem rektilinearen Spannbaum (Rectilinear spanning tree) sind alle Anschlusspunkte rektilinear miteinander verbunden, ohne dass Steinerpunkte vorliegen. Sind seine Kanten nach minimaler Gesamtverbindungslänge optimiert, spricht man von einem minimalen rektilinearen Spannbaum. Dieser lässt sich in polynomischer Zeit, also optimal, berechnen.

- Es kann gezeigt werden, dass ein derartiger minimaler rektilinearer Spannbaum maximal 50% länger ist als der entsprechende minimale rektilineare Steinerbaum.

- Es existieren eine Vielzahl von Heuristiken, die aus einem minimalen rektilinearen Spannbaum einen minimalen rektilinearen Steinerbaum erzeugen (s. Beispiel).

Beispiel der Überführung eines Spannbaums in einen Steinerbaum (nach [5.2])

Die Überführung beruht darauf, dass zwei Punkte im Spannbaum mit unterschiedlichen x- und y-Koordinaten immer durch zwei mögliche L-Formen verbunden werden können. Das „Kippen" von L-Formen ermöglicht das Zusammenfassen von Netzsegmenten und damit die Verkürzung der Gesamtverbindungslänge durch die Einführung von Steinerpunkten.

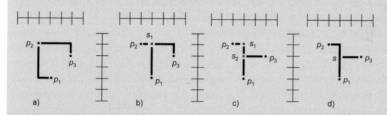

Das Beispiel illustriert die Umwandlung eines Spannbaums in einen Steinerbaum mit drei Anschlusspunkten mittels Kippen und Zusammenfassen von Netzsegmenten. Abb. (a) zeigt den originalen Spannbaum, der erste Steinerpunkt s_1 wird in (b) erzeugt durch Kippen der L-Verbindung zwischen p_1 und p_2. Dieser Steinerpunkt ist überflüssig nach Kippen der Verbindung zwischen p_2 und p_3 in (c), womit ein optimaler Steinerbaum erzeugt werden konnte (d).

Hanan-Punkte

Anhand der bisherigen Ausführungen wird deutlich, dass zum Erzeugen eines minimalen Steinerbaums aus einem Spannbaum Steinerpunkte einzuführen sind, welche die Gesamtverbindungslänge verkürzen. *Hanan* [5.3] zeigte 1966, dass Steinerpunkte eines minimalen rektilinearen Steinerbaumes ausschließlich auf den Kreuzungspunkten der Gitterlinien liegen, die von den Anschlusspunkten gebildet werden (Abb. 5.15). Damit lassen sich alle weiteren Positionsmöglichkeiten von Steinerpunkten ignorieren, was die Suche nach dem minimalen Steinerbaum deutlich erleichtert. Die Punkte, die damit als Steinerpunkte in Frage kommen, werden als Hanan-Punkte (Hanan points) bezeichnet.

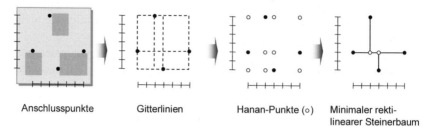

Abb. 5.15 Bestimmen von Hanan-Punkten mittels Kreuzungen der Gitterlinien, auf denen die Anschlüsse liegen, und ihre Nutzung als Steinerpunkte.

b) Festlegung der Verdrahtungsregionen

Für die Globalverdrahtung mittels Steinerbäumen ist es sinnvoll, das Layout mit einem Grobraster zu überziehen, d.h. dieses entsprechend dem in Kap. 5.4 vorgestellten Gittergraph-Modell durch globale Zellen abzubilden.

Beim Beispiel einer Standardzellenschaltung liegen die horizontalen Gitterlinien in den Mittellinien der Zellenreihen; aufgrund der Unbestimmtheit der Kanalhöhen ist ihr Abstand nicht definiert. Die vertikalen Gitterlinien sollten so gewählt werden, dass ihr Abstand ungefähr dem geschätzten der horizontalen Linien entspricht. Für alle Anschlusspunkte innerhalb einer globalen Zelle gilt, dass sie identische Koordinaten haben, d.h. ihre Positionen beispielsweise im Zellenmittelpunkt angenommen werden (Abb. 5.16).

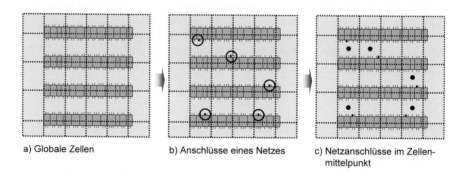

Abb. 5.16 Globale Zellen beim Standardzellen-Layout (a) und die Anordnung von Netzanschlüssen innerhalb dieser Zellen zur Steinerbaum-Erzeugung (b, c).

c) Algorithmus zur Steinerbaum-Erzeugung

Nachfolgend ist ein einfacher Steinerbaum-Algorithmus angegeben, bei dem mittels der sequentiellen Einbeziehung von Pin- und Hanan-Punkten ein minimaler rektilinearer Steinerbaum aufgebaut wird. Dieser Algorithmus findet einen optimalen Steinerbaum bei bis zu vier Netzanschlüssen, bei mehr als vier Anschlüssen ist das Ergebnis von suboptimaler Qualität.

Sequentieller Steinerbaum-Algorithmus

1. Ermitteln des Anschlusspaars mit minimalem Manhattan (M)-Abstand und Erzeugung des minimal umschreibenden Rechtecks (MR), d.h. Generierung von (höchstens) zwei alternativen minimalen rektilinearen Steinerbäumen (MRST).

2. Bestimmen des Anschlusses mit minimalem M-Abstand zur aktuellen MRST-Menge, Verbinden dieses Anschlusses durch minimale M-Pfade auf dem MR (es gibt höchstens zwei).

3. Falls der in Schritt 2 erzeugte M-Pfad im Steinerknoten einer von zwei MRST-Alternativen endet, Löschen der anderen (Eliminierung einer Masche im Graphen der MRST-Menge).

4. Falls noch nicht alle Anschlüsse abgearbeitet sind: Wenn mehr als zwei Maschen existieren, Löschen von willkürlich einer MRST-Alternative und weiter mit Schritt 2. Andernfalls, d.h. alle Anschlüsse wurden abgearbeitet, Eliminieren aller noch vorhandenen Maschen durch Löschen je einer MRST-Alternative. ENDE.

Beispiel
Sequentieller
Steinerbaum-Algorithmus

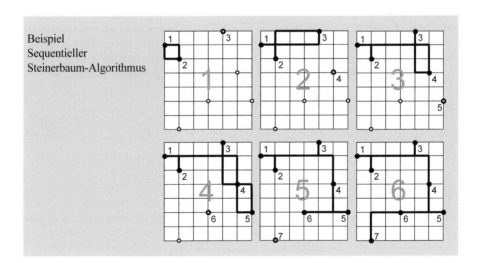

d) Netzzuordnung zu den Verdrahtungsregionen

Nach der Steinerbaum-Generierung erfolgt die Zuordnung der Netze auf die einzelnen Verdrahtungsregionen. Die Netzsegmente werden dabei den Regionen zugeordnet, durch welche die einzelnen Steinerbaum-Abschnitte führen (Abb. 5.17). Dabei sollten die Kapazitäten dieser Regionen und mögliche Engpässe, wie Durchgangszellen bei Standardzellen-Schaltungen, berücksichtigt werden.

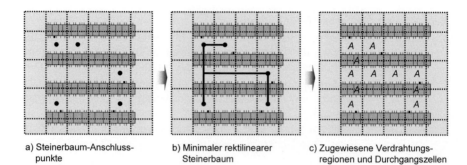

a) Steinerbaum-Anschluss-
punkte

b) Minimaler rektilinearer
Steinerbaum

c) Zugewiesene Verdrahtungsregionen und Durchgangszellen

Abb. 5.17 Für ein Netz *A* erfolgte Steinerbaumerzeugung und Zuordnung der Segmente zu den Verdrahtungsregionen (s. auch Abb. 5.16).

▶ **5.6.2 Globalverdrahtung im Verbindungsgraphen**

Die Globalverdrahtung im Verbindungsgraphen beruht auf einem Kanalmodell, welches von *Rothermel* und *Mlynski* 1983 veröffentlicht wurde [5.4]. Dieses Modell vereinigt die in Kap. 5.4 vorgestellten Kanal- und Switchbox-Verbindungsgraphen. Es berücksichtigt ungleichförmige Zellen bzw. Bauelemente, so dass es insbesondere für den kundenspezifischen Entwurf sowie für Multichip-Module geeignet ist.

a) Festlegung der Verdrahtungsregionen
Die Verdrahtungsregionen werden durch Verlängerung der Zellen- bzw. Bauelementekanten gebildet. Damit umfassen sie sowohl horizontale als auch vertikale Verdrahtungsgebiete (Abb. 5.18).

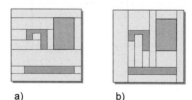

a)   b)   c)

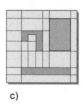

Abb. 5.18 Durch Verlängerung der horizontalen (a) und vertikalen Zellenkanten (b) wird ein zweidimensionales Kanalmodell (c) erzeugt.

b) Abbildung der Verdrahtungsregionen in einem Graphen
Die so entstandenen Verdrahtungsgebiete werden in einem gewichteten Verbindungsgraphen (Connectivity graph) modelliert. Knoten in diesem Graphen entsprechen Verdrahtungsregionen, Kanten bilden Nachbarschaftsverhältnisse ab (Abb. 5.19). Eine Kante verbindet damit immer zwei aneinander grenzende Verdrahtungsregionen. Jeder Knoten enthält Kapazitätswerte der durch ihn repräsentierten Ebenen. Eine Zweiebenen-Verdrahtung besitzt damit zwei Kapazitätswerte pro Knoten, wobei der erste Wert die horizontale Kapazität (maximale Anzahl horizontal verlaufender Verbindungen in der Verdrahtungsregion, d.h. die Verdrahtungshöhe der Region) und der zweite Wert die vertikale Kapazität (maximale Anzahl vertikal verlaufender Verbindungen, d.h. die Verdrahtungsbreite der Region) angibt.

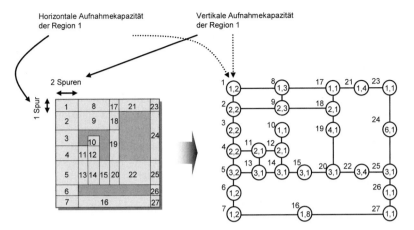

Abb. 5.19 Abbildung der einzelnen Verdrahtungsregionen in einem Verbindungsgraphen, wobei jeder Knoten die Kapazitätswerte der durch ihn repräsentierten Region enthält.

c) Festlegung der Verdrahtungsreihenfolge der Netze

Vor der eigentlichen Globalverdrahtung werden die Netze nach bestimmten Kriterien in ihrer Verdrahtungsreihenfolge geordnet. Kriterien können dabei die Anzahl der Netzanschlüsse (z.B. höhere Wichtung für Netze mit vielen Anschlüssen), die Größe des umschließenden Rechtecks der Anschlüsse, d.h. die geschätzte Netzlänge (z.B. höhere Wichtung für Netze mit großer Netzlänge), oder eine nach elektrischen Eigenschaften durchgeführte Reihenfolge-Sortierung der Netze sein.

d) Reservierung der Anschlussregionen

Nachdem sämtliche Netze entsprechend ihrer Verdrahtungsreihenfolge geordnet sind, wird für jeden Netzanschluss der entsprechende Anschlusskanal sowohl in horizontaler als auch in vertikaler Richtung reserviert. Dies ist notwendig, da jeder Anschluss zuerst senkrecht zur Zellenkante und danach rechtwinklig von dieser Verbindung abgeführt werden muss.

Diese Reservierung verfolgt zwei Ziele:

— Es wird schon *vor* der eigentlichen Globalverdrahtung festgestellt, ob eine vorgegebene Platzierung überhaupt verdrahtbar (oder besser: anschließbar) ist. Sollten bereits hier Spuren fehlen, so lässt sich dieses Problem oft durch Spurerhöhung mittels „Auseinanderrücken" von Zellen/Bauelementen beseitigen.

— Durch Reservierung vor der eigentlichen Globalverdrahtung wird verhindert, dass die zuerst verdrahteten Netze später zu nutzende Anschlusskanäle blockieren. Stattdessen sind diese Kanäle rechtzeitig reserviert und auch die zuerst verlegten Netze werden bei entsprechender Notwendigkeit von vornherein auf Umwegen verdrahtet.

e) Globalverdrahtung jedes Netzes

Entsprechend der zuvor festgelegten Verdrahtungsreihenfolge wird für jedes Netz ein Weg im Verbindungsgraphen gesucht. Folgende Schritte kommen dabei zur Anwendung:

1. Aufsplittung des Netzes in 2-Punkt-Verbindungen, z.B. durch Sortieren der Anschlüsse nach aufsteigenden x-Koordinaten. Festlegung der Anschlussfolge, wobei die Verdrahtung von einem noch nicht verdrahteten Punkt zu dem bereits verdrahteten Teilnetz (Zielstrang) erfolgt, um den Anschluss durch Steinerpunkte zu ermöglichen.

2. Wegsuche im Verbindungsgraphen vom Start- zum Zielpunkt bzw. Zielstrang unter Beachtung der aktuellen Verdrahtungskapazität der einzelnen Verdrahtungsregionen. „Straffaktoren" beeinflussen dabei die Nutzung von fast aufgebrauchten Regionen, z.B. durch Weglängenbeeinflussung, um Umwege mit steigender Wichtung attraktiv werden zu lassen. Die Wegsuche erfolgt mittels eines Raster-Verdrahters, z.B. des Lee-Algorithmus (s. Kap. 7).

3. Sobald ein Weg gefunden ist, wird die entsprechende Nutzung von horizontalen und vertikalen Verdrahtungsressourcen in den Regionen durch Verminderung dieser Werte im Verbindungsgraphen berücksichtigt, bevor mit der nächsten 2-Punkt-Verbindung bzw. dem nächsten Netz fortgefahren wird. Es ist zu beachten, dass immer nur die entsprechende Richtung in ihrem Kapazitätswert dekrementiert wird, d.h. eine ausschließlich vertikale Spurbelegung verändert nicht die horizontale Aufnahmekapazität dieser Region.

f) Algorithmus

Globalverdrahtung im Verbindungsgraphen

1. Festlegen der Verdrahtungsregionen und Abbildung in einem Verbindungsgraphen

2. Festlegen der Netzreihenfolge

3. Anschluss-Reservierung für alle Netze

4. Netzauswahl und Globalverdrahtung dieses Netzes:
   a) Aufheben der Anschluss-Reservierungen
   b) Auswahl einer zu verdrahtenden 2-Punkt-Verbindung
   c) Suchen des kürzesten Pfads im Verbindungsgraphen. ABBRUCH, falls kein Weg existiert, sonst weiter mit Schritt d
   d) Aktualisierung der Verdrahtungskapazitäten entsprechend der durch den Pfad benötigten Ressourcen
   e) Falls noch nicht alle Pins des Netzes abgearbeitet sind, weiter mit Schritt b

5. Falls noch nicht alle Netze verdrahtet sind, weiter mit Schritt 4, sonst ENDE.

g) Beispiele

Beispiel 1: Globalverdrahtung im Verbindungsgraphen

Zwei Netze A-A und B-B sind zu verbinden (a). Der Verbindungsgraph dieser Schaltung ist in (b) dargestellt (Hinweis: Auf die Reservierung der Anschlussregionen wurde in diesem Beispiel verzichtet). Nach der Globalverdrahtung von A-A (c) ergibt sich der in (d) dargestellte Verbindungsgraph mit den jeweils um eins verringerten Kapazitätswerten der entsprechenden Regionen. Die Verdrahtung von *B-B* erfolgt auf Umwegen (e, f), da die Verbindung *A-A* die horizontalen Kapazitäten der Regionen 5 und 6 erschöpft hat.

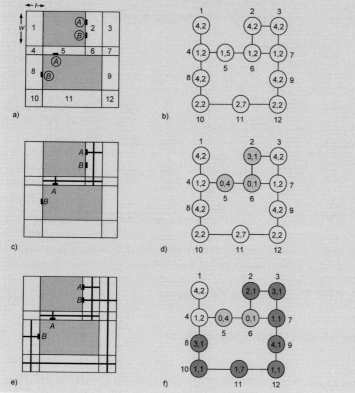

Beispiel 2: Feststellen der Verdrahtbarkeit

Ein wesentliches Einsatzgebiet der Globalverdrahtung im Verbindungsgraphen ist die schnelle Feststellung der Verdrahtbarkeit einer gegebenen Platzierung, z.B. innerhalb eines Platzierungsalgorithmus.

Gegeben seien die nachfolgend dargestellte Platzierungsanordnung und zwei zu verdrahtende Netze *A-A* und *B-B* sowie der Verbindungsgraph. Zu prüfen ist, ob diese Anordnung verdrahtet werden kann.

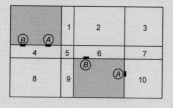
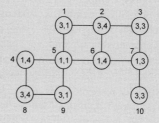

Lösung:

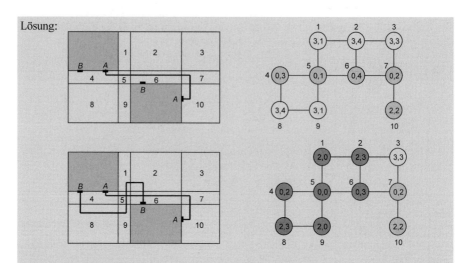

Nach Verdrahtung von *A-A* durch die Knoten 4-5-6-7-10 (kürzester Weg im Graphen) ist die horizontale Kapazität der Regionen 4, 5, 6, 7 erschöpft (obere Bilder). Eine Verdrahtung von *B-B* auf kürzestem Weg 4-5-6 würde negative Kapazitätswerte in diesen Regionen ergeben. Ein alternativer Weg von *B-B* über die Knoten 4-8-9-5-1-2-6 ist jedoch möglich. In den unteren Bildern sind der Verdrahtungsweg *B-B* sowie die aktualisierten Kapazitätswerte dargestellt. Damit ist diese Platzierungsanordnung verdrahtbar.

▶ **5.6.3 Wegsuche mit dem Dijkstra-Algorithmus**

a) Übersicht
Der Algorithmus von *Dijkstra* [5.1] ermöglicht die Suche im Graphen nach einem optimalen Weg gemäß beliebiger Wichtungskriterien. Um Wiederholungen zu den bisher genannten Algorithmen für die Globalverdrahtung zu vermeiden, beschränkt sich dieses Kapitel auf die Wegsuche im Graphen, d.h. die Abbildung der Schaltung usw. soll hier nicht noch einmal behandelt werden.

Wesentliches Merkmal des Dijkstra-Algorithmus ist eine eingeschränkte Einbeziehung der Knoten in die Wegsuche. Ein Knoten wird nur dann indiziert, wenn er kostenoptimal vom Startknoten aus erreicht wurde (Best-First-Search, s. Kap. 1.11).

Gegeben sei ein Graph mit den Wichtungskriterien w_1 und w_2 als **Kantenkosten** sowie ein Start- und ein Zielknoten. Die **Wegkosten** seien die Summe der Kantenkosten eines bestimmten Pfades im Graphen. Des Weiteren werden drei Mengen definiert. Die **Menge 1** enthält alle Knoten des Graphen, die im Verlauf der Wegsuche noch nicht untersucht wurden. Zur **Menge 2** gehören die Knoten, die man zwar schon untersucht hat, zu denen aber noch keine besten Wegkosten bezüglich der aufaddierten Kantenkosten w_1 und w_2 bekannt sind. (Mit anderen Worten, diese Knoten wurden hinsichtlich ihrer Wegkosten vom Startknoten ausgehend schon mindestens einmal berechnet, allerdings steht der Vergleich, ob sie auf kostenoptimalem Weg erreicht wurden, noch aus.) Die Knoten, zu denen beste Wegkosten bekannt sind, zu denen man also den kostenoptimalen Weg vom Startknoten aus bereits gefunden hat, befinden sich in der **Menge 3**.

Sobald der Zielknoten in der Menge 3 auftaucht, weiß man, dass der optimale Weg hinsichtlich der aufaddierten Kantenkosten w_1 und w_2 vom Start zum Ziel gefunden wurde. Damit ist als nächstes mittels eines Rückverfolgungsindex die Rückverfolgung durchzuführen. Dieser Index wird von Anfang an jedem Knoten in der Menge 2 und der Menge 3 zugeordnet und zeigt an, aus welcher Richtung diese Knoten indiziert wurden. Damit braucht man dann nur noch, vom Zielknoten ausgehend, den Weg über die in Menge 3 abgelegten Zwischenknoten „zurückzuverfolgen".

Der Vorteil dieses Verfahrens liegt darin, dass aus einer Menge von Wegen immer der bezüglich mehrerer Optimierungskriterien beste Weg gefunden wird. Diese Kriterien, welche als Kantenkosten w_1, w_2, … abzubilden sind, können neben der geometrischen Weglänge auch noch elektrische Parameter, Richtungskosten, Dichtefunktionen und vieles mehr sein.

b) Algorithmus

Dijkstra-Algorithmus

1. Der Startknoten wird in die Menge 3 eingeordnet und ist damit der aktuelle Knoten.

2. Ermittlung eines Nachfolgers (Nachbarn) des aktuellen Knotens.

3. Gehört der Nachfolgerknoten schon zur Menge 3, dann weiter mit Schritt 7.

4. Bestimmung der Wegkosten (z.B. w_1 und w_2) bis zum Nachfolgerknoten (Addition mit denen des aktuellen Knotens).

5. Ist der Nachfolgerknoten Element der Menge 1, Überführung desselben in die Menge 2 und weiter mit Schritt 7.

6. Der Nachfolgerknoten befindet sich bereits in der Menge 2, es sind also schon Wegkosten zum Nachfolgerknoten bekannt. Falls die neuen Wegkosten gemäß den Optimierungskriterien besser als die alten sind, werden die alten durch die neuen Wegkosten ersetzt; sonst sind die neuen wieder zu streichen.

7. Wenn noch weitere Nachfolger (Nachbarn) des aktuellen Knotens existieren, weiter mit Schritt 2.

8. Bestimmung eines Knotens aus der Menge 2, der die besten Wegkosten (z.B. w_1 und w_2) besitzt. Dieser Knoten geht in die Menge 3 über und stellt den neuen aktuellen Knoten dar.

9. Wenn der aktuelle Knoten nicht der Zielknoten ist, weiter mit Schritt 2; ansonsten ist der Zielknoten auf optimalem Weg (gemäß z.B. w_1 und w_2) erreicht.

10. Vom Zielknoten ausgehend, ist die Wegfindung innerhalb der Menge 3 mittels Rückverfolgungsindex durchzuführen. ENDE.

Der Suchvorgang wird damit erst abgebrochen, wenn der Zielknoten in die Menge 3, die Menge der Knoten mit den besten Wegkosten, aufgenommen wurde. Der Zielknoten kann vorher schon auf einem nichtoptimalen Weg erreicht worden sein, d.h. er tauchte in der Menge 2 auf, da sich der kostenminimale Weg nicht durch die geringste Anzahl von Kanten auszeichnen muss.

Der eigentliche Optimierungsprozess findet in den Schritten 6 und 8 statt. Dort erfolgt die Auswahl eines Knotens anhand von Optimierungskriterien, die die einzelnen Kantenkosten (Wegwichtungen) und ihre Wertigkeit untereinander umfassen.

c) Beispiel

Wegsuche im Graphen mittels des Dijkstra-Algorithmus

In der nebenstehenden Abbildung ist ein Graph mit den Kantenkosten w_1 und w_2 gegeben. Gesucht ist der kostenminimale Weg (Wegkosten $(\sum w_1 + \sum w_2)$ → min.) von V_s (Knoten 1) zu V_z (Knoten 8).

Nachstehende Tabellen verdeutlichen dazu die während der algorithmischen Abarbeitung vorhandenen Elemente der Mengen 2 und 3. Der Rückverfolgungsindex wird als „Himmelsrichtung", in der der Vorgängerknoten liegt, angegeben.

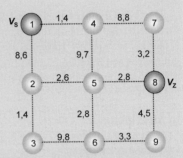

Schritt 1: Startknoten V_s wird in die Menge 3 eingeordnet

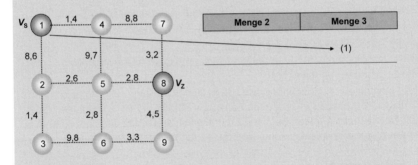

Iteration 1, Schritte 2 bis 9: Einordnen der Nachbarknoten des aktuellen Knotens (1) in Menge 2, Ermittlung des Knotens mit besten Wegkosten aus Menge 2 und Überführung desselben als neuen aktuellen Knoten in Menge 3

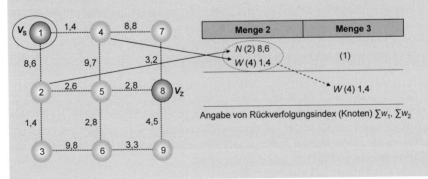

Iteration 2, Schritte 2 bis 9: Einordnen der Nachbarknoten des aktuellen Knotens (4) in Menge 2, Ermittlung des Knotens mit besten Wegkosten aus Menge 2 und Überführung desselben als neuen aktuellen Knoten in Menge 3

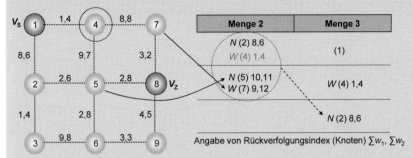

Iteration 3 bis 5: analog Iteration 2

Iteration 6, Schritte 2 bis 9: Einordnen der Nachbarknoten des aktuellen Knotens (7) in Menge 2, Knoten mit besten Wegkosten aus Menge 2 ist Zielknoten V_z, damit wurde Zielknoten auf kostenoptimalem Weg erreicht

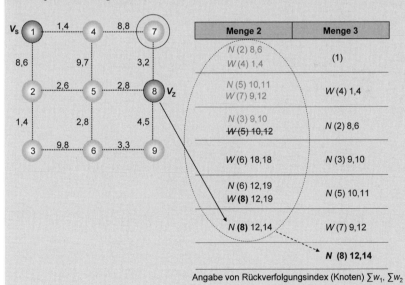

Schritt 10: Rückverfolgung, vom Zielknoten V_z ausgehend, mittels Rückverfolgungsindex

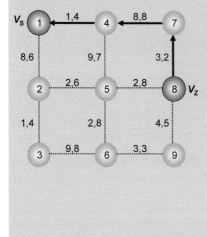

Menge 2	Menge 3
N (2) 8,6 W (4) 1,4	(1)
N (5) 10,11 W (7) 9,12	W (4) 1,4
N (3) 9,10 W (5) 10,12	N (2) 8,6
W (6) 18,18	N (3) 9,10
N (6) 12,19 W (8) 12,19	N (5) 10,11
N (8) 12,14	W (7) 9,12
	N (8) 12,14

Ergebnis:
Kostenminimaler Weg $V_s - V_z$ mit Wegkosten (12, 14) über die Knoten 1 – 4 – 7 – 8.

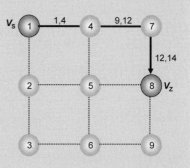

Aufgaben zu Kapitel 5

Aufgabe 1: Steinerbaum-Verdrahtung

Gegeben seien die angegebenen sechs Pins eines Netzes auf einem horizontalen und vertikalen Raster.

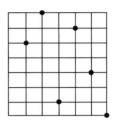

a) Stellen Sie graphisch sämtliche Hanan-Punkte sowie das minimal umschreibende Rechteck (MR) dar.

b) Erzeugen Sie den minimalen rektilinearen Steinerbaum (MRST) unter Nutzung des SteinerbaumAlgorithmus 5.6.1. Zeichnen Sie auch alle fünf Zwischenschritte (Iterationen).

c) Geben Sie die Anzahl der Steinerpunkte des Baumes und deren jeweiligen Knotengrad an.

d) Geben Sie die maximale Anzahl von Steinerpunkten an, die ein MRST eines 3-Pin-Netzes haben kann.

Aufgabe 2: Globalverdrahtung im Verbindungsgraphen

Gegeben seien die nachfolgend dargestellte Platzierungsanordnung und zwei zu verdrahtende Netze A-A und B-B sowie der Verbindungsgraph mit den jeweiligen Kapazitäten. Zu klären ist, ob diese Anordnung verdrahtet werden kann.

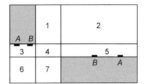

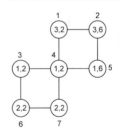

Hinweis: Wenn nicht verdrahtbar, ist dies zu begründen; falls verdrahtbar, ist eine Lösung darzustellen. In beiden Fällen sind die sich ergebenden Kapazitäten der einzelnen Regionen anzugeben.

Aufgabe 3: Wegsuche mit dem Dijkstra-Algorithmus

Gegeben sei ein Graph mit den Wichtungskriterien w_1 und w_2 als Kantenkosten. Wenden Sie den Dijkstra-Algorithmus an, um einen kostenminimalen Weg zwischen dem Startknoten V_s und dem Zielknoten V_z zu finden.

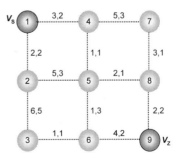

Verdeutlichen Sie Ihren Lösungsweg anhand einer Tabelle, welche die Mengen 2 und 3 sowie den Rückverfolgungsweg enthält.

Literatur zu Kapitel 5

[5.1] Dijkstra, E. W.: A Note on Two Problems in Connection With Graphs. Numerische Mathematik, vol. 1, 269-271, 1959

[5.2] Gerez, S. H.: Algorithms for VLSI Design Automation. John Wiley and Sons, 1999, 2000

[5.3] Hanan, M.: On Steiner's Problem with Rectilinear Distance. SIAM Journal of Applied Mathe-matics, vol. 14, no. 2, 255-265, March 1966

[5.4] Rothermel, H.-J.; Mlynski, D. A.: Automatic Variable-Width Routing for VLSI. IEEE Trans. on CAD, vol. 2, no. 4, 271-284, Oct. 1983

[5.5] Sherwani, N.: Algorithms for VLSI Physical Design Automation (Third Edition). Kluwer Academic Publishers, 1999, 2003

Kapitel 6

Feinverdrahtung

6

6 Feinverdrahtung

6.1 Einführung

Die Feinverdrahtung (Detail routing, auch detailed routing bzw. detaillierte Verdrahtung genannt) folgt auf die Globalverdrahtung, um die Verdrahtung damit insgesamt abzuschließen.

Die Aufgabe der Feinverdrahtung besteht darin, die bei der Globalverdrahtung einer Verdrahtungsregion zugeordneten Netzsegmente in dieser Region detaillierte Verdrahtungswege und -ebenen zuzuweisen.

Nachfolgend werden Verdrahtungsregionen als Kanäle bezeichnet, sofern die Netzanschlüsse an zwei gegenüberliegenden Seiten angeordnet sind, und als Switchboxen, wenn sich Anschlüsse an allen vier Seiten befinden.

Wie bereits bei der Globalverdrahtung angesprochen (s. Kap. 5), verliert aufgrund der Ebenenzunahme die klassische Kanalverdrahtung (rechteckige Fläche mit Pinanschlüssen an zwei gegenüberliegenden Seiten) an Bedeutung, da sie nur bei zwei Ebenen sinnvoll ist. Mehr als zwei Lagen erfordern Modifikationen dieses Modells, z.B. durch Nutzen der Verdrahtungsregionen in den Ebenen „über" den Zellen, die sog. Over-the-cell (OTC)-Gebiete. Da die hierbei angewendeten Verdrahtungsalgorithmen meist auf dem klassischen Kanalverdrahtungsproblem beruhen, sollen sie auch im Rahmen dieses Kapitels vorgestellt werden.

Wenn keine Globalverdrahtung erfolgt, ist die Verdrahtung in nur einem Schritt durchzuführen. Dabei werden in der Regel keine Verdrahtungsregionen erzeugt, sondern man betrachtet die gesamte Layoutfläche. Daher spricht man hier von einer Flächenverdrahtung (Area routing), welche in Kap. 7 behandelt wird. In diesem Fall werden die Netze sofort in ihren endgültigen Koordinaten verlegt. Dies ist nur bei einer relativ geringen Netzanzahl möglich; bei größeren Komplexitäten, wie z.B. Millionen von Netzen moderner Schaltkreise, ist eine Globalverdrahtung mit anschließender Feinverdrahtung unvermeidlich.

6.2 Begriffsbestimmungen

Die **Kanalverdrahtung** ist ein Spezialfall der Feinverdrahtung, bei der die Verbindungen innerhalb einer rechteckigen Verdrahtungsregion angelegt werden, in der es keine Hindernisse gibt. Die Pinanschlüsse befinden sich an *zwei gegenüberliegenden Seiten* (Abb. 6.1, links). Kanalverdrahter werden bei gleichmäßigen Layoutstrukturen angewendet, also bei Standardzellen- und Gate-Array-Schaltungen. Eine Besonderheit der Kanalverdrahtung besteht darin, dass man bei Kanälen in den meisten Fällen von variabler Breite, also variabler Spuranzahl, ausgehen kann, und damit immer eine 100%ige Realisierung der Verdrahtung erreichbar ist.

Die **Switchbox-Verdrahtung** erfolgt in einer rechteckigen Fläche mit Pinanschlüssen an allen *vier Seiten* (Abb. 6.1, rechts). Switchbox-Abmessungen sind i.Allg. fest vorgegeben. Damit lässt sich die Switchbox-Größe nicht wie beim Kanal der benötigten Verdrahtungsfläche anpassen, was das Verdrahtungsproblem deutlich erschwert. Auf Switchboxen wird in Kap. 6.6 detailliert eingegangen.

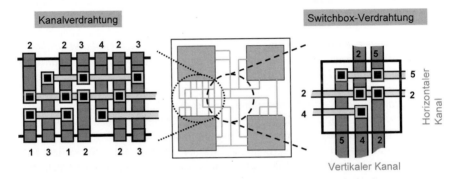

Abb. 6.1 Beispiele einer 2-lagigen Kanal- und Switchbox-Verdrahtung. Netznummern geben die Pinbelegungen an, wobei Pins immer senkrecht zur jeweiligen Zellenkante angeschlossen werden. Vias ermöglichen Lagenwechsel. Unterschiedliche Lagen besitzen oft verschiedene Verdrahtungsbreiten und sind durch eine Vorzugsrichtung (vertikal, horizontal) gekennzeichnet.

Man spricht von **OTC-Verdrahtung** (OTC: over the cell), wenn die Verdrahtung in den Ebenen oberhalb der Zellen, also über diesen, durchgeführt wird (Abb. 6.2).

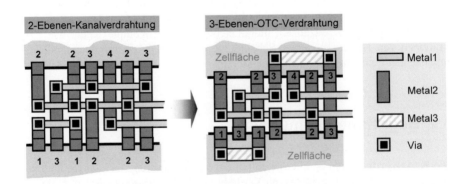

Abb. 6.2 Das Ausnutzen der Ebenen oberhalb der Zellen mittels der OTC-Verdrahtung erlaubt die Einsparung von Kanalspuren.

Zur OTC-Verdrahtung lassen sich nur die Ebenen nutzen, die nicht zur Verdrahtung innerhalb der Zellen zur Anwendung kommen. Beispielsweise sind Standardzellen intern oft in den Ebenen Poly und Metal1 verdrahtet, womit z.B. die Ebenen Metal2 und Metal3 über den Zellen zur externen Verdrahtung der Zellen nutzbar sind. Die OTC-Verdrahtung wird in Kap. 6.7 detailliert beschrieben.

Beim klassischen Kanalverdrahtungsproblem geht man von einer rechteckigen, hindernisfreien Verdrahtungsfläche, mit Pinanschlüssen an zwei gegenüberliegenden Seiten, aus. Diese Anschlüsse liegen auf vertikalen Gitterlinien, den **Spalten (Columns)**. Die **Kanalbreite** richtet sich nach der Anzahl der benötigten **Spuren (Tracks)**, um alle Pins innerhalb des Kanals anschließen zu können. Üblicherweise stehen zwei Ebenen für die Verdrahtung zur Verfügung, wobei eine ausschließlich für horizontale und die andere ausschließlich für vertikale Verbindungen reserviert ist. Diese Ebenenzuweisung richtet sich meist nach der Pinebene. Im Falle eines horizontal verlaufenden Kanals, bei dem die Pinanschlüsse mittels vertikaler Verbindungen anzuschließen sind, ist die Pinebene (z.B. Metal2) auch die Ebene mit vertikaler Vorzugsrichtung.

Weitere wichtige Begriffe sind in Abb. 6.3 erläutert.

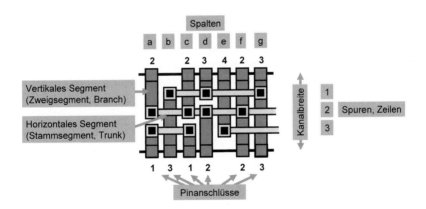

Abb. 6.3 Die klassische Kanalverdrahtung eines horizontal verlaufenden Kanals. Spalten markieren vertikale Gitterlinien, Spuren horizontale Gitterlinien.

Die beiden Anschlussreihen der Pins werden i.Allg. durch zwei Mengen gekennzeichnet, bei denen die Netznummer der jeweiligen Spaltenposition zugewiesen ist. Eine Null kennzeichnet dabei ein nicht angeschlossenes Pin. Anschlüsse mit der gleichen Nummer sind Anschlüsse ein und desselben Netzes und miteinander zu verbinden. Oft werden zur Anschlusskennzeichnung Vektoren wie *TOP(k)* und *BOT(k)* benutzt, welche die Netznummern der Ober- (*TOP*) und Unterseite (*BOT*) des Kanals in der Spalte k repräsentieren. Für das Beispiel in Abb. 6.3 sind $TOP(k) = [2,0,2,3,4,2,3]$ und $BOT(k) = [1,3,1,2,0,2,3]$.

Horizontale Verträglichkeit (Horizontal constraint). Nachfolgend wird von zwei zur Verfügung stehenden Verdrahtungsebenen ausgegangen, womit nur *eine* Ebene für die horizontale Verdrahtung zur Verfügung steht. Sollten zwei horizontale Segmente verschiedener Netze keine Spalten-Überlappung haben, also nicht denselben Horizontalbereich beanspruchen (wie z.B. die Netze 1 und 2 in Abb. 6.4), so können sie auf gleicher Spur platziert werden und sind damit „horizontal verträglich". Ansonsten sind für beide Netze unterschiedliche Spuren zu reservieren (wie z.B. für die Netze 2 und 3 in Abb. 6.4).

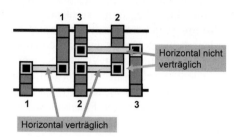

Abb. 6.4 Beispiele für horizontal verträgliche und nicht verträgliche Netze. Ersteren kann eine identische Spurnummer zugewiesen werden, während letztere grundsätzlich unterschiedliche Spuren beanspruchen.

Vertikale Verträglichkeit (Vertical constraint). Sollte nur *eine* vertikale Ebene zur Verfügung stehen, so dürfen sich zwei Netze nicht auf einer vertikalen Spalte überlappen. Bildlich gesprochen muss der von „oben" kommende Anschluss also rechtzeitig „aufhören", um sich mit dem von „unten" kommenden nicht zu überlagern.

Wenn man jedem Netz nur ein horizontales Segment zugesteht, so ist offensichtlich, dass das horizontale Segment eines Netzes, welches an dem oberen Anschluss einer bestimmten Spalte angeschlossen wird, über dem horizontalen Segment eines Netzes liegen muss, welches mit dem unteren Anschluss *dieser Spalte* verbunden ist. In Abb. 6.5a liegt demzufolge das horizontale Segment des Netzes 1 über dem des Netzes 2, da Netz 1 in der *linken* Spaltenposition nach oben und Netz 2 in gleicher Spaltenposition nach unten angeschlossen ist.

Sollte sich die horizontale Spurzuordnung entsprechend der vertikalen Anschlüsse problemlos realisieren lassen, so spricht man von „vertikaler Verträglichkeit".

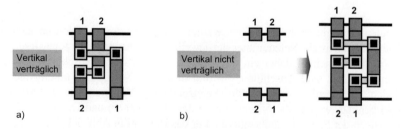

Abb. 6.5 Illustration der vertikalen Verträglichkeit an zwei Beispielen. Die Pinanordnung in (b) erfordert die Einführung einer zusätzlichen Spur, um die vertikale Unverträglichkeit zu umgehen.

6.3 Horizontaler und vertikaler Verträglichkeitsgraph

Jedes Kanalverdrahtungsproblem kann mittels zweier Verträglichkeitsgraphen (Constraint graphs, stellenweise auch mit Restriktionsgraphen übersetzt) modelliert werden, welche die o.g. horizontale und vertikale Verträglichkeit abbilden. Damit ist es möglich, schon vor Beginn der eigentlichen Kanalverdrahtung die minimal benötigte Spuranzahl und eventuelle Konfliktsituationen vorherzusehen.

▶ 6.3.1 Horizontale Verträglichkeitsdarstellung

a) Zonendarstellung
Das horizontale Segment eines Netzes wird durch den äußeren linken und rechten Netzpunkt festgelegt. $S(k)$ sei die Menge der Netze, deren horizontale Segmente die Vertikalspalte k schneiden. Da sich die horizontalen Segmente verschiedener Netze nicht überlagern dürfen, ist es nicht erlaubt, zwei Netze aus $S(k)$ in der Spalte k auf der gleichen Horizontalspur zu platzieren. Diese Bedingung muss in jeder Vertikalspalte eingehalten werden.

Jede Menge $S(k)$ für k = a, b, c, … enthält damit die Netze, die in Spalte k nach oben und unten anzuschließen sind und die Netze, deren Anschlüsse links und rechts von k liegen, die also die Spalte k schneiden.

Es ist leicht einzusehen, dass es nur erforderlich ist, diejenigen Mengen $S(k)$ zu betrachten, die nicht Untermengen von anderen sind (Abb. 6.6). Somit lassen sich aufgrund von nicht benötigter Redundanz alle die Mengen $S(k)$ eliminieren, die bereits Untermengen von anderen $S(k)$ bilden, d.h. die in anderen Mengen komplett enthalten sind. Den übrig bleibenden Vertikalspalten werden fortlaufend Nummern zugeordnet, welche die verschiedenen Zonen kennzeichnen.

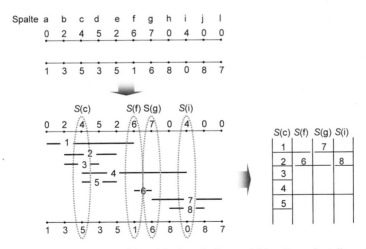

Abb. 6.6 Ein Kanalverdrahtungsproblem (oben) und die zugehörige Zonendarstellung (rechts), abgeleitet aus der Spaltenbelegung der einzelnen Netze (links) und einer Ignorierung redundanter Spalten.

b) Graphendarstellung

In einem horizontalen Verträglichkeitsgraphen (Horizontal constraint graph, HCG), welcher mit HCG(V,E) gekennzeichnet wird, repräsentiert ein Knoten $i \in V$ das Netz i, und eine Kante $(i, j) \in E$ zwischen den Knoten i und j markiert den Fall, dass die horizontalen Segmente der Netze i und j sich horizontal überlappen (Abb. 6.7). Damit kennzeichnet die Verbindung zweier durch Knoten modellierter Netze, dass beide Netze unterschiedliche Horizontalspuren benötigen, da sich ihre Anschlüsse nicht in separaten Kanalbereichen befinden.

Aus der horizontalen Verträglichkeitsdarstellung (Zonen- und Graphendarstellung) lässt sich die *minimale* Spuranzahl eines Kanals ermitteln, da sie der maximalen Größe der Mengen $S(k)$ bzw. dem längsten Pfad im Graphen entspricht.

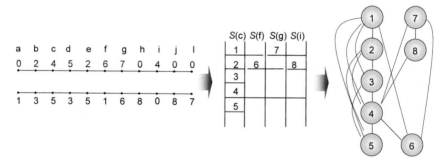

Abb. 6.7 Das Kanalverdrahtungsproblem aus Abb. 6.6 mit dem zugehörigen horizontalen Verträglichkeitsgraphen, welcher sich aus der Zonendarstellung (Mitte) ermitteln lässt. Aus dieser bzw. dem Verträglichkeitsgraphen ist die minimal benötigte Spuranzahl des Kanals mit fünf Spuren ableitbar.

► **6.3.2 Vertikale Verträglichkeitsdarstellung**

In einem vertikalen Verträglichkeitsgraphen (Vertical constraint graph, VCG), welcher mit VCG(V,E) gekennzeichnet wird, repräsentiert ein Knoten $i \in V$ das Netz i, und eine gerichtete Kante $(i, j) \in E$ bzw. ein gerichteter Pfad $(i, ..., j) \in E$ zwischen den Knoten i und j markiert den Fall, dass das Anschlusspin des Netzes i auf der oberen Kanalkante (*TOP*) sowie das Anschlusspin des Netzes j auf der unteren Kanalkante (*BOT*) *auf gleicher Spaltenposition* angeordnet sind (Abb. 6.8). Damit muss das horizontale Segment des Netzes i über dem des Netzes j liegen, damit keine vertikale Überlappung in der betreffenden Anschlussspalte entsteht.

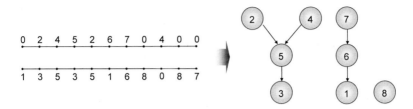

Abb. 6.8 Das Kanalverdrahtungsproblem aus Abb. 6.6 mit dem zugehörigen vertikalen Verträglichkeitsgraphen.

Enthält der VCG eine Schleife, so liegt ein zyklischer Konflikt vor. Dieser besteht darin, dass in einer Spaltenposition das Netz i oben und das Netz j unten angeschlossen wird, in einer anderen Spaltenposition der Anschluss aber genau umgekehrt vorliegt. Damit sollte entsprechend der zuerst genannten Spaltenposition das horizontale Element von i oberhalb desselben von j liegen, nach der zweiten Spaltenposition jedoch j oberhalb von i. Dieser zyklische Konflikt kann nur durch Netzaufsplittung behoben werden, womit die beiden betreffenden Netze eine dritte Spur benötigen (Abb. 6.9).

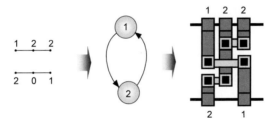

Abb. 6.9 Ein Kanalverdrahtungsproblem (links), der entsprechende vertikale Verträglichkeitsgraph mit einem zyklischen Konflikt, d.h. einer Schleife (Mitte), und eine mögliche Lösung mittels Netzaufsplittung unter Nutzung einer zusätzlichen dritten Spur (rechts).

Falls der zyklische Konflikt in der Zone des horizontalen Verträglichkeitsgraphen auftritt, aus dem sich die minimale Spuranzahl des Kanals ergibt, so ist aufgrund der nun erforderlichen Netzaufsplittung diese minimale Spuranzahl keinesfalls ausreichend. Damit müssen zur Ermittlung der minimal benötigten Spuranzahl neben dem horizontalen Verträglichkeitsgraphen auch zyklische Konflikte im vertikalen Verträglichkeitsgraphen berücksichtigt werden.

Beispiel

Gesucht seien der horizontale (HCG) und der vertikale
Verträglichkeitsgraph (VCG) für das nebenstehende
Kanalverdrahtungsproblem

Spalte	a	b	c	d	e	f	g
	0	2	4	2	1	3	5
	4	3	5	6	0	1	6

Lösung:

— Darstellung der Netzliste durch Vektoren *TOP* und *BOT*
   $TOP = [0,2,4,2,1,3,5]$, $BOT = [4,3,5,6,0,1,6]$.

— Bestimmung der Menge $S(k)$
   $S(k)$ für $k = $ a ... g:
   $S(a) = \{4\}$ $S(b) = \{2,3,4\}$ $S(c) = \{2,3,4,5\}$ $S(d) = \{2,3,5,6\}$
   $S(e) = \{1,3,5,6\}$ $S(f) = \{1,3,5,6\}$ $S(g) = \{5,6\}$.

— Bestimmung der maximalen Mengen $S(k)$
   Es sind $S(a) = \{4\}$ und $S(b) = \{2,3,4\}$ in $S(c) = \{2,3,4,5\}$ enthalten, ebenso $S(f)$ und $S(g)$ in $S(e)$.
   Es verbleiben also $S(c) = \{2,3,4,5\}$, $S(d) = \{2,3,5,6\}$ und $S(e) = \{1,3,5,6\}$.

— Bestimmung des horizontalen Verträglichkeitsgraphen HCG

 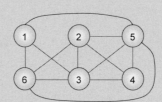

— Bestimmung des vertikalen Verträglichkeitsgraphen VCG

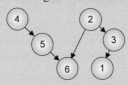

Schlussfolgerungen:

— Da der so entstandene vertikale Verträglichkeitsgraph (VCG) keine Schleifen enthält, kann man ohne die Einführung von Netzaufsplittungen (s. Kap. 6.5.2) auskommen. Jedes Netz lässt sich also durch *ein* horizontales Segment verdrahten.

— Die Zuordnung der horizontalen Segmente zu den einzelnen Spuren ergibt sich aus dem VCG und dem HCG. Entsprechend dem VCG kann beispielsweise Netz 4 auf der obersten Spur platziert werden. Das ebenfalls ohne Vorgängerknoten im VCG angeordnete Netz 2 benötigt dagegen eine andere Spur, da lt. HCG beide Netze sich horizontal überlappen.

— Aus dem HCG lassen sich die minimal benötigte Spuranzahl und die Auslastung der einzelnen Kanalbereiche ermitteln. Da im VCG kein Konflikt auftritt, ergibt sich eine bei der Verdrahtung *minimal* benötigte Spuranzahl von vier aus der größten maximalen Menge $S(k)$, hier sowohl $S(c)$ als auch $S(d)$ und $S(e)$.

6.4 Optimierungsziele

Das Ziel bei der Verdrahtung eines Kanals besteht darin, die diesem während der Globalverdrahtung zugeordneten Netze innerhalb des Kanals mit minimaler Gesamtverbindungslänge und minimal benötigter Spuranzahl zu verbinden.

Bei Schaltungen mit vorgegebener Kanalbreite, wie z.B. Gate-Arrays, ist die Verdrahtbarkeit nicht immer gegeben. Daher besteht hier das vorrangige Ziel, alle der jeweiligen Verdrahtungsregion zugewiesenen Netze so anzuordnen, dass eine 100%ige Verdrahtbarkeit gewährleistet ist. Analoges gilt für eine Switchbox, da auch hier i.Allg. durch die zuvor erfolgte Verdrahtung angrenzender Kanäle deren Abmessungen fixiert sind.

6.5 Algorithmen für die Kanalverdrahtung

▶ 6.5.1 Left-Edge-Algorithmus

Das erste bekannt gewordene Lösungskonzept zur Spursuche in einem Kanal stammt von *Hashimoto* und *Stevens* [6.7]. Ihr sog. Left-Edge-Algorithmus ist ein relativ einfaches heuristisches Verfahren, das als Basisalgorithmus eine weite Verbreitung erfahren hat. Anhand der Zonendarstellung und des vertikalen Verträglichkeitsgraphen (VCG) ordnet man Netze dabei den einzelnen Spuren zu.

Zu Beginn werden zu einer gegebenen Kanalanschluss-Belegung der vertikale Verträglichkeitsgraph und die Zonendarstellung ermittelt (Abb. 6.10). Ersterer erlaubt die Reihenfolgebestimmung der Netzzuweisung auf die Spuren, letztere die Feststellung, welche Netze auf identischen Spuren angeordnet werden können.

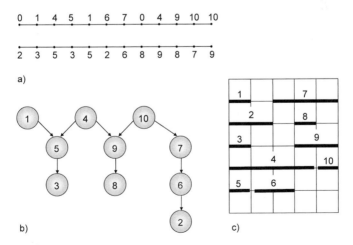

Abb. 6.10 Kanal mit Anschlusspin-Belegung (a) und der zugehörige vertikale Verträglichkeitsgraph (b) sowie die Zonendarstellung (c), nach [6.15].

Der Algorithmus bearbeitet die j_{max} horizontalen Spuren von oben nach unten, wobei die oberste Spur mit $j = 1$ festgelegt ist. Bei jeder spurweisen Iteration, z.B. bei der Spur j, werden jeweils nur die Netze betrachtet, die keinen Vorgänger im vertikalen Verträglichkeitsgraphen haben. Das von diesen Netzen in der Zonendarstellung am weitesten links („left edge") liegende Netz wird in die Spur j verlegt. Sollten von den „vorgängerlosen" Netzen noch andere ohne Überlappungen (lt. Zonendarstellung) zu dem gerade verlegten Netz sein, so werden auch diese in die Spur j eingebettet.

Entsprechend dem vertikalen Verträglichkeitsgraphen in Abb. 6.10 sind die Netze 1, 4 und 10 Anwärter für die Spur 1. Der Algorithmus platziert zuerst Netz 1, da es von den genannten Netzen neben Netz 4 am weitesten links in der Zonendarstellung liegt. Entsprechend dieser Darstellung lässt sich nun Netz 4 nicht mehr auf die Spur 1 platzieren. Dies gilt nicht für Netz 10, womit dieses ebenfalls der ersten Spur zugeordnet wird.

Danach werden die bereits verlegten Netze aus dem vertikalen Verträglichkeitsgraphen und der Zonendarstellung entfernt (Abb. 6.11). Die Anwärter auf die zweite Spur sind somit die Netze 4 und 7. Auf Grund seiner mehr links liegenden Position in der Zonendarstellung wird Netz 4 auf die zweite Spur platziert. Netz 7 kann nicht auf dieser Spur platziert werden, da lt. Zonendarstellung eine Überlappung vorliegt. Somit wird die zweite Spur ausschließlich von Netz 4 belegt.

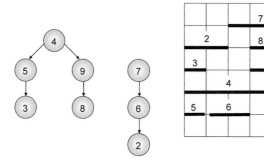

Abb. 6.11 Erneuerter Verträglichkeitsgraph und modifizierte Zonendarstellung nach Verlegung der Netze 1 und 10.

Der Algorithmus wiederholt die Iterationen solange, bis alle Netze verlegt sind. In Abb. 6.12 ist die so erzielte Kanalverdrahtung zum Beispiel aus Abb. 6.10 dargestellt.

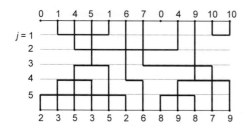

Abb. 6.12 Erzielte Kanalstruktur des Beispiels aus Abb. 6.10 mittels des Left-Edge-Algorithmus.

Nachfolgend ist der Ablauf des Left-Edge-Algorithmus angegeben.

Left-Edge-Algorithmus
1. Aufbau des VCG und der Zonendarstellung
2. Aktuelle Spur j = 1 (obere Spur)
3. Für aktuelle Spur j
   a) Für alle Netze ohne Vorgänger im VCG, Platzierung des am weitesten links liegenden Netzes in der Zonendarstellung auf Spur j und anschließend weitere nicht-überlappende (lt. Zonendarstellung) *und* vorgängerlose Netze (lt. VCG)
   b) Löschen aller platzierten Netze im VCG und in der Zonendarstellung
4. Aktuelle Spur j = j + 1. Falls noch Netze im VCG vorhanden sind, weiter mit Schritt 3
5. ENDE.

Der Algorithmus liefert immer brauchbare Lösungen, solange kein zyklischer Konflikt, bedingt durch kreuzweise gegenüberliegende Anschlusspunkte, auftritt. Dieser würde sich im vertikalen Verträglichkeitsgraphen durch eine Schleife äußern.

Der Left-Edge-Algorithmus wurde durch eine Reihe von Modifikationen weiterentwickelt. *Yoshimura* erreichte in [6.15] eine Verbesserung der Spurausnutzung durch eine Netzauswahl unter Einbeziehung der Weglänge im vertikalen Verträglichkeitsgraphen und durch Wichtung der unplatzierten Netze. Weitere Veränderungen zielen auf eine bessere Spurauslastung entweder durch Netzverknüpfungen innerhalb des Verträglichkeitsgraphen [6.16] oder durch Aufspaltung anschlussreicher Netze in einzeln zu verlegende Teilnetze (s. Kap. 6.5.2).

► **6.5.2 Dogleg-Left-Edge-Algorithmus**

Der vorgestellte Left-Edge-Algorithmus kann nicht angewendet werden, falls der vertikale Verträglichkeitsgraph Schleifen enthält. Wie in Abb. 6.13 ersichtlich, kann hier nur durch Aufsplittung des horizontalen Abschnittes eines Netzes eine Lösung erzielt werden. Das so entstandene Segment wird als Dogleg („Hundebein") bezeichnet.

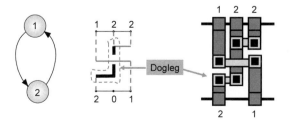

Abb. 6.13 Die Einführung eines Doglegs in Netz 2 ermöglicht die Verbindungsrealisierung bei einem zyklischen Konflikt im VCG.

Die Aufsplittung eines horizontalen Netzsegmentes ist jedoch nicht nur bei Schleifen im VCG, sondern auch zur Spureinsparung sinnvoll, wie das Beispiel in Abb. 6.14 verdeutlicht.

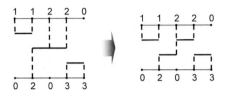

Abb. 6.14 Spureinsparung mittels Dogleg-Einführung.

Der Dogleg-Left-Edge-Algorithmus wurde Mitte der 70er Jahre von *Deutsch* [6.5] entwickelt, um sowohl das Schleifenproblem im VCG zu lösen, als auch die Kanaldichte zu erhöhen. Die wesentliche Erweiterung gegenüber dem Left-Edge-Algorithmus besteht darin, dass jedes Netz mit $p > 2$ Anschlüssen in $p-1$ horizontale Segmente zerlegt wird. Die Zerlegung erfolgt grundsätzlich an allen Spaltenpositionen, an denen dieses Netz einen Anschluss hat (Abb. 6.15).

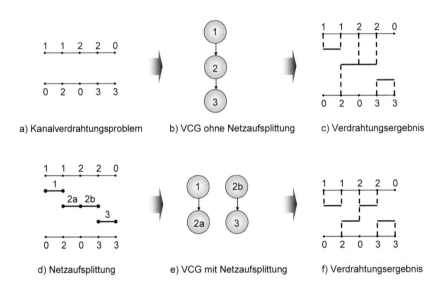

a) Kanalverdrahtungsproblem   b) VCG ohne Netzaufsplittung   c) Verdrahtungsergebnis

d) Netzaufsplittung   e) VCG mit Netzaufsplittung   f) Verdrahtungsergebnis

Abb. 6.15 Beispiel einer Netzaufsplittung zur Reduzierung benötigter Spuren.

Der weitere Ablauf entspricht dem Left-Edge-Algorithmus (s. Kap. 6.5.1). Die Teilnetze werden dabei getrennt im VCG und in der Zonendarstellung berücksichtigt, wobei die Überlappungsvermeidung lt. Zonendarstellung bei Segmenten des gleichen Netzes entfällt (sie dürfen damit auf der gleichen Spur platziert werden).

Beim klassischen Dogleg-Algorithmus erfolgt die Einführung eines Doglegs immer in der vertikalen Spalte der Anschlussposition des jeweiligen Netzes. Auch gilt die Annahme, dass die Hinzufügung zusätzlicher Vertikalspuren nicht möglich ist.

Beispiel

Gesucht sei die Kanalverdrahtung unter Anwendung des Dolgleg-Left-Edge-Algorithmus für das nebenstehende Kanalverdrahtungsproblem

Spalte	a	b	c	d	e	f
	3	4	0	4	1	1

Lösung:

	2	2	3	0	3	4

— Netzaufsplittung und Bestimmung der Zonendarstellung bzw. der (maximalen) Mengen $S(k)$

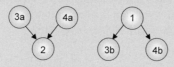

$S(a) = \{2, 3a\}$
$S(b) = \{2,3a,4a\}$
$S(c) = \{3a,3b,4a\}$
$S(d) = \{3b,4a,4b\}$
$S(e) = \{1,3b,4b\}$
$S(f) = \{1,4b\}$

Hinweis:
Teilnetze desselben Netzes dürfen auf gleicher Spur platziert werden.

— Ermittlung des vertikalen Verträglichkeitsgraphen (VCG)

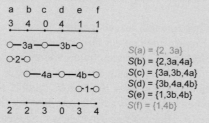

— Spurzuweisung:

Spur $j = 1$: Netze 3a, 4a, 1 kommen in Betracht
- Netz 3a ist links in Zonendarstellung, daher wird Netz 3a zuerst platziert
- Von den verbleibenden Netzen 4a und 1 hat nur 1 keine Überlappung mit Netz 3a, daher ist 1 ebenfalls auf Spur 1 zu platzieren
- Erneuerung des VCG.

Spur $j = 2$: Netze 4a, 3b, 4b kommen in Betracht
- Netz 4a ist links in Zonendarstellung, daher wird Netz 4a zuerst platziert
- Von den verbleibenden Netzen 3b und 4b ist nur 4b auf gleicher Spur platzierbar (Teilnetz von Netz 4), daher ist 4b ebenfalls auf Spur 2 zu platzieren
- Erneuerung des VCG

Spur $j = 3$: Beide verbleibenden Netze 2, 3b kommen in Betracht
- Netz 2 ist links in Zonendarstellung, daher sind Netz 2 und anschließend, da nicht überlappend, Netz 3b auf Spur 3 zu platzieren.

— Ergebnis:

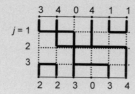

▶ ### 6.5.3 Greedy-Kanalverdrahter (Greedy Channel Router)

a) Vorbemerkungen

Die bisher behandelten Algorithmen für die Kanalverdrahtung gehen spurweise vor (Track by track). Im Gegensatz dazu arbeitet ein Greedy-Kanalverdrahter spaltenweise (Column by column). Da er im Wesentlichen nur die lokalen Informationen einer Spalte benötigt, ist sein Speicherplatzbedarf unabhängig von der Kanallänge, womit diese Vorgehensweise insbesondere für komplexe Kanalstrukturen geeignet ist. Ein Greedy-Kanalverdrahter wurde erstmals 1982 von *Rivest* und *Fiduccia* vorgestellt [6.12].

Die spaltenweise Abarbeitung eines horizontalen Kanals beginnt links. In jeder Spalte versucht der Algorithmus durch Einsatz intelligenter Heuristiken, die Anzahl der in der darauf folgenden Spalte zur Verfügung stehenden freien Spuren zu maximieren. Vertikale und horizontale Verträglichkeitsgraphen kommen nicht zur Anwendung, stattdessen werden die Entscheidungen in jeder Spalte lokal gefällt. Konflikte im Verträglichkeitsgraphen haben keinen Einfluss auf die Abarbeitung. Jeder Kanal kann verdrahtet werden, evtl. unter Hinzunahme zusätzlicher Spalten am Ende des Kanals.

Im Unterschied zu den bisher behandelten Kanalverdrahtern kann ein Netz gleichzeitig zwei Spuren einnehmen, womit eine Parallelführung von Netzen möglich ist. Weiterhin lassen sich Doglegs an allen vertikalen Spaltenpositionen einführen, sind also nicht auf die Pinpositionen des jeweiligen Netzes beschränkt.

b) Ablauf des Algorithmus

Zu Beginn ist eine anfängliche Kanalbreite festzulegen, die leicht unterhalb der maximal zu erwartenden liegen sollte. Der Kanal wird spaltenweise, von links nach rechts, abgearbeitet. An jeder Spaltenposition sind sechs Schritte auszuführen. Nach deren Abarbeitung ist die Verdrahtung an der jeweils aktuellen Spaltenposition vollständig. Anschließend wird zur nächsten weiter rechts gelegenen Spaltenposition übergegangen.

Greedy-Algorithmus

Festlegung einer Kanalbreite

Von links beginnend, in jeder Spalte

1.   Erzeugen optimierter Anschlüsse nach oben und unten
2.   Generieren der maximalen Anzahl freier Spuren durch Zusammenführung gespaltener Netze
3.   Abstandsverminderung gespaltener Netze
4.   Einfügen von Vertikalelementen zur Anschlussausrichtung der Netze
5.   Kanalaufweitung zum Anschluss bisher unverbindbarer Pinanschlüsse
6.   Übergang zur nächsten Spalte, weiter mit Schritt 1.

c) Illustration der Schritte

–   **Schritt 1:** Erzeugen optimierter Anschlüsse nach oben und unten
    Jeder Pinanschluss in der aktuellen Spalte wird zu einer leeren Spur oder zu einer Spur mit gleichem Netz geführt, je nachdem, wofür eine minimale vertikale Verbindungslänge benötigt wird (Abb. 6.16a, b, c). Sollte der Kanal vollständig belegt sein, ist die Pineinführung auf Schritt 5 zu verschieben (Abb. 6.16d). Überlappen sich zwei Netze in ihren vertikalen Anschlüssen, so verbindet man nur das Netz mit der minimalen Verbindungslänge, das andere wird in Schritt 5 angeschlossen (Abb. 6.16e). Sollten beide Anschlüsse (oben und unten) zum gleichen Netz gehören, so wird eine Direktverbindung hergestellt (Abb. 6.16f).

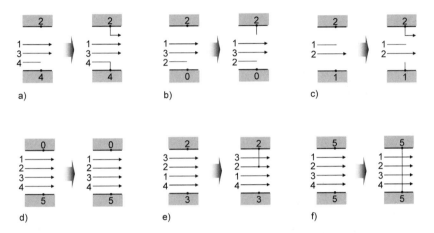

Abb. 6.16 Illustration verschiedener Möglichkeiten der in Schritt 1 durchgeführten Anschlussoptimierung (nach [6.13]).

–   **Schritt 2:** Generieren der maximalen Anzahl freier Spuren durch Zusammenführung gespaltener Netze
    In diesem Schritt sind aufgespaltene Netze durch sog. „Vertikal-Zusammenführungen" (Vertical jogs) zu vereinigen (Abb. 6.17a). Dabei werden auch Pins mit dem entsprechenden Netz verbunden (Abb. 6.17b). Sollten mehrere sich gegenseitig ausschließende Zusammenführungen möglich sein, ist die zu realisieren, bei der die meisten Spuren freigesetzt werden. Im Falle der Gleichheit wird dasjenige Netz zusammengeführt, welches sich näher an der oberen oder unteren Kanalseite befindet (Abb. 6.17c), um freie Spuren an den Anschluss-Seiten zu begünstigen. Sollte noch immer Gleichheit herrschen, wird das Netz zusammengeführt, dessen Vertikal-Zusammenführung länger ist (Abb. 6.17d).

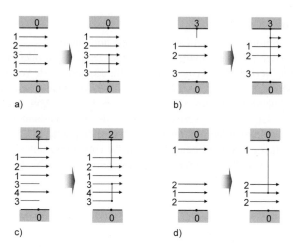

Abb. 6.17 Zusammenführung gespaltener Netze in Schritt 2.

— **Schritt 3:** Abstandsverminderung gespaltener Netze
Noch verbleibende aufgespaltene Netze werden in ihrem Abstand minimiert, um eine spätere Zusammenführung zu begünstigen (Abb. 6.18a).

— **Schritt 4:** Einfügen von Vertikalelementen zur Anschlussausrichtung der Netze
Netze werden in diesem Schritt näher an ihre zukünftige Anschlussposition gebracht (+ Anschluss oben, – Anschluss unten in Abb. 6.18b).

— **Schritt 5:** Kanalaufweitung zum Anschluss bisher unverbindbarer Pinanschlüsse
Zur Verbindung der in Schritt 1 nicht realisierbaren Pinanschlüsse werden neue Spuren eingefügt. Dabei erfolgt die Spureinfügung so nahe wie möglich zur Kanalmitte (Abb. 6.18c).

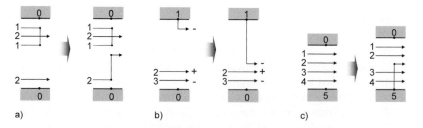

Abb. 6.18 Illustration der Schritte 3, 4 und 5 anhand von Beispielen.

— **Schritt 6:** Übergang zur nächsten Spalte
Aus der zu bearbeitenden Spurliste werden die Netze entfernt, welche an der aktuellen Spalte enden. Sämtliche weitergehenden Netze überführt man zur nächsten Spalte, bevor dort eine neue Iteration mit Schritt 1 beginnt.

d) Beispiel

Gesucht sei die Kanalverdrahtung unter Anwendung des Greedy-Algorithmus für das nebenstehende Kanalverdrahtungsproblem

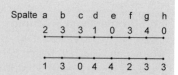

Lösung:

Die anfängliche Kanalbreite wird mit sechs Spuren angesetzt. Die Spuren werden von 1 (oben) bis 6 (unten) und die Spalten mit a (links) bis h (rechts) bezeichnet.

Nachfolgend sind die in jeder Spalte durchgeführten Schritte angegeben:

— Spalte a: Pinnetze 2 und 1 werden eingeführt. Da alle Spuren leer sind, wird Netz 2 vertikal auf Spur 5 geführt, da es ein nachfolgend unten angeschlossenes Netz ist. Netz 1 wird auf Spur 6 geführt. Erweitern der Spuren 5 und 6.

— Spalte b: Verbindung Pinnetz 3 an der Kanaloberkante mit Pinnetz 3 an der Kanalunterkante. Erweitern der Spuren 1, 5 und 6.

— Spalte c: Verbindung Pinnetz 3 mit Netz 3. Da Netz 1 ein nachfolgend oben angeschlossenes Netz ist, wird es vertikal mit Spur 2 verbunden. Erweitern der Spuren 1, 2 und 5.

— Spalte d: Verbindung Pinnetz 4 mit Spur 6. Verbindung Pinnetz 1 mit Netz 1 auf Spur 2. Erweitern der Spuren 1, 5 und 6.

— Spalte e: Verbindung Pinnetz 4 mit Netz 4 auf Spur 6. Netz 4 wird vertikal auf Spur 2 geführt, da es ein nachfolgend oben angeschlossenes Netz ist. Erweitern der Spuren 1, 2 und 5.

— Spalte f: Verbindung Pinnetz 3 mit Netz 3 auf Spur 1 und Pinnetz 2 mit Netz 2 auf Spur 5. Da Netz 3 ein nachfolgend unten angeschlossenes Netz ist, wird es vertikal mit Spur 4 verbunden. Erweitern der Spuren 2 und 4.

— Spalte g: Verbindung Pinnetz 4 mit Netz 4 auf Spur 2 und Pinnetz 3 mit Netz 3 auf Spur 4. Erweitern der Spur 6.

— Spalte h: Verbindung Pinnetz 3 mit Netz 3 auf Spur 6.

Ergebnis:

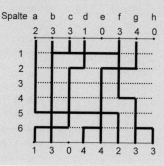

6.6 Switchbox-Verdrahtung

6.6.1 Problembeschreibung

Wie bereits erwähnt, liegen bei Switchboxen die Anschlüsse an allen vier Seiten, d.h. die Abmessung der Verdrahtungsfläche ist fest vorgegeben (s. Abb. 6.1). Damit ist die Lösung des Verdrahtungsproblems bei Switchboxen deutlich schwieriger als bei Kanälen. Innerhalb der Verdrahtungsfläche befinden sich i.Allg. keine Hindernisse.

Die nachfolgend genannten Switchbox-Verdrahtungsalgorithmen beruhen auf folgenden Annahmen:

— Die Switchbox ist als Region R definiert, mit $R = \{0, 1, \ldots, m\} \times \{0, 1, \ldots, n\}$, wobei m und n positive ganze Zahlen sind, welche die Spalten- und Spuranzahl der Switchbox angeben (Abb. 6.19 links). Eine Switchbox hat damit $m+1$ vertikal verlaufende Spalten und $n+1$ horizontal angeordnete Spuren. Die Spalten $1, 2, \ldots, m-1$ werden oft auch mit den Buchstaben a, b, c, ... gekennzeichnet (Abb. 6.19 Mitte).

— Die nullte bzw. m-te Spalte sind die linke bzw. rechte Grenze der Switchbox. Analog sind die nullte bzw. n-te Spur die untere bzw. die obere Grenze der Switchbox (man beachte den Unterschied zum Kanal). Auf diesen Grenzen liegen die Anschlüsse, d.h. sie sind für die Verdrahtung nur bedingt nutzbar.

— Jedes Punktepaar (Koordinatenpaar) (i, j) in R ist ein Gitterpunkt, mit Spaltennummer $i \in \{0, 1, \ldots, m\}$ und Spurnummer $j \in \{0, 1, \ldots, n\}$.

— Die Verbindungsdefinition und die Koordinate jedes Anschlusses sind durch $LEFT(j) = netz$, $RIGHT(j) = netz$, $TOP(i) = netz$ und $BOT(i) = netz$ gegeben. Damit sind die Seiten der Switchbox und durch i bzw. j die jeweilige Koordinate auf dieser Seite festgelegt. Der Parameter $netz$ gibt die Netznummer an.

— Das Verdrahtungsziel besteht darin, die Anschlüsse mit identischer Netznummer zu verbinden. Verdrahtungswege befinden sich nur horizontal auf den Spuren bzw. vertikal auf entsprechenden Spalten, wobei eine Spur bzw. eine Spalte immer nur von einem Netz belegt sein darf (Abb. 6.19 rechts). Netze dürfen sich kreuzen.

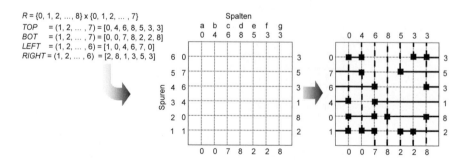

Abb. 6.19 Switchbox-Verdrahtungsaufgabe (links und Mitte) und eine mögliche Lösung (rechts).

▶ 6.6.2 Algorithmen für die Switchbox-Verdrahtung

Luk stellte 1985 einen der am weitesten verbreiteten Verdrahtungsalgorithmen für Switchboxen vor [6.10]. Dabei wurde der Greedy-Kanalverdrahtungsalgorithmus von *Rivest* und *Fiduccia* (s. Kap. 6.5.3) für das Switchbox-Verdrahtungsproblem weiterentwickelt. Wesentliche Änderungen sind

—   die Zuordnung von Pinanschlüssen auch links und rechts,

—   das direkte Einbringen der linken Pinanschlüsse als horizontale Spuren, und

—   Vertikal-Zusammenführungen (Jogs), die nicht mehr nur für die oberen und unteren Anschlüsse (Schritt 4 in Kap. 6.5.3) eingebracht werden, sondern auch für horizontale Anschlüsse mit dem Ziel, den rechts liegenden horizontalen Anschluss zu erreichen.

Die Leistungs- und Zeiteffizienz entspricht dem Greedy-Algorithmus für die Kanalverdrahtung, wobei die dort gegebene Garantie der Lösungsfindung hier nicht besteht, da die rechte Switchbox-Seite in ihrer Lage fixiert ist.

Beispiel für die Greedy-Switchbox-Verdrahtung (s. auch Abb. 6.19)

$R = \{0, 1, 2, ..., 8\} \times \{0, 1, 2, ..., 7\}$
TOP $= (1, 2, ..., 7)$ $= [0, 4, 6, 8, 5, 3, 3]$
BOT $= (1, 2, ..., 7)$ $= [0, 0, 7, 8, 2, 2, 8]$
$LEFT$ $= (1, 2, ..., 6)$ $= [1, 0, 4, 6, 7, 0]$
$RIGHT$ $= (1, 2, ..., 6)$ $= [2, 8, 1, 3, 5, 3]$

Die Abmessungen seien mit sieben Spalten und sechs Spuren festgelegt. Die Bezeichnung der Spuren erfolgt von 1 (unten) bis 6 (oben) und die der Spalten mit a (links) bis g (rechts).

Nachfolgend sind die in jeder Spalte durchgeführten Schritte angegeben:

—   Spalte a: Pinnetze 1, 4, 6, 7 werden eingeführt. Da Netz 4 ein nachfolgend oben angeschlossenes Netz ist, wird es auf Spur 6 geführt. Führen von Netz 1 von Spur 1 auf Spur 2. Erweitern der Spuren 2, 4, 5 und 6.

—   Spalte b: Verbindung Pinnetz 4 mit Netz 4 auf Spur 6. Da Netz 7 ein unten angeschlossenes Netz ist, wird es vertikal auf Spur 1 geführt. Erweitern der Spuren 1, 2 und 4.

—   Spalte c: Verbindung Pinnetz 6 mit Netz 6 auf Spur 4. Verbindung Pinnetz 7 mit Netz 7 auf Spur 1. Führen von Netz 1 von Spur 2 auf Spur 3. Erweitern der Spur 3.

—   Spalte d: Verbindung Pinnetz 8 oben und unten. Erweitern der Spuren 2 und 3.

—   Spalte e: Verbindung Pinnetz 2 mit Spur 1 und Pinnetz 5 mit Spur 5. Erweitern der Spuren 1, 2, 3 und 5.

—   Spalte f: Verbindung Pinnetz 2 mit Netz 2 auf Spur 1 und Pinnetz 3 mit Spur 6. Erweitern der Spuren 1, 2, 3, 5 und 6.

—   Spalte g: Verbindung Pinnetz 3 mit Netz 3 auf Spur 6 und Pinnetz 8 mit Netz 8 auf Spur 2. Führen von Netz 3 von Spur 6 auf Spur 4. Erweitern der Spuren 1, 2, 3, 4, 5, 6 zur Verbindung der rechten Anschlüsse.

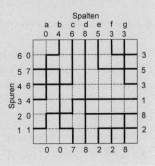

Ousterhout et al. entwickelten 1984 einen Kanal- und Switchbox-Router, welcher auch Hindernisse innerhalb des Kanals bzw. der Switchbox, wie z.B. vorverlegte Netze, berücksichtigt [6.11]. Auch diese Strategie basiert auf dem Greedy-Kanalverdrahungsalgorithmus (s. Kap. 6.5.3).

Cohoon und *Heck* stellten 1988 einen sehr schnellen Switchbox-Router vor, genannt BEAVER, welcher sowohl die Viaanzahl als auch die Netzlänge minimiert [6.2]. Daneben wird die maximale Nutzung einer vorgegebenen Vorzugsrichtung der jeweiligen Ebene angestrebt. Es werden vier nacheinander abzuarbeitende Strategien benutzt:

1. Eck-Verdrahtung, wobei einfache Knicke zwischen Pinanschlüssen über eine Ecke realisiert werden,
2. Line-Sweep-Verdrahtung zur Erzeugung gerader Verbindungen sowie einfacher und zweifacher Knickverbindungen,
3. Thread („Einfädel")-Verdrahtung, wobei Verbindungen beliebiger Form realisiert werden und
4. Lagenzuordnung, wobei man die einzelnen Verbindungen, welche noch keine Lagenzuordnung erfahren haben, einer bestimmten Ebene zuordnet.

Die Lösungsqualität von BEAVER hinsichtlich Verbindungslänge und Viaanzahl übertrifft die meisten der bis zu seiner Veröffentlichung bekannt gewordenen Switchbox-Algorithmen.

Ein weiterer, oft zitierter Switchbox-Verdrahtungsalgorithmus ist PACKER, welcher von *Gerez* und *Herrmann* 1989 vorgestellt wurde [6.6]. Bei PACKER wendet man zwei Schritte an:

1. Jede Netzverbindung wird zuerst ohne die Berücksichtigung anderer Netze realisiert.
2. Die unter 1. entstandenen Konflikte wie Kurzschlüsse, Doppelbelegungen usw. werden iterativ beseitigt. Dabei kommt eine sog. CPLT-Strategie (CPLT: Connectivity Preserving Local Transformations) zur Anwendung, welche Netzsegmente umformt bzw. verlegt, ohne dabei das Netz aufzutrennen.

6.7 OTC-Verdrahtung

▶ **6.7.1 Problembeschreibung**

Die in Kap. 6.5 erwähnten klassischen Kanalverdrahtungsalgorithmen wurden für die 2-Ebenen-Verdrahtung entwickelt. Auch wenn man sie für mehr als zwei Lagen anwenden kann, z.B. durch sequentielle Abarbeitung von jeweils zwei Ebenen, haben sich für Strukturen mit mehr als zwei Lagen zwei andere Vorgehensweisen herausgebildet:

–   Die Zellen werden ohne Kanalzwischenräume platziert bzw. immer zwei Zellenreihen werden zusammengefasst („Back to back"). Die Zellenebenen, i.Allg.

Poly und Metal1, benutzt man somit nur zur internen Verdrahtung der Zellen. Die darüber liegenden Ebenen Metal2, Metal3 usw. stehen komplett, d.h. ohne Hindernisse, zur externen Verdrahtung der Zellen zur Verfügung (s. auch Abb. 5.6 in Kap. 5). Diese Ebenen werden mit einem Raster aus gleichmäßig verteilten Rechtecken, den bereits vorgestellten 3D-Switchboxen oder Tiles, überzogen und global verdrahtet. Die Feinverdrahtung findet anschließend innerhalb jeder 3D-Switchbox statt. Damit kommen Globalverdrahtungsalgorithmen (s. Kap. 5) und Switchbox-Verdrahtungsalgorithmen (s. Kap. 6.6) zur Anwendung.

– Auf den Ebenen der internen Zellenverdrahtung, d.h. meist Poly und Metal1, werden zwischen den Zellen noch Kanäle angelegt, diese aber nur teilweise zur externen Verdrahtung zwischen den Zellen benutzt. Geeignete Netze, die z.B. nur auf einer Kanalseite anzuschließen sind, werden in den darüber liegenden „kanallosen" Lagen (also Metal2, evtl. Metal3) verlegt, wobei dort die gesamte Chipfläche zur Verfügung steht (Abb. 6.20). Für die noch verbleibenden Netze wendet man innerhalb der Kanäle Kanalverdrahtungsalgorithmen an (s. Kap. 6.5).

Das letztgenannte Modell wird hier als OTC-Verdrahtung (OTC: Over the cell) bezeichnet und ist Gegenstand dieses Kapitels.

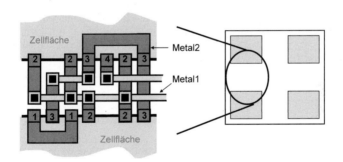

Abb. 6.20 Prinzip der OTC-Verdrahtung bei zwei Verdrahtungsebenen.

Der Verdrahtungsablauf unter Einbeziehung der OTC-Fläche gestaltet sich i.Allg. folgendermaßen:
1. Auswahl von Netzen bzw. Netzsegmenten, welche über den Zellen und damit außerhalb des Kanals verdrahtet werden können,
2. Verdrahtung dieser Netze bzw. Netzsegmente in der OTC-Fläche,
3. Verdrahtung der restlichen Netze bzw. Netzsegmente innerhalb des Kanals.

Cong und *Liu* zeigen in [6.3], dass die Schritte 1 und 2 mit quadratisch wachsender Rechenkomplexität optimal gelöst werden können.

Die OTC-Verdrahtung wird hauptsächlich bei drei zur Verfügung stehenden Verdrahtungsebenen angewendet. Abb. 6.21 stellt einen Ausschnitt aus einem 3-Lagen-

Schaltkreis mit Standardzellen dar, bei dem man die dritte Lage sowohl im Kanal als auch über den Zellen für die horizontale Verdrahtungsrichtung benutzt.

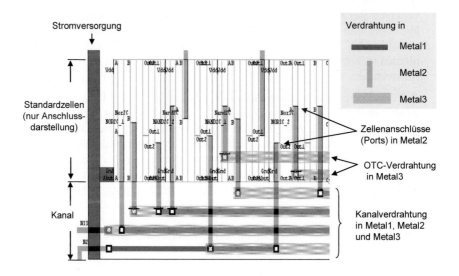

Abb. 6.21 Ausschnitt aus einem realen Schaltungsbeispiel mit OTC-Verdrahtung bei drei Verdrahtungsebenen, wobei nur die Verdrahtung und die Zellenanschlüsse (Ports) dargestellt sind (Tanner Research, Inc.).

► 6.7.2 Algorithmen für die OTC-Verdrahtung

Braun et. al stellten im Jahre 1988 OTC-Verdrahtungstechniken vor, welche sie als „Chameleon" bezeichnen [6.1]. Dabei werden zwei Schritte angewendet:
1. Partitionierung des Verdrahtungsproblems in 2- und 3-Lagen-Teilnetze mit dem Ziel, die Gesamtverdrahtungsfläche zu minimieren, und
2. detaillierte Verdrahtung dieser Teilnetze.

Wesentliches Merkmal von „Chameleon" ist die Fähigkeit, technologische Randbedingungen lagenspezifisch zu berücksichtigen. Zum Beispiel lassen sich die Verdrahtungsbreiten und der Verdrahtungsabstand pro Ebene definieren. Auch das bei Mehrlagen-Strukturen dominante Problem der technologischen Realisierbarkeit von mehreren übereinander liegenden Vias („Via stacking") wurde einbezogen.

Cong, Wong und *Liu* wählten in [6.4] eine andere Vorgehensweise. Bei ihnen wird eine zuerst erzielte 2-Lagen-Verdrahtung in eine 3-Lagen-Verdrahtung überführt. Die Übertragung besteht aus mehreren Einzelschritten, wie z.B. kürzeste Wegfindung, welche auf Algorithmen für die Flächenverdrahtung (s. Kap. 7) beruhen.

Bei der 3-Lagen-Struktur wird ein HVH-Lagenmodell (erste Lage horizontale, zweite Lage vertikale und dritte Lage horizontale Verdrahtungsrichtung) benutzt. Ihre Vorgehensweise lässt sich auch auf 4-Ebenen-Strukturen übertragen.

Ho et. al stellten eine für die OTC-Verdrahtung anpassbare Strategie vor, bei der die Netze spurweise mittels eines Greedy-Algorithmus (s. Kap. 6.5.3) verlegt werden [6.8]. Wesentliche Merkmale sind sehr einfache Heuristiken und die Möglichkeit der Rückverfolgung von Verdrahtungsschritten, womit sich die Ergebnisse iterativ optimieren lassen. So wurden z.B. für das wohl berühmteste Kanalverdrahtungsproblem, das sog. „Deutsch Difficult Example", nur 19 Spuren auf zwei Ebenen benötigt, was der lokalen Dichte in der Zonendarstellung und damit dem globalen Optimum entspricht.

Eine weitere Strategie mit sehr einfachen Heuristiken, die sich für 2- und für 3-Lagen-Verdrahtungen anwenden lässt, wurde von *Yoeli* 1991 veröffentlicht [6.14]. Es sind sowohl das HVH- als auch das VHV-Lagen-Modell benutzbar. Auch dieser Algorithmus löst das „Deutsch Difficult Example" in 19 Spuren.

Holmes, *Sherwani* und *Sarrafzadeh* präsentierten 1993 einen als WISER bezeichneten OTC-Kanalverdrahtungsalgorithmus [6.9], welcher sich durch zwei Eigenschaften von den bisher vorgestellten Algorithmen unterscheidet:

— Ausnutzung von freien, d.h. nicht-angeschlossenen Pinpositionen und Zellendurchgängen, um die Anzahl der in der OTC-Fläche verlegbaren Netze zu erhöhen (Abb. 6.22), und

— eine hochgradig optimierte Auswahl von geeigneten Netzen, die in den OTC-Flächen verdrahtet werden.

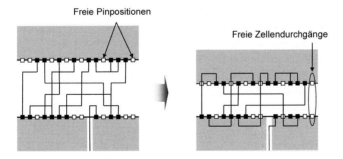

Abb. 6.22 Nutzung von freien Pinpositionen zur OTC-Verdrahtung in WISER, womit die benötigten Kanalspuren von vier auf zwei verringert werden konnten (nach [6.9]). Noch verbleibende beiderseitig freie Pinpositionen ermöglichen Durchgänge durch die Zellenreihen von Verbindungen zwischen benachbarten Kanälen.

Aufgaben zu Kapitel 6

Aufgabe 1: Left-Edge-Algorithmus

Gegeben sei ein Kanal mit folgender Anschlussbelegung:
$TOP = [1,2,1,0,5,4,0,6]$ und $BOT = [2,3,4,1,3,6,5,0]$.

a) Bestimmen Sie die maximalen Mengen $S(k)$ und die minimal benötigte Spuranzahl.

b) Zeichnen Sie den horizontalen (HCG) und vertikalen Verträglichkeitsgraphen (VCG).

c) Nutzen Sie den Left-Edge-Algorithmus, um diesen Kanal zu verdrahten. Dazu sind bei jeder Spur die platzierten Netze und der erneuerte VCG anzugeben. Das am Ende vorliegende Verdrahtungsergebnis ist zu zeichnen.

Aufgabe 2: Dogleg-Left-Edge-Algorithmus

Gegeben sei ein Kanal mit folgender Anschlussbelegung:
$TOP = [1,1,2,0,1,4,3,5]$ und $BOT = [0,2,3,1,3,5,4,4]$.

a) Zeichnen Sie den vertikalen Verträglichkeitsgraphen (VCG) ohne Netzaufsplittung.

b) Führen Sie mittels der Zonendarstellung eine Aufsplittung der Netze durch. Bestimmen Sie die Mengen $S(k)$ für jede Spalte a bis h.

c) Zeichnen Sie den entsprechenden vertikalen Verträglichkeitsgraphen (VCG).

d) Geben Sie die minimal benötigte Spuranzahl für diesen Kanal ohne und mit Netzaufsplittung an. Begründen Sie Ihre Antworten.

e) Nutzen Sie den Dogleg-Left-Edge-Algorithmus, um diesen Kanal zu verdrahten. Dazu sind bei jeder Spur die platzierten Netze und der erneuerte VCG anzugeben. Das am Ende vorliegende Verdrahtungsergebnis ist zu zeichnen.

Aufgabe 3: Switchbox-Verdrahtung

Nutzen Sie den Greedy-Switchbox-Router, um die folgende Switchbox innerhalb der vorgegebenen Spuren- und Spaltenzahl zu verdrahten. Die Bezeichnung der Spuren erfolgt von unten nach oben und die der Spalten von links nach rechts.
$LEFT = [0,7,1,6,2,0]$, $RIGHT = [0,4,3,5,7,0]$,
$BOT = [0,1,6,7,4,0]$, $TOP = [0,1,3,5,2,4]$.

Bei jeder Spalte sind die platzierten Netze und ihre Spurzuordnung anzugeben. Das am Ende vorliegende Verdrahtungsergebnis ist zu zeichnen.

Literatur zu Kapitel 6 ▬▬▬

[6.1] Braun, D.; Burns, J. L.; Romeo, F.; Sangiovanni-Vincentelli, A.; Mayaram, K.; Devadas, S.; Ma, H.-K. T.: Techniques for Multilayer Channel Routing. IEEE Trans. on CAD, vol. 7, no. 6, 698-712, June 1988

[6.2] Cohoon, J. P.; Heck, P. L.: BEAVER, A Computational-Geometry-Based Tool for Switchbox-Routing. IEEE Trans. on CAD, vol. 7, no. 6, 684-697, June 1988

[6.3] Cong, J.; Liu, C. L.: Over-the-Cell Channel Routing. IEEE Trans. on CAD, vol. 9, no. 4, 408-418, April 1990

[6.4] Cong, J.; Wong, D. F.; Liu, C. L.: A New Approach to Three- or Four-Layer Channel Routing. IEEE Trans. on CAD, vol. 7, no. 10, 1094-1104, Oct. 1988

[6.5] Deutsch, D. N.: A "Dogleg" Channel Router. Proc. of the 13th Design Automation Conf., 425-433, 1976

[6.6] Gerez, S. H.; Herrmann, O. E.: Switchbox Routing by Stepwise Reshaping. IEEE Trans. on CAD, vol. 8, no. 12, 1350-1361, Dec. 1989

[6.7] Hashimoto, A.; Stevens, J.: Wire Routing by Optimizing Channel Assignment Within Large Apertures. Proc. of the 8th Design Automation Workshop, 155-163, 1971

[6.8] Ho, T.; Iyengar, S. S.; Zheng, S.: A General Greedy Channel Routing Algorithm. IEEE Trans. on CAD, vol. 10, no. 2, 204-211, Feb. 1991

[6.9] Holmes, N.; Sherwani, N. A.; Sarrafzadeh, M.: Utilization of Vacant Terminals for Improved OTC Channel Routing. IEEE Trans. on CAD, vol. 12, no. 6, 780-792, June 1993

[6.10] Luk, W. K.: A Greedy Switchbox Router. Integration, The VLSI Journal, vol. 3, 129-149, 1985

[6.11] Ousterhout, J. K.; Hamachi, G. T.; Mayo, R. N.; Scott, W. S.; Taylor G. S.: Magic: A VLSI Layout System. Proc. of 21st Design Automation Conf., 152-159, 1984

[6.12] Rivest, R. L.; Fiduccia, C. M.: A Greedy Channel Router. Proc. of the 19th Design Automation Conf., 418-424, 1982

[6.13] Sait, S. M.; Youssef, H.: VLSI Physical Design Automation. World Scientific Publishing Co. Pte. Ltd., 1999, 2001

[6.14] Yoeli, U.: A Robust Channel Router. IEEE Trans. on CAD, vol. 10, no. 2, 211-219, Feb. 1991

[6.15] Yoshimura, T.: An Efficient Channel Router. Proc. of 21st Design Automation Conf., 38-44, 1984

[6.16] Yoshimura, T.; Kuh, E. S.: Efficient Algorithms for Channel Routing. IEEE Trans. on CAD, vol. 1, no. 1, 25-35, Jan. 1982

Kapitel 7

Flächenverdrahtung

7

7

7 Flächenverdrahtung

7.1 Einführung

Die Verdrahtung einer Baugruppe schließt sich an die Platzierung an. Sie erfolgt entweder in zwei Schritten (Global- und Feinverdrahtung, s. Kap. 5 und 6), oder sie wird direkt in einem Schritt durchgeführt. In diesem Fall spricht man von Flächenverdrahtung (Area routing), welche Gegenstand dieses Kapitels ist.

Die Aufteilung in Global- und Feinverdrahtung wird bei digitalen Schaltkreisen und teilweise auch bei Multichip-Modulen (MCMs) vorgenommen, da diese aufgrund der Entwurfskomplexität nicht in einem Schritt verdrahtet werden können. Bei analogen Schaltkreisen, bei Leiterplatten und gegebenenfalls auch bei MCMs wendet man dagegen bevorzugt die Flächenverdrahtung an. Bei dieser werden die in der Netzliste enthaltenen Verbindungsinformationen direkt in ein Verdrahtungsergebnis umgesetzt.

Die Aufgabe bei der Flächenverdrahtung besteht in der erfolgreichen Einbettung aller Netze auf technologisch und elektrisch sinnvollen Verdrahtungswegen, wobei die Layoutfläche in ihrer Gesamtheit betrachtet wird und die Einbettung ohne eine vorherige globale Zuweisung (Globalverdrahtung) erfolgt. Dabei sind Randbedingungen einzuhalten, und die Optimierung von Zielfunktionen (z.B. minimale Verbindungslänge) ist anzustreben.

Die zu berücksichtigenden Randbedingungen lassen sich in technologische (Anzahl von Verdrahtungsebenen, minimale Leiterzugbreite, minimaler Leiterzugabstand usw.) und elektrische (Einhaltung von maximalen Signallaufzeiten, Verhinderung von Kopplungen usw.) unterteilen. Dazu kommen entwurfsmethodische Randbedingungen (z.B. die Vorgabe einer festen Platzierung oder die Einhaltung von Vorzugsrichtungen), welche künstlich eingeführt werden, um die Lösung der Verdrahtungsaufgabe zu erleichtern.

In einem automatischen Verdrahtungswerkzeug sind diese verschiedenen Randbedingungen in Form von geometrischen Regeln abgebildet. Sie entsprechen im Wesentlichen den Entwurfsregeln (Design rules), die technologieabhängig bei jeder Entwurfsaufgabe vorgegeben sind. Moderne Verdrahtungswerkzeuge sind darüber hinaus in der Lage, elektrische Randbedingungen *direkt* zu berücksichtigen, indem z.B. die Signalverzögerung eines Netzes während der Verdrahtung, gegebenenfalls unter Einschluss von benachbarten Leitungen, berechnet wird.

Verallgemeinert gilt, dass bei der Verbindung eines Netzes eine kurze Netzlänge anzustreben ist, weil damit die benötigte Verdrahtungsfläche minimiert und die Signaleigenschaften verbessert werden. So ist z.B. in Abb. 7.1 der linke Verbindungsweg zu bevorzugen, da dieser der kürzest mögliche ist. Seine Länge entspricht der Manhattan-Entfernung beider Punkte, also der halben Länge des umschließenden Rechtecks, und ist demzufolge in Manhattan-Metrik nicht zu unterbieten.

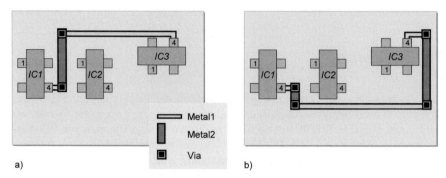

Abb. 7.1 Zwei mögliche Verbindungswege eines 2-Punkt-Netzes, welches die Pins *IC1*_4 und *IC3*_4 verbindet.

Die Komplexität des Verdrahtungsproblems führt dazu, dass die Netze bei den meisten Verdrahtungswerkzeugen sequentiell verlegt werden. Damit hat die Verdrahtungsreihenfolge der Netze einen maßgeblichen Einfluss auf die Gesamtqualität des Verdrahtungsergebnisses. So könnte z.B. in Abb. 7.1 die bei bloßer Einzelbetrachtung bevorzugte Verbindung in (a) eventuell nachfolgende Verbindungen des Bauelementes *IC2* behindern und damit die unter (b) dargestellte Verbindung, im Gesamtkontext betrachtet, besser sein. Neben dieser Beachtung der Netzreihenfolge ist auch noch die interne Abarbeitung eines Mehrpunktnetzes zu berücksichtigen, d.h. bei mehr als zwei Netzanschlüssen ist deren sinnvolle Verbindungsreihenfolge zu ermitteln.

Damit sind vor der eigentlichen Wegfindung bzw. ggf. auch zeitgleich mit dieser folgende Aufgaben zu lösen:

1. Festlegen der Abarbeitungsfolge der Netze (Netzreihenfolge) und

2. Festlegen der Reihenfolge, in der die einzelnen Anschlüsse eines Netzes miteinander zu verbinden sind (Anschlussfolge).

Auf die Festlegung der Netzreihenfolge im Rahmen der Flächenverdrahtung wird in Kap. 7.3 eingegangen.

Zur Festlegung der Anschlussfolge innerhalb eines Netzes bestehen verschiedene Möglichkeiten, z.B.:

— Nutzung von Steinerbaum-basierten Algorithmen (s. Kap. 5) oder anderer Methoden, die ein Netz in 2-Punkt-Verbindungen aufspalten.

— Anwendung von geometrischen Kriterien. Beispielsweise lassen sich Anschlüsse nach aufsteigenden x-Koordinaten ordnen, um sie dann von links nach rechts zu verbinden, oder es wird vom geometrischen Mittelpunkt des Netzes nach außen hin verdrahtet.

Oftmals unterstützt man das Ermitteln einer geeigneten Anschlussfolge innerhalb eines Netzes, indem das bereits verdrahtete Teilnetz *vollständig* als Ziel- oder Ausgangspunkt bei der Wegsuche berücksichtigt wird. Unter Anwendung eines Wegsuche-Algorithmus mit kürzester Weglänge ergeben sich so Steinerpunkte, welche Netzlängen verkürzen und auch bei ungünstig gewählter Anschlussfolge im Sinne einer „Selbstregulierung" ausgleichend wirken.

Im Allgemeinen gilt, dass die Abarbeitungsreihenfolge von Netzanschlüssen stark vom Charakter des jeweiligen Verdrahtungsalgorithmus abhängt, womit generelle Aussagen, wie sie z.B. in Kap. 7.3 zur Netzreihenfolge getroffen werden, nicht möglich sind.

7.2 Begriffsbestimmungen

Rasterverdrahtung bzw. **Labyrinthverdrahtung (Grid routing, maze routing):** Wegsuche-Algorithmus arbeitet rasterbasiert, d.h. Finden des Verdrahtungsweges beruht auf der Suche in einem Raster.

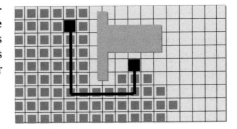

Linienverdrahtung (Line probe routing): Wegsuche-Algorithmus arbeitet linienbasiert, d.h. Finden des Verdrahtungsweges beruht auf sich ausbreitenden Strahlen bzw. Geraden.

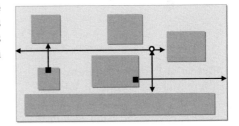

Rasterunabhängige bzw. **rasterfreie Verdrahtung (Shape based routing):** Reale Formen und Abmessungen der Verdrahtungsbahnen werden (rasterunabhängig) berücksichtigt (anstelle von abstrakten, rasterabhängigen „Strichmodellen").

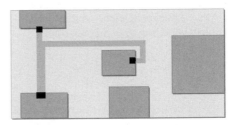

Verdrahtung der Taktnetze (Clock routing): Verdrahtung des Takt- bzw. Clock-Signals, wobei zum Erzielen identischer Signallaufzeiten die Ankunftszeit des Signals an den jeweiligen Senken genau abgestimmt erfolgen muss. Verwendung finden insbesondere der Gleichgewichtsbaum (Balanced tree, links) und der H-Baum (H tree, rechts).

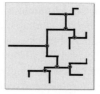

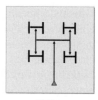

Gleichgewichtsbaum   H-Baum

Verdrahtung der Versorgungsnetze (Power routing): Verdrahtung der Stromversorgungs- und Masseleitungen, wobei auf gleiches Spannungs- und Massepotential in allen Layoutgebieten geachtet werden muss. Im Wesentlichen bieten sich dazu ein Versorgungsgitter (Power mesh, links), Ringverdrahtung (Power ring), Sternverdrahtung (Star routing) und verschiedene Baumstrukturen (Interdigitated trees, rechts) an.

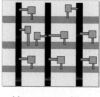

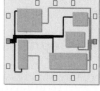

Versorgungsgitter   Baumstruktur

Bus-Verdrahtung (Bus routing): Verdrahtung von Busleitungen.

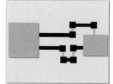

Differential-Pair-Verdrahtung (Differential pair routing): Verdrahtung zweier Leitungen, deren Kapazitäts- oder Widerstandswerte sich nicht unterscheiden dürfen. Zur Erzielung identischer Eigenschaften werden i.Allg. Längenabgleiche durch den Einbau von Umwegen durchgeführt.[1]

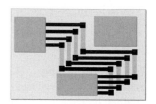

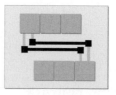

---

[1] Wenn man bei *konstanter* Leiterbahnbreite die Längen abgleicht, d.h. über Umwege identische Längen erzwingt, so werden automatisch Kapazität (über gleiche Flächen) und Widerstand (über gleiche Längen) symmetrisiert, womit sich gleiche Leitungsimpedanzen ergeben.

7.3 Festlegung der Netzreihenfolge

Im Gegensatz zur Kanalverdrahtung, bei der die Reihenfolge der Abarbeitung der einzelnen Netze nur eine untergeordnete Bedeutung besitzt, spielt die optimierte Festlegung der Netzreihenfolge bei der Flächenverdrahtung eine dominierende Rolle hinsichtlich der globalen Lösungsqualität.

Hintergrund dieser Problematik ist, dass ein einmal verdrahtetes Netz als Hindernis für die nachfolgend zu verbindenden Netze gilt. Damit hat die Reihenfolge der Netzverdrahtung Einfluss auf den Verdrahtungserfolg der einzelnen Netze. Selbst wenn sich alle Netze einzeln verbinden lassen, so kann eine ungünstige Netzreihenfolge dazu führen, dass die Netze *nacheinander* nicht verdrahtbar sind (Abb. 7.2). Außerdem ist die erzielte Verdrahtungsqualität stark von der Netzreihenfolge abhängig, wie Abb. 7.3 anhand der Verbindungslänge verdeutlicht.

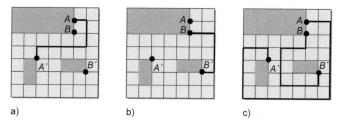

a)   b)   c)

Abb. 7.2 Einfluss der Netzreihenfolge auf die Verdrahtbarkeit. Die optimale Verbindung von Netz *A* verhindert die Verdrahtung von Netz *B* (a) und umgekehrt (b). Nur die nicht-optimale Verbindung jedes der beiden Netze ermöglicht die Gesamtverdrahtung (c).

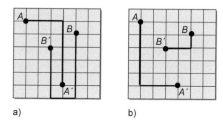

a)   b)

Abb. 7.3 Einfluss der Netzreihenfolge auf die Verbindungslänge. Die vorrangige Verbindung von Netz *A* (a) oder von Netz *B* (b) führt zu unterschiedlichen Gesamtverbindungslängen.

Da ein Verdrahtungsalgorithmus immer nur das jeweils zu verlegende Netz im Blickfeld hat, lassen sich nachfolgend zu verdrahtende Verbindungen nur schwer oder gar nicht berücksichtigen. Somit kommt der zuvor festzulegenden Netzreihenfolge eine große Bedeutung zu.

Für *n* Netze ist die Suche nach der optimalen Reihenfolge von der Rechenkomplexität O(*n*!), so dass sich diese Aufgabe einer optimalen algorithmischen Lösung entzieht. Bei der Bestimmung der Netzreihenfolge verfährt man daher oft nach zuvor festgelegten Regeln, von denen hier die vier wichtigsten vorgestellt werden. Die Regeln 1 und 2 beziehen sich dabei auf die Netzlänge L_{netz}, die Regeln 3 und 4 auf die Netztopologie hinsichtlich des minimal umschließenden Rechtecks MR(N) eines Netzes N.

Regel 1: Verdrahtung von Netz N_j vor N_k, falls $L_j < L_k$, d.h. kürzere Netze werden zuerst verbunden (Abb. 7.4).

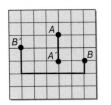
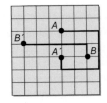

Abb. 7.4 Die vorrangige Verdrahtung des kürzeren Netzes A (links) und, im Gegensatz dazu, von Netz B (rechts).

Regel 2: Verdrahtung von Netz N_j vor N_k, falls $L_j > L_k$, d.h. längere Netze werden zuerst verbunden. Diese Regel folgt aus der Beobachtung, dass längere Netze oft am Ende eines komplexen Verdrahtungsvorganges nicht mehr verbindbar sind und daher vorrangig behandelt werden sollten.

Regel 3: Verdrahtung von Netz N_j vor N_k, falls Pins von N_j ($P \in N_j$) innerhalb des minimal umschließenden Rechtecks MR (N_k) des Netzes N_k liegen (Abb. 7.5).

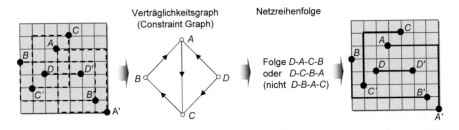

Abb. 7.5 Festlegung der Netzreihenfolge nach der Lage der Anschlüsse im umschließenden Rechteck des jeweils anderen Netzes. Das Netz wird zuerst verdrahtet, welches Pins im umschließenden Rechteck des anderen Netzes hat. Hier ergeben sich zwei mögliche Netzreihenfolgen, D-A-C-B und D-C-B-A.

Regel 4: Verdrahtung von Netz N_j vor N_k, falls $\pi(N_j) < \pi(N_k)$, mit $\pi(N_k)$ Anzahl der Pins in MR (N_k), d.h. es ist das Netz vorrangig zu verdrahten, welches die wenigsten Pins anderer Netze innerhalb seines minimal umschließenden Rechtecks MR hat.

Diese Regel ist von Regel 3 abgeleitet, bei der zuerst das Netz zu verdrahten ist, welches Pins innerhalb der umschließenden Rechtecke der anderen Netze hat. Verallgemeinert heißt das, je mehr Pins sich innerhalb des umschließenden Rechtecks von Netz N_x befinden, umso mehr Verbindungen sollten *vor* dem Netz N_x verbunden werden. Im Umkehrschluss folgt daraus, dass das Netz mit den wenigsten Pins innerhalb seines umschließenden Rechtecks zuerst verdrahtet werden sollte, dann das

Netz mit den zweitwenigsten usw. Bei Gleichheit empfiehlt sich eine gesonderte Betrachtung der Pins auf dem Rand und im Innenbereich des umschließenden Rechecks, wobei innerhalb liegende Pins ausschlaggebend sein sollten (Abb. 7.6).

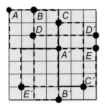

	Pins Innen (Rand)	$\pi(N)$
MR (A)	D (B,C)	3
B	- (A,C,D)	3
C	- (A)	1
D	- (-)	0
E	- (A,C)	2

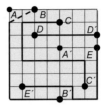

Abb. 7.6 Festlegung der Netzreihenfolge nach der Anzahl der Anschlüsse im umschließenden Rechteck, wobei das Netz mit den wenigsten Pins in seinem umschließenden Rechteck zuerst zu verdrahten ist. Damit ergibt sich in diesem Beispiel die Netzreihenfolge *D-C-E-B-A*. Hinweis: Dieses Beispiel ist seriell in Manhattan-Geometrie nicht verdrahtbar (s. Aufgaben zu Kapitel 7, Aufgabe 4).

7.4 Manhattan- und euklidische Metrik   7.4

Bei der Manhattan-Verdrahtung sind nur waagerechte und senkrechte Verbindungswege möglich, d.h. die einzelnen Netzsegmente sind orthogonal zueinander angeordnet, während bei der euklidischen Verdrahtung (All angle routing) diese Einschränkung nicht besteht. Auf die dabei zugrunde liegende Metrik und deren Eigenschaften soll nachfolgend eingegangen werden.

Die Abstandsfunktion in der Ebene für zwei Punkte (x_1, y_1) und (x_2, y_2) ist definiert mit

$$d = \sqrt[n]{|x_2 - x_1|^n + |y_2 - y_1|^n} \text{ , wobei}$$

$$n \begin{cases} = 1 & \text{Manhattan-Metrik} \\ & \text{(Rectilinear/Manhattan metric)} \\ = 2 & \text{Euklidische Metrik} \\ & \text{(Euclidian/Boston metric).} \end{cases}$$

$$d_M = |\Delta x| + |\Delta y|,$$

$$d_E = \sqrt{\Delta x^2 + \Delta y^2}.$$

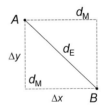

Die Manhattan- und die euklidische Metrik zeichnen sich durch folgende Eigenschaften aus:

— Zwischen zwei Punkten existieren i.Allg. mehrere kürzeste Manhattan-Pfade, die alle innerhalb des kleinsten umschreibenden Rechtecks liegen.

– Unter der Bedingung, dass alle Manhattan-Pfade zwischen zwei Punkten auf den dazwischen liegenden Gitterlinien j und k verlaufen und diese frei von Hindernissen sind, gilt für die Anzahl m der möglichen kürzesten Verbindungen in Manhattan-Metrik[2] :

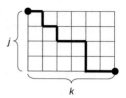

$$m = \binom{j+k-2}{j-1} = \frac{(j+k-2)!}{(j-1)! \cdot (k-1)!}.$$

– Zwei Punktepaare können kreuzungsfreie kürzeste Manhattan-Pfade besitzen, ohne dass sie kreuzungsfreie kürzeste euklidische Pfade besitzen, aber nicht umgekehrt.

– Wenn zwischen zwei Punktepaaren keine kreuzungsfreien kürzesten Manhattan-Pfade existieren, dann gilt das gleiche auch für kürzeste euklidische Pfade. Das heißt, dass bei einer nicht-realisierbaren kürzesten Manhattan-Verbindung auch keine kürzeste euklidische Verbindung möglich ist.

– Der Manhattan-Abstand ist i.d.R. nur wenig größer als der euklidische Abstand:

$$\frac{d_M}{d_E} = \begin{cases} 1{,}41 & \text{im ungünstigsten Fall, d.h. bei einer quadratischen} \\ & \text{Anordnung } (\Delta x = \Delta y) \\ 1{,}27 & \text{im statistischen Mittel ohne Hindernisse} \\ 1{,}15 & \text{im statistischen Mittel mit Hindernissen.} \end{cases}$$

Während bei Analogschaltungen sowie bei MCMs und Leiterplatten auch die euklidische Verdrahtung angewendet wird, dominiert bei digitalen Schaltungslayouts die Manhattan-Verdrahtung. Erste Ansätze, hier ebenfalls euklidische Verdrahtungsstrukturen einzusetzen, werden in Kap. 7.10 (X-Verdrahtung) vorgestellt.

7.5 Verdrahtung der Versorgungsnetze

Das Stromversorgungsnetz (Vdd) und die Masseleitung (GND) stellen die Versorgungsnetze der Schaltung dar, an die jede Zelle einer Schaltung anzuschließen ist.

---

[2]   Damit ergeben sich für das nebenstehende Beispiel mit $j = 5$ und $k = 7$ insgesamt 210 mögliche kürzeste Verbindungen.

Damit erstrecken sich diese Netze über die gesamte Schaltung, wodurch besondere Maßnahmen für deren Einbettung getroffen werden müssen. Üblicherweise verlegt man diese Netze daher zu Beginn der eigentlichen Verdrahtung, d.h. noch vor der Betrachtung der Signalnetze.

Die Verlegung der Stromversorgungs- und Masseleitungen einer elektronischen Schaltung unterscheidet sich von der Signalverdrahtung u.a. in folgenden Punkten:

— Die Versorgungsnetze sollten auf *einer* Ebene realisiert werden, d.h. möglichst ohne Vias auskommen. Dies resultiert aus den Via-spezifischen hohen Kapazitäts- und Widerstandswerten, welche den Anforderungen an eine stabile Stromversorgung widersprechen.

— Aufgrund der hohen Strombelastung haben Stromversorgungs- und Masseleitungen gegenüber Signalleitungen oft eine deutlich größere Breite, die dazu noch segmentspezifisch den Teilströmen anzupassen ist.

Unter den drei Voraussetzungen, dass nur zwei Versorgungsnetze in der Schaltung vorhanden sind und eine Zelle mit jedem Netz nur einfach verbunden sowie der Abstand zweier Zellen immer ausreichend für die Verdrahtung beider Netze ist, lässt sich eine planare Auslegung der Versorgungsnetze immer erreichen. Jede Schaltung kann hierzu durch eine sog. **Hamiltonsche Linie**, die durch alle Zellen verläuft, derart zerlegt werden, dass die Anschlüsse des einen Netzes nur links von dieser Linie, die des anderen Netzes nur rechts von dieser Linie liegen (Abb. 7.7). Die Versorgungsnetze breiten sich somit konfliktfrei von links und rechts als Bäume über die Schaltung aus und greifen „fingerförmig" ineinander.

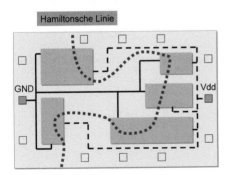

Abb. 7.7 Mittels einer durch alle Zellen verlaufenden Hamiltonschen Linie lässt sich eine planare Auslegung zweier Versorgungsnetze immer erreichen.

Bei der Verdrahtung der Stromversorgungs- und Masseleitungen sind i.Allg. drei sequentiell abzuarbeitende Schritte durchzuführen:

Schritt 1: Planar-topologische Darstellung der Netze

Sowohl das Stromversorgungs- als auch das Massenetz werden als Bäume dargestellt, die es in einer Ebene konfliktfrei zu verdrahten gilt.

Dazu werden beispielsweise zwei Bäume generiert, einer vom linken und der andere vom rechten Schaltungsrand (Abb. 7.8a). Die Bäume greifen ineinander, ohne dass es Überschneidungen gibt. Die Verdrahtungswege richten sich nach den Pinanschlüssen, wobei diese, vom Abstand zum linken bzw. rechten Schaltungsrand ausgehend, streng nacheinander angeschlossen werden. Damit wachsen die Bäume simultan „in die Schaltung hinein".

Schritt 2: Breitenberechnung der Netzsegmente

Die Breiten der einzelnen Netzsegmente ergeben sich aus den maximalen Strömen, die durch die Segmente fließen. Dazu werden die an die Segmente angeschlossenen Zellen mit ihren Stromwerten aufgerechnet, wobei es sich empfiehlt, den Baum sukzessive in einer Richtung abzuarbeiten. Danach sind die segmentbehafteten Stromwerte in Breitenangaben für die einzelnen Baumsegmente umzurechnen.

Schritt 3: Einbettung der Netzsegmente in die Verdrahtungsebene

Abschließend werden die Netzsegmente mit ihren individuellen Breiten auf die jeweilige Verdrahtungsebene übertragen und gelten dort als Sperrbereich für die anschließende Signalverdrahtung (Abb. 7.8b).

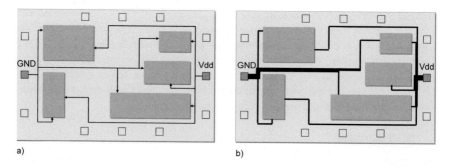

a)   b)

Abb. 7.8 Planar-topologische Darstellung der beiden Versorgungsnetze (a) und die sich ergebenden Breiten der einzelnen Netzsegmente (b).

7.6   7.6 Optimierungsziele

Das wesentliche Ziel bei der Flächenverdrahtung besteht in der elektrisch und technologisch gültigen Verbindung *aller* Netze einer Schaltung entsprechend der Netzliste. Neben dieser Vollständigkeit der Verdrahtung sind dabei oft noch weitere Ziele anzustreben, z.B.

– Minimierung der Gesamtverbindungslänge bzw. der Netzlänge des jeweils längsten Netzes

– Minimierung der Viaanzahl

– Minimierung der für die Verdrahtung benötigten Fläche und Ebenenanzahl

– Gleichverteilung der Verdrahtungsdichte

– Vermeidung von Kopplungen zwischen benachbarten Leitungen.

7.7 Sequentielle Verdrahtungsalgorithmen

Sequentielle Verdrahtungsalgorithmen zeichnen sich durch eine netzsequentielle Vorgehensweise aus, d.h. die Netze werden nacheinander verlegt. Da dies im Gegensatz zur (quasi-) parallelen Strategie (s. Kap. 7.8) deutlich einfacher zu realisieren ist, sind die meisten kommerziellen Flächenverdrahter sequentieller Natur.

Sequentielle Verdrahtungsalgorithmen lassen sich grob in Rasterverdrahter, auch Labyrinth- oder Gitterverdrahter genannt, und Linienverdrahter unterteilen. Auf die beiden wichtigsten Basisalgorithmen beider Gruppen, die originalen Algorithmen von *Lee* und *Hightower*, wird nachfolgend detailliert eingegangen. Ein spezieller Rasterverdrahter zur optimalen Wegfindung hinsichtlich mehrerer Optimierungskriterien wird ebenfalls vorgestellt (Tabelle 7.1).

Tab. 7.1 Eigenschaften von grundlegenden sequentiellen Verdrahtungsalgorithmen.

	Lee (1961)	*Müller* (1990)	*Hightower* (1969)
Methode	Rasterverdrahter	Rasterverdrahter	Linienverdrahter
Algorithmus (s. Kap. 1.11)	Breadth-First-Search im Gitter	Best-First-Search im Gitter	Depth-First-Search in der Ebene
Vorteile	Lösungsgarantie	Optimaler Weg bzgl. mehrerer Kriterien	Schnell, wenig Richtungswechsel
Nachteile	Langsam	Langsam	Keine Lösungsgarantie
Anwendung	Viele Hindernisse, d.h. für letzte zu verdrahtende Netze	Kritische Netze, mehrere Optimierungskriterien	Wenig Hindernisse, d.h. für erste zu verdrahtende Netze

Auch wenn heutige Verdrahtungswerkzeuge eine deutliche Weiterentwicklung gegenüber diesen grundlegenden Algorithmen erfahren haben, so beruhen sie doch in ihren prinzipiellen Wirkungsweisen auf den in Tabelle 7.1 und in den folgenden Kapiteln vorgestellten Methoden.

▶ **7.7.1 Rasterverdrahtung nach *Lee***

a) Vorbemerkungen
Einer Rasterverdrahtung (Maze routing, grid routing) liegt ein Raster bzw. Gitter zugrunde, welches alle Elemente eines Verdrahtungsträgers umfasst. Alle Anschlüsse, Hindernisse, Verdrahtungswege usw. sind demnach Gitterpunkten zugeordnet.

Der Gitterabstand ist so zu wählen, dass Verdrahtungswege unterschiedlicher Netze mit technologisch minimalem Abstand noch zwischen Pins und anderen Hindernissen hindurchgeführt werden können. Wenn man die minimale Breite des Leiterzuges bzw. eines Vias auf einer Ebene mit b bezeichnet und s den minimalen Abstand zwischen Elementen auf dieser Ebene angibt, so verkörpert die Summe aus beiden ($b + s$) einen passenden Gitterabstand. Damit lassen sich auf benachbarten Gitterpunkten Verdrahtungswege sowie Vias anordnen, ohne dass technologische Abstandsregeln verletzt oder Verdrahtungsflächen verschwendet werden (Abb. 7.9).[3] Wie bereits in Kap. 5.1 erwähnt, wird die Summe aus der Leiterzug- bzw. Viabreite b und dem minimalen Abstand s als Pitch d_{pitch} bezeichnet, welcher dem Leiterzugmittenabstand entspricht.

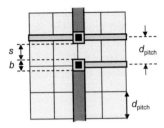

Abb. 7.9 An den Leiterzug- bzw. Viamittenabstand angepasster Gitterabstand.

Gitterpunkte werden rechnerintern oft mit drei Koordinaten x, y, z dargestellt, wobei sich z neben der Ebenenkennzeichnung auch noch zur Abspeicherung von Verdrahtungsmerkmalen, wie z.B. belegter und unbelegter Gitterpunkt, nutzen lässt.

b) Lee-Algorithmus

Der Lee-Algorithmus wurde bereits 1961 als eine der ersten automatisierbaren Vorgehensweisen zur Verbindung zweier Punkte in einer Ebene vorgestellt [7.10].[4] Sein wesentliches Merkmal ist die Eigenschaft, einen Weg zwischen zwei Punkten immer zu finden, sofern ein solcher auf dem zugrunde liegenden Raster existiert. Darüber hinaus ist garantiert, dass der gefundene Weg der kürzest mögliche ist.

Der Lee-Algorithmus besteht aus drei Phasen:

Schritt 1. Ausbreitungsphase (Wave propagation phase):

Vom Startpunkt S ausgehend werden die benachbarten Punkte, ähnlich einer sich ausbreitenden Wellenfront, mit einem Wert $i = 1, 2, \ldots$ belegt („indiziert"), wobei i den jeweiligen Wellenfortschritt angibt und für alle Punkte auf der aktuellen Wellenfront den gleichen Wert besitzt (Abb. 7.10a). Diese Ausbreitung geschieht bis zum Erreichen des Zielpunktes T, wobei der T zugewiesene Wert i die Länge des kürzesten Pfads in Gittereinheiten angibt (z.B. 14 in Abb. 7.10a).

---

3   Es sei an dieser Stelle darauf hingewiesen, dass die Gitterproblematik hier nur sehr vereinfacht dargestellt wird. Reale Technologie- und damit Abstandsregeln sind i.Allg. komplizierter, u.a. durch unterschiedliche Abstands- und Weitenregeln auf verschiedenen Ebenen und zwischen unterschiedlichen Elementen, wie z.B. Vias und Leiterzüge. Damit sind selbst bei der ausschließlichen Verdrahtung auf Rasterpunkten Entwurfsregel-Verletzungen möglich. Außerdem existieren unterschiedliche Möglichkeiten, den Verdrahtungspitch zu definieren, je nachdem, ob man Vias auf benachbarten Leiterzügen beiderseitig, einseitig oder nicht in die Ermittlung von b einbezieht.

4   Auch wenn man heute den Lee-Algorithmus oft als den ersten Rasterverdrahter einstuft, muss erwähnt werden, dass zwei Jahre früher *Moore* einen ähnlichen Algorithmus veröffentlichte [7.14], allerdings nur als Tech-Report, was seinen Bekanntheitsgrad deutlich einschränkte.

Schritt 2. Rückverfolgungsphase (Retrace phase):

Vom Zielpunkt T mit seinem Wellenfortschrittswert i wird (rückwärts) der benachbarte Punkt mit dem Wert $i-1$ gesucht, von diesem aus dann der vorher indizierte Rasterpunkt $i-2$ usw., bis zum Erreichen des Startpunktes S (Abb. 7.10b). Bei der Rückverfolgung ist es möglich, dass im Rückverfolgungsschritt a mehrere Punkte den jeweils gesuchten Wert $i-a$ besitzen, da gegebenenfalls mehrere kürzeste Pfade existieren (z.B. kann in Abb. 7.10b vom Wellenfortschrittswert 2 in zwei Richtungen zum Wert 1 zurückgegangen werden). In diesem Fall wird i.Allg. der Weg genommen, der die wenigsten Richtungsänderungen aufweist, d.h. der Punkt wird bevorzugt, der in Verlängerungsrichtung der zuletzt bei der Rückverfolgung markierten Punkte $(i-a+2)$ und $(i-a+1)$ liegt.

Schritt 3. Aufräumphase (Label clearance):

Die Rasterpunkte des gefundenen Weges sind als belegt zu markieren, um sie für andere Netzwege zu sperren und als Hindernisse darzustellen. Sämtliche durch die Ausbreitung bewirkten Rasterpunkt-Indizierungen werden gelöscht (Abb. 7.10c).

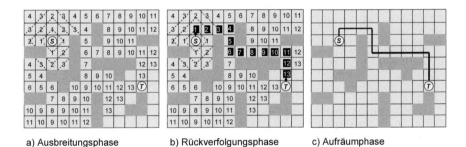

a) Ausbreitungsphase   b) Rückverfolgungsphase   c) Aufräumphase

Abb. 7.10 Veranschaulichung der drei Phasen des Lee-Algorithmus zur Verbindung der beiden Punkte S und T in einer Ebene.

Die algorithmische Vorgehensweise ist nachfolgend dargestellt.

Lee-Algorithmus

Auswahl der Rasterpunkte für Start (S) und Ziel (T).

1. Ausbreitungsphase von S nach T.
   Indizieren aller freien Nachbarpunkte des Rasterpunktes i mit $i+1$, beginnend bei S mit Index 0 und so lange fortfahrend, bis T indiziert ist oder keine Indizierungen mehr möglich sind. Im letzteren Fall ABBRUCH.
2. Rückverfolgungsphase von T nach S.
   Iteratives Rückverfolgen des Verdrahtungsweges vom jeweiligen Rasterpunkt i zum Punkt $i-1$, beginnend bei T und endend bei S, wobei Richtungsänderungen zu minimieren sind.
3. Markieren der Rasterpunkte des Verdrahtungsweges als belegt, Löschen aller Indizierungen. ENDE.

Stellt i die gefundene Weglänge in Rastereinheiten dar, dann ist die Rechenkomplexität der Ausbreitungsphase proportional zu i^2, während die der Rückverfolgungsphase zu i proportional ist. Damit besitzt der Lee-Algorithmus eine Rechenkomplexität von $O(i^2)$ für jeden Pfad.

c) Modifikation des Lee-Algorithmus zur Zeiteinsparung
Da die Rechenzeit im Wesentlichen von der Anzahl der bei der Ausbreitung erfassten Rasterpunkte abhängt, werden zu ihrer Einsparung oftmals die nachfolgend genannten Modifikationen durchgeführt. Diese limitieren im Wesentlichen die Anzahl der bei der Ausbreitung zu betrachtenden Rasterpunkte.

– **Auswahl des Startpunktes:** Die bei einem am Rand liegenden Startpunkt S zu indizierenden Rasterpunkte sind in ihrer Anzahl deutlich geringer (Abb. 7.11a) als bei einem mittig liegenden (Abb. 7.11b). Da Start- und Zielpunkt willkürlich gewählt werden können, sollte man denjenigen als Startpunkt betrachten, der weiter am Rand liegt.

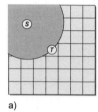
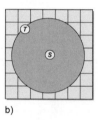

a)   b)

Abb. 7.11 Bei einem am Rand liegenden Startpunkt S verringert sich die Anzahl der zu indizierenden Punkte bei der Wegsuche.

– **Gleichzeitige Ausbreitung (Double fan-out):** Die Ausbreitungsphase wird vom Start- und Zielpunkt gleichzeitig durchgeführt, womit sich die Anzahl der zu indizierenden Rasterpunkte ungefähr halbieren lässt (Abb. 7.12a).
– **Suchraum-Begrenzung (Framing):** Den Start- und Zielpunkt umgibt man mit einer künstlichen Grenze, die etwa 10% größer als das minimal umschließende Rechteck beider Punkte ist. Lässt sich kein Pfad innerhalb dieser Grenze finden, so wird diese entweder erweitert oder ganz aufgehoben (Abb. 7.12b).

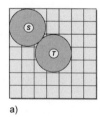
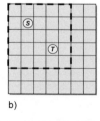

a)   b)

Abb. 7.12 Verringerung der Anzahl von zu indizierenden Rasterpunkten durch gleichzeitige Ausbreitung vom Start- und vom Zielpunkt (a) sowie durch Suchraum-Begrenzung (b).

d) Modifikationen des Lee-Algorithmus zur Einsparung von Speicherplatz
Ein wesentliches Problem des originalen Lee-Algorithmus stellt der benötigte Speicherplatz dar. Neben der Abhängigkeit des Speicherbedarfs von der Anzahl der

Gitterpunkte kommt der Speicherverbrauch pro Gitterpunkt hinzu. Im originalen Lee-Algorithmus enthält dieser mindestens den Wellenfortschrittswert i, womit man schon ab einer Weglänge von 128 Rastereinheiten mindestens acht Bit Speicherplatz pro Rasterpunkt benötigt, um in diesem den aktuellen Wellenfortschrittswert i abzuspeichern.

Es ist jedoch ausreichend, während der Rückverfolgung den Vorgänger und den Nachfolger jedes Punktes zu unterscheiden, womit sich zur Speicherplatzeinsparung der Wertebereich der Wellenfortschrittswerte einschränken lässt.

- **1,2,3-Sequenz:** Bei der Ausbreitung wird die Sequenz 1, 2, 3, 1, 2, 3 usw. benutzt (Abb. 7.13a). Damit benötigt man nur drei Bit pro Rasterpunkt, da sich dieser mit fünf Kennzeichnungen beschreiben lässt: 1, 2, 3, „frei" und „belegt".

- **1,1,2,2-Sequenz:** Bei der Ausbreitung wird die Sequenz 1, 1, 2, 2, 1, 1, 2, 2 usw. benutzt (Abb. 7.13b). Damit lässt sich jeder Rasterpunkt binär mit zwei Bit kodieren: 1 (01), 2 (10), frei (00) und belegt (11).

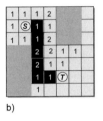

a)   b)

Abb. 7.13 Einsparung von Speicherplatz durch Anwendung einer 1,2,3-Sequenz (a) bzw. einer 1,1,2,2-Sequenz (b) bei der Wellenausbreitung.

e) Anwendung des Lee-Algorithmus bei Multi-Pin-Netzen
Beim originalen Lee-Algorithmus werden zwei Punkte, der Startpunkt (S) und der Zielpunkt (T), miteinander verbunden. Die meisten Netze sind jedoch Multi-Pin-Netze mit mehr als zwei Anschlusspunkten. Die Suche nach dem Weg mit minimaler Verbindungslänge bei derartigen Multi-Pin-Netzen entspricht einer Steinerbaum-Generierung (s. Kap. 5), welche jedoch ein NP-hartes Problem darstellt und somit bei Netzen mit vielen Anschlusspunkten nur sub-optimal realisierbar ist.

Praktisch wird die Wegsuche bei Multi-Pin-Netzen oft unter Einbeziehung der bereits erfolgten Verbindungen einzelner Anschlusspunkte dieser Netze durchgeführt, wobei man diese entweder als Start- oder als Zielpunkte betrachten kann. Damit lassen sich dann auch Steinerpunkte realisieren, ohne dass ein zusätzlicher algorithmischer Aufwand zur Wegfindung hinzukommt.

So kann man den originalen Lee-Algorithmus dahingehend erweitern, dass die ersten beiden Anschlusspunkte eines Multi-Pin-Netzes noch als Punkt-zu-Punkt-Verbindung realisiert werden, alle weiteren Verbindungen dann aber die bereits verlegten Segmente als Startelemente und alle unverbundenen Anschlusspunkte als Zielelemente einschließen. Konkret heißt das, dass von einem (willkürlich gewählten) ersten Anschlusspunkt die Ausbreitung stattfindet, wobei *sämtliche* anderen Anschlusspunkte als Zielpunkte dienen. Nach dem Finden des nächsten erreichbaren Anschlusspunktes und der Bestimmung der damit ersten Teilverbindung dieses

Netzes werden *alle* Punkte dieser Teilverbindung bei der Ausbreitungsphase als Ausgangspunkte der sich ausbreitenden Welle betrachtet. Diese findet den nächsten erreichbaren Anschlusspunkt usw. Der Algorithmus wird beendet, wenn alle Anschlusspunkte miteinander verbunden sind. Abb. 7.14 veranschaulicht diese Vorgehensweise an einem Beispiel.

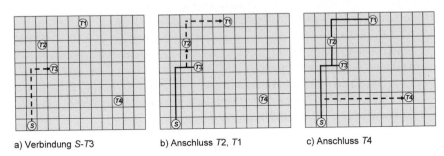

a) Verbindung *S-T3*   b) Anschluss *T*2, *T*1   c) Anschluss *T*4

Abb. 7.14 Verbindung von Multi-Pin-Netzen. Der Anschlusspunkt *S* ist der Startpunkt, *T*1 bis *T*4 sind die Zielpunkte. *T*3 wird zuerst erreicht und so die Verbindung *S-T*3 realisiert (a). Sämtliche Punkte auf *S-T*3 dienen als Startpunkte der nächsten Ausbreitungsphase mit den Zielpunkten *T*1, *T*2, *T*4. Punkt *T*2 wird als erster erreicht und an das Teilnetz *S-T*3 angeschlossen. *T*1 und *T*4 sind nun Zielpunkte, womit zuerst *T*1 und anschließend *T*4 verbunden werden (b, c).

Der so ermittelte Weg muss nicht unbedingt die global kürzeste Verbindung sein, da z.B. die evtl. entstandenen Steinerpunkte nicht optimal platziert sind bzw. noch Steinerpunkte eingefügt werden können. Eine einfache Weglängen-Optimierung lässt sich erreichen, indem die anfänglich erstellte Gesamtverbindung in jeweils zwei Teilnetze geteilt wird, wobei man iterativ jede 2-Punkt-Verbindung einmal auftrennt. Nach jeder Teilung wird die Verdrahtung zwischen beiden Teilnetzen neu verlegt, wobei alle Punkte eines Teilnetzes als Startpunkte und sämtliche Punkte des anderen Teilnetzes als Zielpunkte dienen (Abb. 7.15).

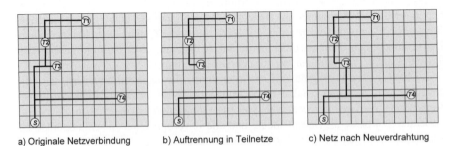

a) Originale Netzverbindung   b) Auftrennung in Teilnetze   c) Netz nach Neuverdrahtung

Abb. 7.15 Längenoptimierung von Mehrpunkt-Verbindungen. Die Auftrennung der 2-Punkt-Verbindung *S-T*3 in die beiden Teilnetze *S-T*4 und *T*1-*T*2-*T*3 sowie die Neuverdrahtung zwischen beiden Teilnetzen liefert eine kürzere Gesamtverbindungslänge als ursprünglich erreicht wurde.

▶ **7.7.2 Rasterverdrahtung mit Wegwichtung**

a) Vorbemerkungen

Der nachfolgend vorgestellte Wegsuche-Algorithmus ermöglicht die Suche im Verdrahtungsgitter nach einem optimalen Weg mit Optimierungskriterien, die über die alleinige Berücksichtigung der Weglänge hinausgehen. Wesentliches algorithmisches Merkmal der Ausbreitung ist eine eingeschränkte Indizierung der Gitterpunkte, da diese nicht von allen Vorgänger- bzw. Wellenfront-Punkten, sondern nur von Gitterpunkten mit minimalen Kosten indiziert werden (Best-First-Search).

Der Vorteil dieses Verfahrens liegt darin, dass sich im Gegensatz zum Lee-Algorithmus nicht nur die Entfernung, sondern beliebige andere Optimierungskriterien in die Wegsuche einbeziehen lassen. Damit kann dieser Algorithmus sehr gut bei der gewichteten Wegsuche angewendet werden, bei der aus einer Menge von möglichen Wegen der gemäß mehreren Optimierungskriterien kostenminimale zu finden ist.

Nachfolgend ist zuerst ein Beispiel angegeben, bei dem in einem dreidimensionalen Raster ein derart optimierter Weg gefunden wird. Durch Wegkosten, welche ebenenspezifisch die jeweilige Vorzugsrichtung „bevorteilen", lässt sich hier eine flexible Anpassung an die Vorzugsrichtung erreichen. Lange Segmente müssen dabei aus Kostengründen entsprechend ihrer Richtung auf den zugehörigen Vorzugsebenen verlegt werden, bei kürzeren dagegen ist die Verbindung noch kostengünstig entgegen der Vorzugsrichtung möglich.

Anschließend wird in c) eine Weiterentwicklung vorgestellt, bei der sich die Verdrahtung der aktuellen topologischen Situation anpasst, die Wegkosten also flexibel auf die jeweiligen Nachbarschaftsverhältnisse reagieren. Das Ziel ist dabei, die Auswirkungen des aktuellen Verdrahtungsweges auf nachfolgend zu verlegende Netze zu minimieren.

b) Wegsuche mit Sub-Manhattan-Metrik

In seiner 1990 vorgelegten Dissertation beschreibt *Müller* eine optimierte Wegsuche hinsichtlich Wegkosten, welche die Vorzugsrichtungen in den einzelnen Ebenen sowie Kosten für Vias berücksichtigen [7.15]. Damit lässt sich erreichen, dass Ebenenwechsel kostenoptimiert durchgeführt werden, nämlich nur dann, wenn die durch Verlegung in Vorzugsrichtung niedrigeren Kosten die aufgrund eines damit verbundenen Ebenenwechsels notwendigen Viakosten kompensieren. Damit wird die Einhaltung von Vorzugsrichtungen von der jeweiligen Segmentlänge abhängig, d.h. kürzere Segmente toleriert man auch auf der Ebene mit einer dem Segment entgegengesetzten Vorzugsrichtung. Dies entspricht weitestgehend einer intelligenten manuellen Verdrahtungsstrategie und wird von *Müller* als Sub-Manhattan-Metrik bezeichnet.

Während der Wegsuche werden jedem Rasterpunkt α mit den Raster-Koordinaten x, y, z zwei Bewertungskriterien $d_w(\alpha)$ und $d_m(\alpha)$ zugeordnet:

– Die Wegkosten $d_w(\alpha)$ des Rasterpunktes α, die seinen gewichteten Abstand zum Start-Rasterpunkt S verkörpern. Die dazu einbezogenen Faktoren $w_h(z)$ und $w_v(z)$ sind horizontale und vertikale Abstandsgewichtungen eines Leiterzuges in der Verdrahtungsebene z. Jedes Via wird mit den Kosten w_{via} berücksichtigt.

— Die Zielentfernung $d_m(\alpha)$, welche die Manhattan-Entfernung des Rasterpunktes α zum Ziel-Rasterpunkt T angibt.

Der Rasterpunkt α_i mit minimaler Summe $d_m(\alpha_i)+d_w(\alpha_i)$ indiziert jeweils seine Nachbarn. Gibt es hier mehrere Rasterpunkte α_i, so ist der Punkt mit minimaler Manhattan-Entfernung zum Ziel T zu nehmen. Unter Nachbarn versteht man auch den in der benachbarten Ebene direkt darüber oder darunter liegenden Rasterpunkt. Ein Ebenenwechsel erfolgt genau dann, wenn die Indizierung durch das Via mit den Kosten w_{via} einen besseren Summenwert $d_m(\alpha_i)+d_w(\alpha_i)$ ergibt als das Fortschreiten auf der jeweiligen Verdrahtungsebene z mit den Kostenwerten $w_h(z)$ bzw. $w_v(z)$.

Der seine Nachbarn indizierende Rasterpunkt α_i wird anschließend als ein *möglicher* Wegpunkt für die Rückverfolgung markiert, die nach Zielerreichung einsetzt.

Die so erfolgende Wegsuche ist im nachfolgenden Beispiel verdeutlicht. Die Start- und Ziel-Rasterpunkte S und T sind jeweils auf beiden Ebenen vorhanden. In jedem Rasterpunkt sind die beiden Bewertungskriterien angegeben, deren Summe die Wellenausbreitung steuert, d.h. die gewichtete Entfernung zum Start (Wegkosten des Rasterpunktes) und die Manhattan-Entfernung zum Ziel.

Die für die Ermittlung der Wegkosten notwendigen Faktoren der horizontalen und vertikalen Abstandsgewichtung in den einzelnen Ebenen sind:

— $w_h($Ebene 1$) = 1$, $w_v($Ebene 1$) = 2$,

— $w_h($Ebene 2$) = 2$, $w_v($Ebene 2$) = 1$,

— $w_{via} = 1$.

Damit besitzt die erste Ebene eine horizontale und die zweite Ebene eine vertikale Vorzugsrichtung.

Der Übersichtlichkeit wegen ist die Indizierung eines Rasterpunktes in der Nachbarebene nur in zwei Fällen angegeben (Schritt 10 und 11). In Schritt 11 wird der in Schritt 10 so indizierte Rasterpunkt als Punkt mit den aktuell besten Kosten genutzt, da die Indizierung durch das Via kostengünstiger ist als die sich durch das nachbarliche Fortschreiten ergebende.

Beispiel (nach [7.15])

Start- und Zielpunkte sind auf beiden Ebenen vorhanden. Die obere Reihe in den Abbildungen stellt jeweils die erste Ebene und die untere Reihe die zweite dar. Links oben in den indizierten Rasterpunkten ist die gewichtete Entfernung zum Start (Wegkosten), rechts unten die Manhattan-Entfernung zum Ziel eingetragen. Der Punkt mit der minimalen Summe aus beiden, der also seine Nachbarn als nächstes indiziert, ist jeweils eingekreist. Diese Rasterpunkte, die somit bei der Rückverfolgung den Wegverlauf steuern, sind in den nachfolgenden Schritten mit einem + gekennzeichnet.

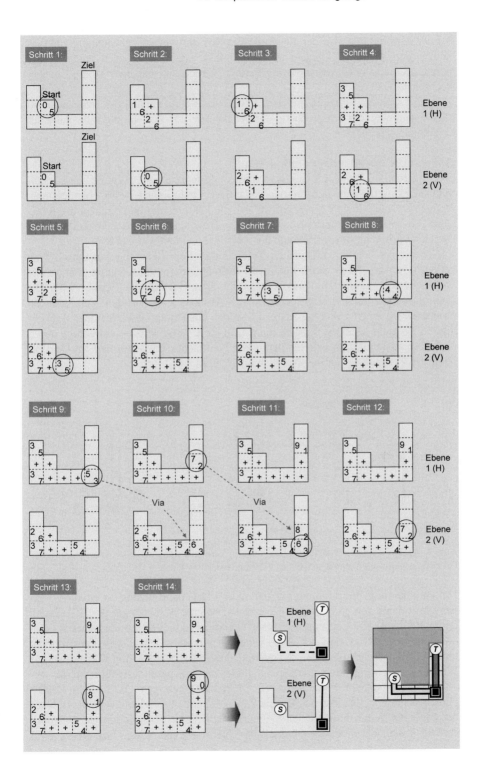

Bei der Ausbreitung wird der steuernde Einfluss der Abstandsgewichtung zur Einhaltung der Vorzugsrichtungen deutlich. Kurze Segmente können entgegen der Vorzugsrichtung noch kostengünstig verlegt werden, bei längeren ist ein Ebenenwechsel sinnvoll.

Ist der Zielpunkt erreicht, liefert die Rückverfolgung anhand der Vorgängereinträge einen Weg, der entsprechend der Wegkosten, d.h. der *gewichteten* Länge des Leiterzuges, optimal ist.

c) Wegsuche mit adaptiver Optimierung

Eine qualitative Weiterentwicklung dieses Verfahrens, die Wegsuche in Sub-Manhattan-Metrik mit gleichzeitiger adaptiver Optimierung, wird ebenfalls von *Müller* vorgestellt [7.15]. Dabei passen sich die Faktoren der horizontalen und vertikalen Abstandsgewichtung (w_h und w_v) der aktuellen topologischen Situation an. Der Hintergrund hierfür soll anhand der Abb. 7.16 verdeutlicht werden.

Neben einer bereits vorhandenen Verbindung ist ein Leiterzug von S nach T zu verlegen. In Abb. 7.16b ist die kürzeste Verbindung dargestellt, wie sie sich bei der Wegsuche mit minimalen Wegkosten ergibt. Das eingerahmte Gebiet ist für die nachfolgende Verdrahtung gesperrt, da der Abstand zwischen den Verbindungen zwar noch für einen Leiterzug ausreicht, jedoch aus Platzgründen die dazu notwendigen Vias nicht generiert werden können. In Abb. 7.16c ist die Verdrahtung von S nach T so ausgeführt, dass keine derartigen Fehlflächen entstehen und die Gesamtlänge der Verbindung nur unwesentlich länger wird.

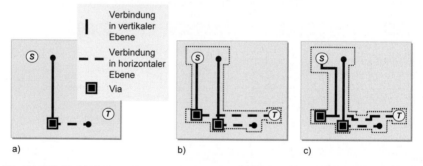

Abb. 7.16 Die Verbindung von S nach T als kürzeste Verbindung (b) und an einen bereits verlegten Leiterzug angepasst (c), um die durch die Leiterzüge blockierte Fläche zu minimieren (nach [7.15]).

Um eine derartige Verdrahtung mit optimaler Flächenausnutzung zu erhalten, werden die horizontalen und vertikalen Abstandsgewichte ortsabhängig gestaltet. Damit optimieren diese die Verdrahtung entsprechend der aktuellen topologischen Situation. Konkret heißt das, dass bei jedem verlegten Weg die Abstandsgewichte in seiner unmittelbaren Umgebung dem Wegverlauf angepasst werden, um über niedrigere Wegkosten nachfolgende Leiterzüge möglichst nah und parallel zu verlegen.

Bei einer Ebene mit horizontaler Vorzugsrichtung betragen z.B. in jedem Rasterpunkt das horizontale Abstandsgewicht 2 ($w_h = 2$) und das vertikale 4 ($w_v = 4$). Nach der Verlegung eines horizontalen Segmentes auf dieser Ebene setzt man das horizontale Abstandsgewicht der *unmittelbaren* Nachbarpunkte dieses Segmentes auf 1 herab. Damit wird eine horizontale Verdrahtung in unmittelbarer Nachbarschaft bevorzugt, sie wird, bildlich gesprochen, „herangezogen".

Bei einem Vertikalsegment auf gleicher horizontaler Ebene erhalten die Nachbarpunkte das vertikale Abstandsgewicht 2. Damit entspricht dieses Gewicht dem horizontalen auf dieser Ebene, es wird also eine vertikale Verbindung in unmittelbarer Nachbarschaft einer schon existierenden vertikalen Verbindung nicht mehr „bestraft".

▶ 7.7.3 Linienverdrahtung

a) Vorbemerkungen

Die Nachteile der Rasterverdrahtung, insbesondere der große Speicherbedarf und die langen Rechenzeiten, führten zur Entwicklung von Linienverdrahtern. Anstelle von sich ausbreitenden, konzentrisch verlaufenden Wellen, werden hier vom Start- und/oder Zielpunkt Strahlen ausgesendet, die wiederum Ausgangspunkte von zu ihnen senkrecht liegenden neuen Strahlen sind usw. Sofern ein Weg zwischen Start- und Zielpunkt existiert, treffen sich die Strahlen beider Punkte mit hoher Wahrscheinlichkeit an einem Schnittpunkt, womit ausgehend von diesem über eine Rückverfolgung der Verbindungsweg festgelegt wird (Abb. 7.17).

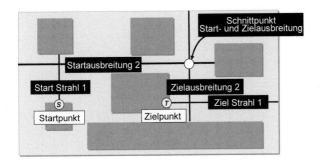

Abb. 7.17 Prinzip der Linienverdrahtung.

Der Vorteil der Linienverdrahtung ist die schnelle Wegfindung. Der wesentliche Nachteil besteht darin, dass bei einigen Algorithmen nicht immer ein Weg gefunden wird, auch wenn ein realisierbarer existiert. Außerdem ist der gefundene Weg nicht immer der kürzest mögliche.

Die ersten Linienverdrahtungsalgorithmen wurden 1968 von *Mikami* und *Tabuchi* [7.13] sowie 1969 von *Hightower* [7.5] vorgeschlagen.

b) Mikami-Tabuchi-Algorithmus

Sowohl vom Start- als auch vom Zielpunkt ausgehend werden jeweils zwei Strahlen, horizontal und vertikal, erzeugt, bis sie auf ein Hindernis oder auf den Rand des Verdrahtungsbereiches treffen (Abb. 7.18). Sollte bereits hier ein Treffen von Start- und Zielgeraden vorliegen, so lässt sich eine Start-Ziel-Verbindung mit höchstens einer Richtungsänderung realisieren. Ansonsten werden diese Strahlen als **Versuchslinien** (Trial lines) vom Grad 1 bzw. 1' abgespeichert.

In jeder Iteration *i* werden zwei Schritte durchgeführt:

1. Jede Versuchslinie vom Grad *i* bzw. *i'* wird einzeln betrachtet, indem *jeder* Punkt auf dieser als **Ausgangspunkt** (Base point) von senkrecht dazu liegenden neuen Versuchslinien vom Grad *i*+1 bzw. (*i*+1)' dient.

2. Sollte eine Versuchslinie vom Grad *i*+1 bzw. (*i*+1)' eine solche Linie beliebigen Grades vom anderen Ausgangspunkt schneiden, so liegt eine Verbindung vor. Vom Schnittpunkt ausgehend kann dann ein Weg auf den Versuchslinien zurückverfolgt werden. Andernfalls, wenn sich kein Schnittpunkt finden lässt, speichert man alle Versuchslinien vom Grad *i*+1 bzw. (*i*+1)' ab und wiederholt Schritt 1 in einer neuen Iteration.

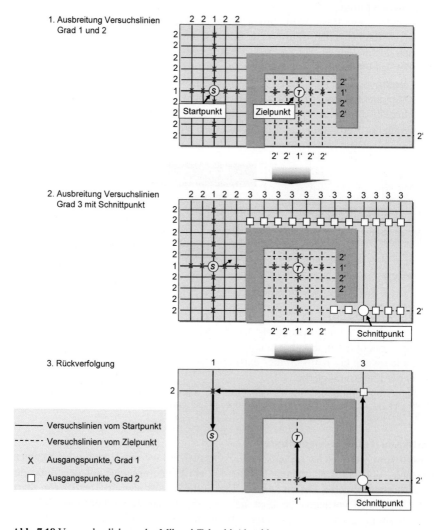

Abb. 7.18 Veranschaulichung des Mikami-Tabuchi-Algorithmus.

Der Ablauf des Algorithmus ist nachfolgend dargestellt.

Mikami-Tabuchi-Algorithmus

1. Erzeugen zweier Expansionslinien 1 bzw. 1', die an den beiden zu verbindenden Pins *S* bzw. *T* starten und bis zum nächsten Hindernis oder Chiprand gehen.

2. Falls Geraden *j* und *j'* oder *j* und (*j* − 1)' oder (*j* − 1) und *j'* sich schneiden, Rückverfolgung auf den Geraden *j* und *j'*, (*j* − 1) und (*j* − 1)', (*j* − 2) und (*j* − 2)' usw., beginnend am Schnittpunkt. ENDE. Andernfalls weiter mit Schritt 3.

3. Erzeugen von Versuchslinien (*j*+1) bzw. (*j*+1)' senkrecht zu *j* bzw. *j'* in allen Ausgangspunkten auf *j* bzw. *j'*.
    Weiter mit Schritt 2.

Der Vorteil dieses Algorithmus besteht darin, dass ein existierender Weg immer gefunden wird, vorausgesetzt, die Versuchslinien werden bis zum höchsten Verschachtelungsgrad untersucht.

c) Hightower-Algorithmus

Hightower's Algorithmus ähnelt sehr dem beschriebenen Mikami-Tabuchi-Algorithmus mit einem Unterschied: Anstelle einer Vielzahl von Geraden, die senkrecht von einer Versuchslinie ausgehen, betrachtet der Hightower-Algorithmus nur solche Geraden, die über das Hindernis hinausgehen, das die vorherigen Versuchslinien blockiert hat. Dazu wird ein **Hindernis** als **aktuell** bezeichnet, wenn eine von ihm ausgehende horizontale oder vertikale Linie den aktuell betrachteten Ausbreitungspunkt schneidet. Beispielsweise ist in Abb. 7.19 *BE* ein aktuelles Hindernis zum Startpunkt, da eine horizontale Linie durch *BE* den Startpunkt schneiden würde.

Weiterhin werden **Fluchtpunkte** (Escape points) definiert, die dadurch gekennzeichnet sind, dass mindestens eine von ihnen ausgehende horizontale oder vertikale **Fluchtlinie** (Escape line) in einer Richtung nicht durch das aktuelle Hindernis verläuft. In Abb. 7.19 sind die Punkte *a*, *a'*, *b*, *c* derartige Fluchtpunkte.

Zu Beginn werden sowohl vom Start- als auch Zielpunkt ausgehende vertikale und horizontale Fluchtlinien erzeugt und auf diesen Fluchtpunkte ermittelt (Abb. 7.19, Punkte *a*, *a'*). Bei mehreren Fluchtpunkten werden die ausgewählt, die dem Ausgangspunkt, d.h. dem Start- oder Zielpunkt, am nächsten liegen. Damit lassen sich in Abb. 7.19 die Geraden 2 und 2' durch die Fluchtpunkte *a* und *a'* erzeugen. Mit dieser Methode generiert man auch die Fluchtlinie 3 durch den Fluchtpunkt *b*, welche die vom Zielpunkt kommende Fluchtlinie 2' schneidet und damit den gesuchten Schnittpunkt ermöglicht. Die anschließende Rückverfolgung auf den Fluchtlinien ergibt einen gültigen Verdrahtungsweg zwischen Start- und Zielpunkt.

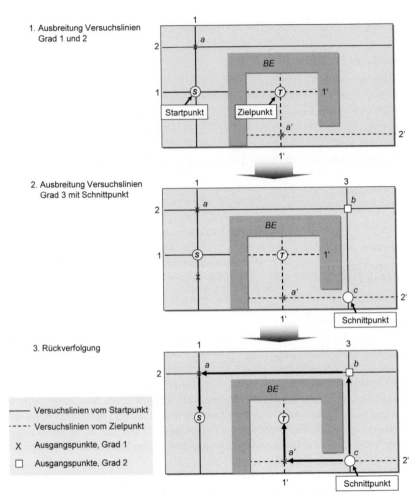

Abb. 7.19 Veranschaulichung des Hightower-Algorithmus. Fluchtlinien werden so erzeugt, dass sie mit minimalem Abstand am aktuellen Hindernis vorbeigehen.

Hightower-Algorithmus

1. Erzeugen zweier Expansionslinien 1 bzw. 1′, die an den beiden zu verbindenden Pins S bzw. T starten und bis zum nächsten Hindernis oder Chiprand gehen.

2. Falls Geraden j und $j′$ oder j und $(j-1)′$ oder $(j-1)$ und $j′$ sich schneiden, Rückverfolgung auf den Geraden j und $j′$, $(j-1)$ und $(j-1)′$, $(j-2)$ und $(j-2)′$ usw., beginnend am Schnittpunkt. ENDE. Andernfalls weiter mit Schritt 3.

3. Erzeugen zweier Fluchtlinien $(j+1)$ bzw. $(j+1)′$ senkrecht zu j bzw. $j′$ in solchen Fluchtpunkten, die
   - weit genug entfernt von den letzten Fluchtpunkten sind, um das aktuelle Hindernis zu überwinden,

- dicht genug am letzten Fluchtpunkt bzw. Pin liegen, um Überlängen zu vermeiden.

Weiter mit Schritt 2.

7.8 Quasiparallele Verdrahtung

Auf Grund der großen Datenmengen, die bei der Verdrahtung zu berücksichtigen sind, ist mit den gegenwärtigen Rechnerarchitekturen (noch) keine echte parallele Wegsuche aller Netze möglich. Jedoch existieren Algorithmen, die im beschränkten Umfang eine gleichzeitige Einbettung aller Netze vornehmen und somit weitestgehend unabhängig von einer bestimmten Netzreihenfolge sind. Darüber hinaus gibt es Rip-Up-and-Reroute-Verfahren, die bereits verlegte Netze unabhängig von einer ursprünglichen Verdrahtungsreihenfolge auf durch sie verursachte Blockierungen hin untersuchen und neu verlegen. Die genannten Verdrahtungsverfahren werden im Weiteren als *quasiparallel* bezeichnet.

Der hauptsächliche Vorteil der quasiparallelen Verdrahtung besteht darin, dass durch die gleichzeitige Betrachtung aller Netze gegenseitige Blockierungen vermieden bzw. beseitigt werden können. Dies lässt sich sowohl durch die gleichzeitige Einbettung aller Netze mittels der sog. hierarchischen Verdrahtung erreichen (s. Kap. 7.8.1), als auch durch Rip-Up-and-Reroute-Verfahren (s. Kap. 7.8.2).

▶ 7.8.1 Hierarchische Verdrahtung

Die hierarchische Verdrahtung wurde erstmals 1983 von *Burstein* und *Pelavin* vorgestellt [7.1]. Das Grundprinzip besteht in einem sukzessiven Schnittverfahren, bei dem eine Reduktion des $m \times n$ Verdrahtungsproblems (m, n Anzahl der horizontalen und vertikalen Gitterlinien) auf ständig verfeinerte $2 \times n$-Raster erfolgt. Das geschieht durch rekursive Aufteilung der Verdrahtungsfläche in zwei Teilflächen, beispielsweise zwei horizontale Reihen, welche dann durch horizontal verlaufende Schnittlinien weiter aufgespalten werden (Abb. 7.20).

In einem Verdrahtungsdurchgang sind alle Netze entsprechend ihren Anschlüssen und ihrem angenommenen Verlauf der (den) zugehörigen Teilfläche(n) zuzuordnen. Anschließend werden die Teilflächen erneut geteilt und die Zuweisung wird wiederholt. Durch diese rekursive Anwendung des Zuweisungsalgorithmus in einem $2 \times n$-Raster kann die Einbettung der Netze immer differenzierter erfolgen, bis schließlich, bei Unterschreitung einer Mindestgröße, z.B. einer Rastereinheit, das Abbruchkriterium erfüllt ist.

Von Interesse ist die dabei einfach umzusetzende Zielstellung einer gleichmäßigen Verdrahtungsdichte. So lassen sich zum Beispiel die Schnittlinien mit adaptiven

Kostenwerten belegen, die sich der jeweiligen Verdrahtungsdichte anpassen, womit bei drohender Erschöpfung immer größere Umwege über andere Schnittlinien „motiviert" werden können.

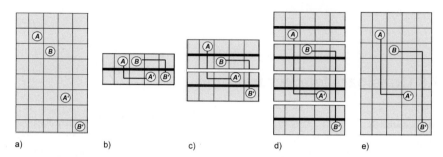

a)   b)   c)   d)   e)

Abb. 7.20 Verdrahtung der Netze *A* und *B* mittels hierarchischer Verdrahtung. Hier erfolgt eine Reduktion des *m* x *n*-Verdrahtungsproblems (a) auf ein 2 x *n*-Raster (b), bei dem dann die Verdrahtungsinformationen sukzessive durch immer weitere Aufteilung verfeinert werden (c, d), bis schließlich bei Erreichen der Rastergröße die endgültige Verdrahtung vorliegt (e).

▶ 7.8.2 Rip-Up and Reroute

Bei einer hohen Anzahl von bereits verdrahteten Netzen steigt auch die Wahrscheinlichkeit, dass diese die noch zu verlegenden Verbindungen blockieren. Mit „Rip-up and reroute" werden Verdrahtungsstrategien bezeichnet, welche dieses Problem dadurch zu lösen versuchen, dass bereits verlegte Netze wieder aufgetrennt (Rip-up) und nach Verlegen des bisher blockierten Netzes neu verdrahtet werden (Reroute). Alternativ lässt sich auch die Strategie des „Push and shove" anwenden, welche das „Beiseiteschieben" blockierender Verbindungen beinhaltet.

Nachfolgend werden zwei erfolgreiche Strategien des zuerst genannten Auftrennens und Neuverlegens beschrieben.

a) Rip-Up and Reroute mit Erfolgsgrad-Ermittlung

Kuh und *Ohtsuki* stellten 1990 einen Rip-up-and-reroute-Algorithmus vor, der sich durch einen berechenbaren Erfolgsgrad auszeichnet [7.9]. Zielstellung ist dabei, nur solche Netzauftrennungen vorzunehmen, die für die Verdrahtung des bisher blockierten Netzes sinnvoll sind.

Wenn eine Verbindung nicht verdrahtet werden kann, ist oft die Blockade durch bereits verlegte Netze die Ursache. Beispielsweise wird in Abb. 7.21 das Netz *F* durch die Netze *A* bis *E* behindert. Eine Untersuchung aller möglichen Auftrennpunkte dieser Netze mittels eines sog. Reroute-Erfolgsindex ergibt, dass nur die Auftrennung der Netze *D* und *E* erfolgversprechend ist.

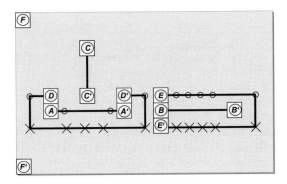

Abb. 7.21 Zur Verdrahtung des Netzes *F* ist eine Auftrennung der zuvor verlegten Netze notwendig. Die dabei für beide Anschlüsse von Netz *F* erreichbaren Auftrennpunkte sind mit O und X gekennzeichnet. Mittels des Reroute-Erfolgsindex lässt sich berechnen, dass bei Auftrennung *eines* Netzes nur die Auftrennung der Netze *D* oder *E* eine Verbindung von *F* ermöglicht.

Zum Ermitteln des Reroute-Erfolgsindex werden aus den von den blockierenden Netzen belegten Rasterpunkten, die sich zur Auftrennung eignen, zwei Teilmengen S_1 und S_2 gebildet. Diese zeichnen sich dadurch aus, dass sie sich von jeweils einem der beiden Anschlusspins des blockierten Netzes direkt erreichen lassen (in Abb. 7.21 mit O und X gekennzeichnet). Für jedes Netz *n* beinhalte $T_1(n)$ die zu *n* gehörenden Rasterpunkte aus S_1, analog $T_2(n)$ die zugehörigen Elemente aus S_2.

Für den Reroute-Erfolgsindex $RE(n)$ eines aufzutrennenden Netzes *n* gilt dann, dass er immer der kleineren Mengenanzahl aus $T_1(n)$ bzw. $T_2(n)$ entspricht, also

$$RE(n) = \min(T_1(n), T_2(n)).$$

Da ein aufzutrennendes Netz für *beide* Anschlüsse des blockierten Netzes ein Hindernis darstellen sollte, ist leicht einzusehen, dass das Auftrennen *eines* Netzes *n* nur bei $RE(n) > 1$ sinnvoll ist. Außerdem steigt die Erfolgsquote der Verdrahtung für ein bisher blockiertes Netz mit wachsendem Wert von $RE(n)$. Damit ist der Reroute-Erfolgsindex $RE(n)$ ein wichtiges Mittel zur Beseitigung der Schwachstelle vieler Rip-up-and-reroute-Verfahren, welche in der Auswahlentscheidung aufzutrennender Netze besteht.

In Abb. 7.21 ist das Auftrennen von Netz *D* ($RE(D) = 2$) oder Netz *E* ($RE(E) = 5$) sinnvoll, wobei nur die Auftrennung von Netz *D* ein erfolgreiches Verlegen *aller* Netze ermöglicht.

b) Rip-Up and Reroute mit minimaler Netzauftrennung
Nachfolgend wird eine Rip-up-and-reroute-Strategie beschrieben, welche die Anzahl der aufzutrennenden Verbindungen minimiert, die für das erfolgreiche Verlegen einer noch offenen Verbindung notwendig sind [7.12]. Dies geschieht durch eine

Wegsuche, die nach Auftrennen eines Netzes sämtliche, auch längere Wege erkundet, bevor die Auftrennung weiterer Netze erfolgt.

Zu Beginn ermittelt der Algorithmus den Potentialstrang des Startpunktes der noch offenen Verbindung, also alle Netzpunkte, die mit diesem Punkt bereits verbunden sind. Bei der von diesen Punkten ausgehenden anschließenden Wellenausbreitung (Expansion) darf eine bereits verlegte Leiterbahn eines anderen Netzes „bestiegen" werden. Jedoch ist die weitere Ausbreitung von diesem Punkt aus nur noch *auf* dem betreffenden Leiterzug bis zu seinem nächsten Steiner- bzw. Anschlusspunkt möglich (Abb. 7.22a, b). Die Expansionsphase wird solange fortgesetzt, bis keine neuen Rasterpunkte zur Indizierung mehr zur Verfügung stehen. Ist dies der Fall, so werden alle auf Leiterbahnen befindlichen Expansionswerte als neue Startpunkte übernommen und nach ihrem Wert geordnet. Die Wellenausbreitung wird nun von dem Punkt mit dem dabei niedrigsten Wert fortgesetzt (Abb. 7.22c). Nach jeder Inkrementierung werden die Punkte der Leiterbahn in die Expansion mit einbezogen, deren Wert dem aktuellen Expansionswert entspricht. Sollten bei der Expansion keine neuen Punkte mehr entstehen, aber noch weitere Startpunkte auf Leiterzügen vorhanden sein, so wird die Ausbreitung mit diesen fortgesetzt. Mit diesen Einschränkungen in der Wellenausbreitung auf einem einmal „bestiegenen" Leiterzug kann man sicherstellen, dass alle, auch längere Wege erkundet werden, bevor weitere Netze aufzutrennen sind.

Bei der Wellenausbreitung können erneut Leiterzüge „bestiegen" und verfolgt werden, bis schließlich kein Punktzuwachs mehr auftritt, womit sich die Sortierung und Neuexpansion von den „bestiegenen" Leiterbahnen aus wiederholt.

Die Anzahl der Expansionszyklen, und damit der maximal aufzutrennenden Leiterzüge, ist als Parameter vorgebbar.

Die Ausbreitung endet nach Erreichen des Zielpunktes bzw. mit dem Überschreiten der Anzahl maximal aufzutrennender Leiterbahnen. Im letzten Fall kann die Verbindung nicht verdrahtet werden und der Ausgangszustand ist wiederherzustellen.

Nach dem Erreichen des Ziels ist die Rückverfolgung durchzuführen. Dabei werden die „überstiegenen" Leiterbahnen bis zum nächsten Steiner- bzw. Anschlusspunkt aufgetrennt (Abb. 7.22d). Diese Leiterbahnen sind neu zu verlegen (Abb. 7.22e, f). Sollte die Neuverlegung bei mehr als einem Leiterzug nicht gelingen, so entspricht das einer Verschlechterung der Situation, und der Ausgangszustand mit nur *einer* offenen Verbindung wird wiederhergestellt.

Wenn sich genau eine aufgetrennte Verbindung nicht neu verlegen lässt, so ist mit dieser erneut die beschriebene Rip-Up-and-Reroute-Vorgehensweise durchzuführen. Durch Kennzeichnung der bisher bearbeiteten Verbindungen lässt sich verhindern, dass ein wechselseitiges Auftrennen von Verbindungen eintritt. Dieser Algorithmus wird so oft wiederholt, bis entweder ein Erfolg vorliegt oder man zum Ausgangszustand zurückkehrt.

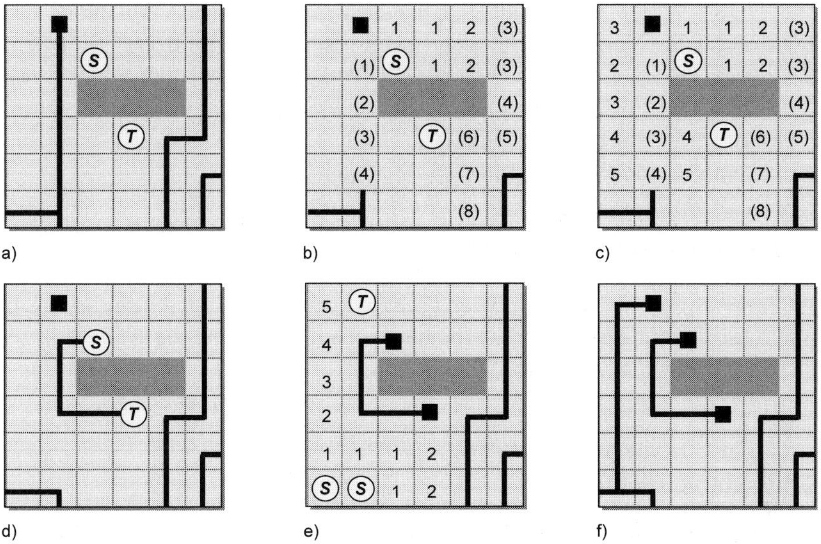

Abb. 7.22 Bei der Ausbreitung vom Start- (*S*) zum Zielpunkt (*T*) einer bisher nicht verdrahtbaren Verbindung (a) können bereits verlegte Leiterzüge einbezogen (b) und *nach* Erschöpfung der Ausbreitung auf diesen „überstiegen" werden (c). Die so erzielte Verbindung (d) zeichnet sich durch minimale Auftrennungen aus. Aufgetrennte Verbindungen werden nach dem gleichen Prinzip neu verdrahtet (e, f).

Das Beispiel in Abb. 7.22 verdeutlicht auch, warum ein „Übersteigen" eines Leiterzuges erst nach Erschöpfung jeglicher Ausbreitung gestattet ist. Damit garantiert man, dass die Anzahl der aufgetrennten Leiterzüge so gering wie möglich gehalten und nicht, wie bei den meisten Rip-Up-and-Reroute-Algorithmen, die kürzeste Verbindung mit vielen Auftrennungen „erkauft" wird.

7.9 Dreidimensionale Verdrahtung

7.9

Die bisher vorgestellten Verdrahtungsalgorithmen arbeiten im Wesentlichen zweidimensional, d.h. der Verdrahtungsweg wird in einer Ebene gesucht, wobei Ebenenwechsel möglich sind. Seit Beginn der 90er Jahre kommt es jedoch zu einer stetigen Zunahme von Verdrahtungsebenen, insbesondere bei Leiterplatten und Multichip-Modulen (MCMs). Hier realisiert man bereits 20 bis 60 Lagen. Auch bei Schaltkreisen ist diese Zunahme an Verdrahtungsebenen zu beobachten, wobei gegenwärtig vier bis sechs Ebenen üblich sind.

Damit benötigt man Verdrahtungsalgorithmen, welche die Mehrlagenstruktur des Verdrahtungsträgers berücksichtigen, d.h. eine dreidimensionale Verdrahtung durchführen. Aktuelle Verdrahtungsstrategien für derartige Mehrlagenstrukturen, die insbesondere bei modernen MCMs und Leiterplatten angewendet werden, lassen sich in vier Gruppen einteilen:

— Rasterverdrahtung (Maze routing)
— Mehrstufen-Verdrahtung (Multiple stage routing)
— Planarverdrahtung (Planar routing)
— Turmverdrahtung (Tower routing).

Jede dieser Gruppen wird nachfolgend kurz vorgestellt. Für eine detailliertere Diskussion der dreidimensionalen Verdrahtung sei auf [7.17] und die im Text angegebenen Literaturstellen verwiesen.

▶ 7.9.1 Rasterverdrahtung

Die dreidimensionale Rasterverdrahtung beruht auf einem dreidimensionalen Gitter, in welchem die Wellenausbreitung nicht nur benachbarte Rasterpunkte in gleicher Ebene indiziert, sondern auch solche in z-Richtung, d.h. nach „oben" und „unten" (Abb. 7.23). Der dabei gefundene Gitterweg ist der (rektilinear) kürzest mögliche zwischen zwei Punkten im dreidimensionalen Raum.

Um die technologisch aufwendigen Vias in ihrer Anzahl zu minimieren, lassen sich für die Ausbreitung oder Rückverfolgung in z-Richtung gesonderte Wichtungsfaktoren verwenden, welche auch unterschiedliche Viatypen, wie z.B. Mehrlagen-Vias, speziell berücksichtigen. Wichtungsfaktoren können auch benutzt werden, um Vorzugsrichtungen in den einzelnen Ebenen zu favorisieren.

Den Vorteilen der einfachen Implementierbarkeit und garantierten Wegfindung (falls ein Weg existiert), stehen als Nachteile der große Speicherbedarf und die langen Rechenzeiten einer derartigen Wegsuche entgegen. Vielfältige Modifikationen, die im Wesentlichen denen in Kap. 7.7.1c und d entsprechen, können diese Nachteile jedoch verringern.

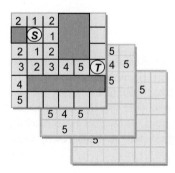

Abb. 7.23 Bei der dreidimensionalen Rasterverdrahtung findet die Wellenausbreitung auch in z-Richtung statt, d.h. alle Ebenen sind in die Wegsuche eingeschlossen.

▶ 7.9.2 Mehrstufen-Verdrahtung

Bei der Mehrstufen-Verdrahtung erfolgt eine Aufspaltung in mehrere Teilaufgaben, welche dann sequentiell zu lösen sind.

Mit der sog. Pin-Neuverteilung fächert man zu Beginn die hohen Verdrahtungsdichten im Bereich der Pinanschlüsse auf ein Viaraster auf, über welches sich sämtliche Verdrahtungsebenen erreichen lassen (Pin redistribution, z.B. [7.2]). Dazu sind meist zwei Ebenen nötig (Abb. 7.24). Anschließend werden die Netze auf einzelne Ebenenpaare aufgeteilt, in denen sie dann zu verdrahten sind (Layer assignment problem, z.B. [7.6]). Entsprechend der Vorgehensweise bei der Globalverdrahtung (s. Kap. 5) gliedert man die Netze so auf die einzelnen Ebenen auf, dass die Verdrahtbarkeit dieser Netze gewährleistet ist und gleichzeitig die Anzahl der benutzten Ebenen minimiert wird. Dieser Ebenenzuordnung schließt sich die Feinverdrahtung an (Detailed routing, z.B. [7.11]). Je nach der zuvor erfolgten Aufteilung der Netze kann es hier zur Planarverdrahtung oder der Verdrahtung von Ebenenpaaren kommen. Bei ersterer sind die Netze kreuzungsfrei auf den Ebenen einzubetten, bei Ebenenpaaren sind auch Netzkreuzungen verdrahtbar.

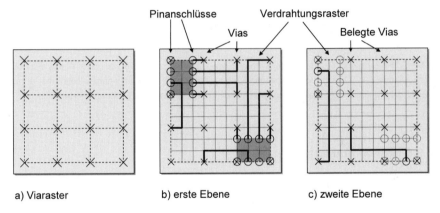

a) Viaraster   b) erste Ebene   c) zweite Ebene

Abb. 7.24 Bei der Auffächerung der Pinanschlüsse werden diese auf ein Gittermaß gebracht, das die Realisierung von Vias und damit das Erreichen anderer Ebenen ermöglicht (nach [7.2]). Auf diese lassen sich die Netze anschließend aufteilen und dann ebenenweise verdrahten (nicht dargestellt).

▶ 7.9.3 Planarverdrahtung

Bei der Planarverdrahtung löst man das dreidimensionale Verdrahtungsproblem auf sequentiell abzuarbeitenden Einzelebenen [7.8]. Dabei werden jeweils nach Verdrahtung einer Ebene die auf dieser nicht verdrahtbaren Verbindungen zur nächsten Ebene weitergegeben, um dann dort diese so weit wie möglich zu vervollständigen.

Eine Verdrahtungsebene wird beispielsweise von links nach rechts bearbeitet, wobei man spaltenweise vorgeht (eine Spalte entspricht dem horizontalen Abstand zweier Rasterpunkte, Abb. 7.25). Für jedes Spaltenpaar werden die möglichen weiteren Verdrahtungswege der in der jeweils linken Spalte anliegenden Netze berechnet. Optimierungskriterien sind die Position der zu erreichenden Anschlusspins und die Vermeidung von Netzkreuzungen.

Netze, die sich nicht „weiterverdrahten" lassen, werden an ihrem letzten Punkt als Vias auf die als nächste zu bearbeitende Ebene weitergegeben. Beim Wechsel auf diese Ebene findet auch ein Wechsel der Abarbeitungsrichtung statt, wobei diese jeweils um 90 Grad gedreht wird. Damit erhöht man die Chance, dass die in der vorherigen Ebene nicht verdrahtbaren Netze in der neuen Konstellation weitergeführt werden können.

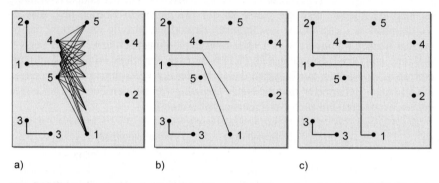

a)   b)   c)

Abb. 7.25 Illustration der Bearbeitung einer Ebene von links nach rechts (nach [7.8]). Für jedes Netz werden die in der aktuellen Spaltenposition möglichen Verbindungspunkte berechnet (a), aus diesen dann geeignete Punkte ausgewählt (b), um sie anschließend rektilinear zu verbinden (c).

▶ 7.9.4 Turmverdrahtung

Bei der Turmverdrahtung wird das Verdrahtungsproblem hierarchisch in kleinere, ebenfalls dreidimensionale Teilprobleme, die sog. Türme, zerlegt, die sich dann entweder nacheinander oder parallel verdrahten lassen (Abb. 7.26).

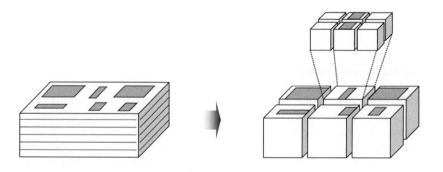

Abb. 7.26 Graphische Veranschaulichung der hierarchischen Aufspaltung des dreidimensionalen Verdrahtungsproblems in einzeln abzuarbeitende Türme.

Zu Beginn erfolgt eine Aufteilung des Verdrahtungsträgers in die verschiedenen Türme (Tiling) [7.17]. Wesentliches Kriterium dabei ist die Verdrahtungskomplexität, die soweit „heruntergebrochen" werden sollte, dass sich jeder Turm einzeln problemlos verdrahten lässt. Zum Erzielen einer ausgewogenen Komplexität können parallel dazu auch einzelne, weniger belegte Türme zusammengefasst werden (Tile merging). Anschließend erfolgt eine Zuordnung der Pinanschlüsse, die nicht an Turmkanten liegen, zur jeweils nächsten Kante (Off-tile routing).

Danach werden die einzelnen Netze auf die Türme aufgeteilt (x-y-Routing distribution, Abb. 7.27a). Das entspricht im Wesentlichen einer globalen Verdrahtung im Graphen (s. Kap. 5), wobei man jeden Turm in einem Knoten abbildet, dessen Kapazitätswerte der von ihm repräsentierten Ebenenanzahl und der x-y-Flächengröße entsprechen.

Der Aufteilung der Netze auf die einzelnen Türme schließt sich die Netzzuordnung auf die Ebenen in den Türmen an (z-Routing distribution). Hierbei besteht das Ziel, die Netze eines Turmes gleichmäßig mit minimaler Viaanzahl auf dessen Ebenen zu verteilen, womit gleichzeitig die Fixierung der Pinbelegungen an den Turmkanten, und damit der Schnittstellen zwischen den Türmen, erfolgt (Abb. 7.27b).

Als nächstes werden die Verdrahtungsdichten mit größeren Unterschieden zwischen den jeweiligen Türmen durch Netzumverteilungen ausgeglichen. Schließlich verdrahtet man die Türme einzeln nacheinander oder parallel. Vorgaben sind hier die Pinbelegungen an den Turmkanten, womit sich das Verdrahtungsproblem zweier benachbarter Ebenen in eine Switchbox-Verdrahtungsaufgabe überführen lässt (Abb. 7.27c, d).

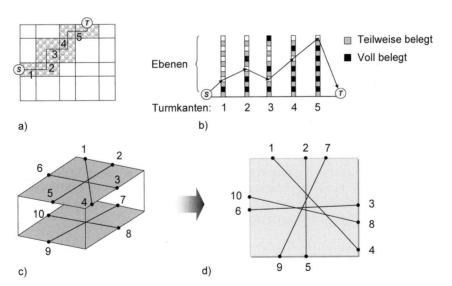

a) b) c) d)

Abb. 7.27 Illustration des Ablaufs der Turmverdrahtung (nach [7.17]). Nach der Turmerzeugung werden die Netze mit ihren globalen Verbindungswegen den Türmen (a) und danach einzelnen Ebenen an den jeweiligen Turm*kanten* (b) zugeordnet. Die anschließende Feinverdrahtung innerhalb der Türme (c) lässt sich in ein Switchbox-Verdrahtungsproblem überführen (d).

7.10 X-Verdrahtung

Die stetig steigenden Anforderungen an die Leistungsmerkmale einer Schaltung verbunden mit sinkenden Strukturgrößen führten dazu, dass in den letzten Jahren die Verdrahtung zum kritischen Faktor hinsichtlich Zuverlässigkeit und Signaleigenschaften wurde. Die gleichzeitige Einbeziehung von immer mehr Verdrahtungsebenen ermöglicht neben der bereits in Kap. 7.9 behandelten dreidimensionalen Verdrahtung neue Methoden zur Minimierung kritischer Verbindungslängen, wie z.b. die nachfolgend vorgestellten nicht-orthogonalen Verdrahtungsstile auch bei digitalen Schaltungen.

Die dabei benutzte Terminologie beruht auf der sog. λ-Geometrie. Der Wert λ (nicht zu verwechseln mit λ für den kleinsten technologischen Abstand) repräsentiert hierbei die Anzahl möglicher Verdrahtungsrichtungen in der Ebene in aufeinander folgenden Winkeln von π/λ:

- $\lambda = 2$ (90 Grad): Manhattan-Verdrahtung (vier Verdrahtungsrichtungen)
- $\lambda = 3$ (60 Grad): **Y-Verdrahtung** (sechs Verdrahtungsrichtungen)
- $\lambda = 4$ (45 Grad): **X-Verdrahtung** (acht Verdrahtungsrichtungen).

Die Vorteile dieser Verdrahtungsstile gegenüber der Manhattan-Verdrahtung sind eine deutliche Minimierung der Verbindungslänge sowie der benötigten Vias, was sich in einer verringerten Verdrahtungsfläche und verbesserten Signaleigenschaften widerspiegelt. Dem steht jedoch gegenüber, dass der heutige digitale Entwurfsprozess, einschließlich der Verifikation, auf orthogonale Strukturen ausgerichtet ist, womit eine Erweiterung zu nicht-orthogonalen Verdrahtungsanordnungen bzw. Layoutgeometrien ein langwieriger und aufwendiger Prozess ist.

Aufgrund der o.g. Vorteile der nicht-orthogonalen Verdrahtung wurde 2001 die sog. *X Initiative* als Firmenkonsortium gegründet [7.18]. Dieser Zusammenschluss von führenden IC- und EDA-Firmen fördert die Entwicklung neuer Entwurfs- und Fertigungstechnologien zur Nutzung der X-Verdrahtung. Diese kann heute bei Fertigungsprozessen mit mehr als vier Metall-Lagen angewendet werden. Die ersten drei Metall-Lagen werden wie bisher orthogonal verdrahtet, damit bestehende Bauelementbibliotheken weiterhin nutzbar sind. Ab der vierten Metall-Lage wird zusätzlich eine diagonale Verdrahtung verwendet, d.h. acht mögliche Verdrahtungsrichtungen in der Ebene stehen zur Verfügung.

Vorraussetzungen zur Nutzung der X-Verdrahtung sind u.a. eine oktilineare Verdrahtungsplanung (s. Kap. 7.10.1), der Verzicht auf die bei der Manhattan-Verdrahtung gebräuchlichen Vorzugsrichtungen sowie Wegsuche-Algorithmen in allen acht Verdrahtungsrichtungen einer Ebene (s. Kap. 7.10.2).

▶ **7.10.1 Oktilineare Steinerbäume**

Oktilineare minimale Steinerbäume (Octilinear minimum Steiner trees, OMST) werden i.Allg. zur Verdrahtungsplanung bei der X-Verdrahtung benutzt. Wie bei den bereits vorgestellten rektilinearen Steinerbäumen (s. Kap. 5) sind hier eine Menge von Anschlusspunkten so miteinander zu verbinden, dass unter Verwendung von Steinerpunkten die resultierende Gesamtverbindungslänge minimiert wird.

Während bei der Manhattan-Verdrahtung alle Anschluss- und Steinerpunkte nur durch orthogonale Verbindungen miteinander verdrahtbar sind, erlaubt die X-Verdrahtung mehr Freiheitsgrade zur optimalen Platzierung von Steinerpunkten. Algorithmen zur Bildung eines oktilinearen minimalen Steinerbaums wurden z.B. in [7.3][7.7][7.19] veröffentlicht.

Im Folgenden soll der Ansatz von *Ho et al.* [7.7] näher vorgestellt werden. Das Erzeugen des oktilinearen minimalen Steinerbaums (OMST) besteht hier aus zwei Schritten: 1. Konstruktion eines optimalen OMST von jeweils drei benachbarten Netzanschlüssen und 2. Integration dieses 3-Anschluss-OMST in den Gesamt-OMST des aktuell zu verdrahtenden Netzes.

Die jeweils benachbarten drei Netzanschlüsse bestimmt man zunächst durch die sog. Delaunay-Triangulation aller Anschlüsse. (Die Delaunay-Triangulation ist ein gebräuchliches Verfahren, um aus einer Punktmenge ein Dreiecksnetz zu erstellen. Hierbei darf der Umkreis eines Dreiecks keine weiteren Punkte der Punktmenge enthalten.) Der oktilineare Steinerbaum sämtlicher Anschlusspunkte wird durch Integration dieser Dreiecke T in den Gesamt-OMST mit folgender Vorgehensweise aufgebaut (s. auch Abb. 7.28):

Oktilinearer Steinerbaum-Algorithmus (nach [7.7])

1. Für jedes Dreieck T: Bestimmung der minimalen oktilinearen Verbindungslänge für die drei beteiligten Netzanschlüsse
2. Sortieren aller Dreiecke T in aufsteigender Reihenfolge ihrer Verbindungslängen
3. Für jedes Dreieck T in sortierter Liste:
   a) Verdrahtung des Dreiecks mit minimaler Verbindungslänge
   b) Einfügen des neuen Subgraphen in den OMST des Netzes
   c) Optimieren des OMST.

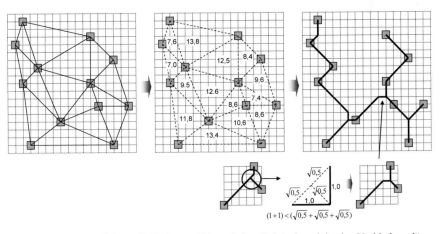

Abb. 7.28 Veranschaulichung der Delaunay Triangulation (links), der minimalen Verbindungslänge jedes Dreiecks (Mitte) sowie der Erzeugung und Optimierung des oktilinearen Steinerbaums (rechts), nach [7.7].

Für detailliertere Ausführungen zur oktilinearen Steinerbaumerzeugung sei auf die Literatur (z.B. [7.3][7.7][7.19]) verwiesen.

▶ 7.10.2 Oktilineare Wegsuche

Die mittels der oktilinearen Steinerbäume erzielte Netzplanung bzw. −aufsplittung ist anschließend einer Feinverdrahtung unter Berücksichtigung von bereits verlegten Netzen, Ebenenzuordnungen usw. zu unterziehen. Als einfaches Beispiel zur Veranschaulichung eines Wegsuche-Algorithmus, der alle acht möglichen Verdrahtungsrichtungen ausnutzt, soll nachfolgend eine auf dem Lee-Algorithmus [7.10] beruhende Vorgehensweise dargestellt werden. Dabei breiten sich die Wellen nicht nur orthogonal, sondern gleichzeitig auch diagonal aus.

Die Wellenausbreitung beginnt mit der Indizierung der acht orthogonal und diagonal angeordneten Nachbarpunkte der Startzelle S (Abb. 7.29a). Von diesen werden ebenfalls alle orthogonal und diagonal benachbarten freien Rasterpunkte indiziert (Abb. 7.29b). Die Wellenausbreitung wird solange fortgesetzt, bis der Zielpunkt T erreicht oder keine weitere Ausbreitung mehr möglich ist.

Die sich im ersten Fall anschließende Rückverfolgung erfolgt nach abnehmenden Wellenfortschrittswerten (Abb. 7.29c). Wie auch beim originalen Lee-Algorithmus haben mehrere Richtungsoptionen keinen Einfluss auf die resultierende Verbindungslänge. So können beispielsweise vom mit 3 markierten Zielpunkt zwei mit 2 gekennzeichnete Rasterpunkte bei der Rückverfolgung benutzt werden. Es ist offensichtlich, dass jede dieser Optionen den kürzest möglichen oktilinearen Weg zwischen Start und Ziel liefert.

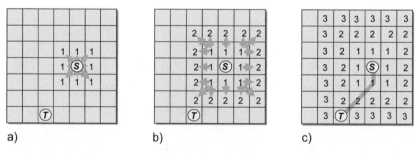

a)   b)   c)

Abb. 7.29 Oktilineare Wegsuche am Beispiel des Lee-Algorithmus.

Aufgaben zu Kapitel 7

Aufgabe 1: Rasterverdrahtung nach *Lee*

Gegeben sei die nachfolgend dargestellte Konfiguration (S Startpunkt, T Zielpunkt).

a) Zeichnen Sie die Gitterbelegungen in der untenstehenden Vorlage bei Anwendung des Standard-Lee-Algorithmus.

b) Zeichnen Sie die Gitterbelegungen in der untenstehenden Vorlage bei Anwendung des modifizierten Lee-Algorithmus mit der Ausbreitungssequenz 1,1, 2,2, 1,1 usw.

c) Geben Sie in beiden Fällen den damit ermittelten Verdrahtungsweg an.

Hinweis: Nutzen Sie jeweils die Vorlage sowohl zum Eintragen der Wellenausbreitung bis zur Zielerreichung als auch zur Rückverfolgung.

zu 1a) Standard-Lee-Algorithmus:

zu 1b) Wellenausbreitung 1,1, 2,2, 1,1, … :

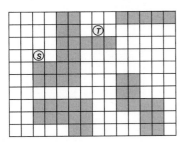
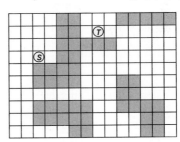

Aufgabe 2: Rasterverdrahtung mit Wegwichtung

Gegeben sei die dargestellte 2-Ebenen-Konfiguration (S Startpunkt, T Zielpunkt), wobei Start- und Zielpunkt in beiden Ebenen vorhanden sind. Die Faktoren der horizontalen und vertikalen Abstandsgewichtung in beiden Ebenen sind:

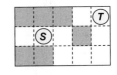

w_h(Ebene 1) = 1, w_v(Ebene 1) = 2, w_h(Ebene 2) = 2, w_v(Ebene 2) = 1, w_{via} = 1.

Unter Nutzung der Wegsuche mit der Sub-Manhattan-Metrik ist der kostenminimale Weg von S nach T zu suchen.

Aufgabe 3: Linienverdrahtung

Gegeben sei die nachfolgend dargestellte Konfiguration (S Startpunkt, T Zielpunkt).

a) Benutzen Sie den Mikami-Tabuchi-Algorithmus zur Wegsuche. Geben Sie die einzelnen Schritte und das Endergebnis auf den untenstehenden Vorlagen an.

b) Benutzen Sie den Hightower-Algorithmus zur Wegsuche. Geben Sie die einzelnen Schritte und das Endergebnis auf den untenstehenden Vorlagen an.

c)   Geben Sie an, ob unter a) und/oder b) der kürzeste Manhattan-Weg $S - T$ gefunden wurde.

zu 3a) Mikami-Tabuchi-Algorithmus:

Schritt 1   Schritt 2   Ergebnis

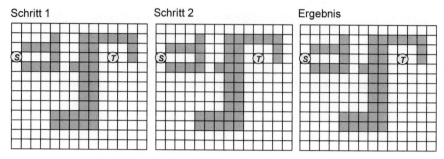

zu 3b) Hightower-Algorithmus:

Schritt 1   Schritt 2   Schritt 3

Schritt 4   Ergebnis

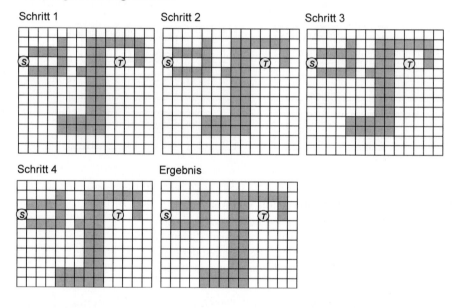

Aufgabe 4: Quasiparallele Verdrahtung

Gegeben sei die dargestellte Einebenen-Konfiguration mit den 2-Punkt-Netzen A, B, C, D und E, welche mit einer netzseriellen Abarbeitung in Manhattan-Geometrie nicht komplett verdrahtbar sind. Zeigen Sie, dass diese Konfiguration bei paralleler Netzbetrachtung in Manhattan-Geometrie, d.h. unter ausschließlicher Nutzung der Gitterlinien, verdrahtbar ist.

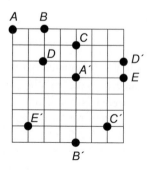

Literatur zu Kapitel 7

[7.1] Burstein, M.; Pelavin, R.: Hierarchical Wire Routing. IEEE Trans. on CAD, vol. 2, no. 4, 223-234, 1983

[7.2] Cho, J. D.; Sarrafzadeh, M.: The Pin Redistribution Problem in Multichip Modules. Proc. of Fourth Annual IEEE International ASIC Conf. and Exhibit, 9-2.1–9-2.4, Sep. 1991

[7.3] Coulston, Ch.: Constructing Exact Octagonal Steiner Minimum Trees. Proc. Great Lakes Symposium on VLSI (GLSVLSI), 1-6, 2003

[7.4] Dijkstra, E. W.: A Note on Two Problems in Connection With Graphs. Numerische Mathematik, vol. 1, 269-271, 1959

[7.5] Hightower, D. W.: A Solution to Line Routing Problem on the Continuous Plane. Proc. of 6th Design Automation Workshop, 1-24, 1969

[7.6] Ho, J. M.; Sarrafzadeh, M.; Vijayan, G.; Wong, C. K.: Layer Assignment for Multichip Modules. IEEE Trans. on CAD, vol. 9, no. 12, 1272-1277, Dec. 1990

[7.7] Ho, T.-Y.; Chang, Ch.-F.; Chang, Y.-W.; Chen, S. J.: Multilevel Full-Chip Routing for the X-Based Architecture. Proc. Design Automation Conf., 597-602, 2005

[7.8] Khoo, K.-Y.; Cong, J.: A Fast Multilayer General Area Router for MCM Designs. IEEE Trans. on Circuits and Systems, 841-851, 1992

[7.9] Kuh, E. S.; Ohtsuki, T.: Recent Advances in LSI Layout. Proc. of the IEEE, 237-263, Feb. 1990

[7.10] Lee, C. Y.: An Algorithm for Path Connection and its Application. IRE Trans. on Electronic Computers, EC-10, 346-365, 1961

[7.11] Liao, K. F.; Sarrafzadeh, M.; Wong, C. K.: Single Layer Global Routing. IEEE Trans. on CAD, vol. 13, no. 3, 303-309, March 1994

[7.12] Lienig, J.: Ein Verdrahtungssystem für den rechnergestützten Layoutentwurf von Multichipträgern. Fortschrittberichte VDI, Reihe 9, Nr. 119, VDI-Verlag Düsseldorf, 1991

[7.13] Mikami, K.; Tabuchi, K.: A Computer Program for Optimal Routing of Printed Circuit Connectors. Proc. of IFIP, H47, 1475-1478, 1968

[7.14] Moore, A. E. F.: Shortest Path Through a Maze. Annals of the Computational Laboratory of Harvard University, vol. 30, 285-292, 1959

[7.15] Müller, H.: Algorithmen zur Mehrlagenverdrahtung. Fortschrittberichte VDI, Reihe 9, Nr. 102, VDI-Verlag Düsseldorf, 1990

[7.16] Sait, S. M.; Youssef, H.: VLSI Physical Design Automation.

World Scientific Publishing Co. Pte. Ltd., 1999, 2001

[7.17] Sherwani, N.; Bhingarde, S.; Panyam, A.: Routing in the Third Dimension. IEEE Press, 1995

[7.18] Online: www.xinitiative.org

[7.19] Zhu, Q.; Zhou, H.; Jing, T.; Hong, X.; Yang, Y.: Efficient Octilinear Steiner Tree Construction Based on Spanning Graphs. Proc. Asian and South Pacific Design Automation Conf. (ASP-DAC), 687-690, 2004

Kapitel 8

Kompaktierung

8

8

8 Kompaktierung

8.1 Einführung

Nach der Platzierung und Verdrahtung erfolgt oftmals eine Kompaktierung, welche die eigentliche Layoutsynthese abschließt.[1] Das Ziel besteht hier darin, das Layout unter Einhaltung sämtlicher Entwurfsregeln in seinem Flächenanspruch zu minimieren, also eine **Layoutoptimierung** durchzuführen:

Gegeben ist ein entwurfsregel-korrektes Schaltungslayout (nachfolgend auch als Maskenlayout bezeichnet) mit der Platzierung aller Komponenten und der Verdrahtung aller Netze.
Gesucht ist ein kompaktiertes Layout mit
— *minimaler Fläche,*
— *invarianter Struktur von Platzierung und Verdrahtung sowie*
— *strikter Einhaltung von Entwurfsregeln.*

Neben der Kompaktierung eines bereits entwurfsregelgerechten Layouts kommen Kompaktoren auch bei der sog. **symbolischen Layoutentwicklung** zum Einsatz (s. Kap. 8.3). Bei einem symbolischen Layout werden die Layoutelemente, z.B. Transistoren und deren Verbindungen, nur in ihren räumlichen Beziehungen zueinander wiedergegeben, die einzelnen technologischen Abmessungen (und manchmal auch die Ebenenzuordnungen) bleiben unberücksichtigt. Sämtliche Abstands- und andere Technologieregeln sind damit erst durch ein Kompaktierungswerkzeug zu implementieren:

Gegeben ist ein symbolisches Layout mit einer abstrakten Darstellung aller Komponenten und deren Verdrahtung.
Gesucht ist ein kompaktiertes Layout mit
— *minimaler Fläche,*
— *invarianter Struktur von Platzierung und Verdrahtung sowie*
— *strikter Einhaltung von Entwurfsregeln.*

Der zuletzt genannte Anwendungsfall wird auch als symbolische Kompaktierung (Symbolic compaction) bezeichnet.

---

[1] Die nachfolgende Layoutverifikation umfasst gewöhnlich den Design Rule Check (DRC), die Extraktion und den Vergleich Layout versus schematic (LVS), welche hier nicht weiter behandelt werden (s. auch Kap. 1.5.6).

Beide Kompaktierungsanwendungen haben damit ein flächenminimales und entwurfsregelgerechtes Maskenlayout zur Zielstellung, ihr Unterschied besteht lediglich in unterschiedlichen Ausgangsinformationen (Maskenlayout bzw. symbolisches Layout). Da sich beide Anwendungen hinsichtlich der zugrunde liegenden Kompaktierungsalgorithmen kaum unterscheiden, wird bei den nachfolgenden Algorithmenbetrachtungen nicht weiter nach beiden Anwendungsaspekten differenziert.

Kompaktierungsalgorithmen werden seit den 70er Jahren aktiv angewendet und sind heute sehr weit ausgereift. Während anfänglich ausschließlich die Optimierung der Layoutfläche im Vordergrund stand, kamen in den letzten Jahren aufgrund der stetig wachsenden Schaltungsanforderungen weitere Zielstellungen hinzu. So sollte ein Kompaktierungsalgorithmus z.B. in der Lage sein, kritische Verbindungen zu erkennen und bei der Kompaktierung eine Verlängerung dieser Verbindungen zu vermeiden. Moderne Kompaktierungswerkzeuge optimieren darüber hinaus gezielt einzelne Parameter einer Schaltung, z.B. Leitungslängen oder Signalverzögerungen. Damit ist heute der Begriff „Kompaktierung" nicht mehr im ursprünglichen Sinne des Wortes zu verstehen, sondern mehr im Sinne einer Optimierung von Schaltungs- bzw. Layouteigenschaften. Die Kompaktierung zur Leistungsverbesserung einer Schaltung, das sog. Performance-driven Compaction, ist auch gegenwärtig noch ein aktives Forschungsgebiet.

8.2 Begriffsbestimmungen

Kompaktierungsalgorithmen lassen sich nach ein- oder zweidimensionaler Kompaktierung unterscheiden. Während der **eindimensionalen (1D) Kompaktierung** werden die Layoutelemente jeweils nur in einer Richtung bewegt bzw. „zusammengeschoben". Man spricht von einer x-Kompaktierung, wenn die Kompaktierung in x-Richtung verläuft; entsprechend erfolgt die y-Kompaktierung in y-Richtung (Abb. 8.1). Beispielsweise kann die Kompaktierung eines Layouts zuerst in der x-Richtung und anschließend in der y-Richtung erfolgen.

Bei der **zweidimensionalen (2D) Kompaktierung** wird *zeitgleich* in der x- und in der y-Richtung kompaktiert. Damit verändern sich sowohl die x- als auch die y-Koordinaten der Komponenten simultan (Abb. 8.2).

Es ist offensichtlich, dass sich mittels einer 2D-Kompaktierung aufgrund der besseren Ausnutzung von „schrägen" Verschiebungsmöglichkeiten deutlich bessere Kompaktierungsergebnisse als bei der 1D-Kompaktierung erzielen lassen. Jedoch ist die Rechenkomplexität einer 2D-Kompaktierung NP-hart, während sich eine 1D-Kompaktierung in polynomischer Zeit lösen lässt.

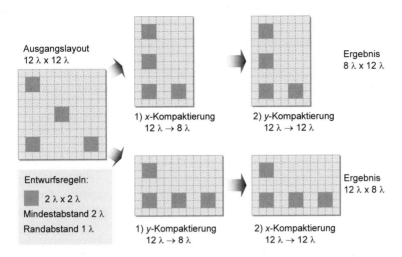

Abb. 8.1 Veranschaulichung der 1D-Kompaktierung mit verschiedenen Kompaktierungsergebnissen aufgrund unterschiedlicher Sequenzen der Schnittrichtungen. Layoutelemente besitzen hier einen technologisch bedingten Mindestabstand von 2 λ, wobei die zugrunde liegende Einheit λ die kleinste technologisch realisierbare Längeneinheit des Layouts ist (s. Kap. 1.8).

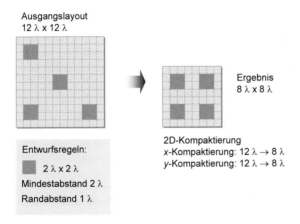

Abb. 8.2 2D-Kompaktierung des Beispiels aus Abb. 8.1.

Kompaktierungsalgorithmen lassen sich auch nach dem Modell unterscheiden, in welchem man das Layout während der Kompaktierung abbildet.

Bei der **rasterbasierten Kompaktierung** werden die Layoutobjekte mittels der Zuordnung zu Rasterpunkten modelliert. Im Gegensatz zu den bisher behandelten Entwurfsschritten unterscheidet man bei der Kompaktierung jedoch zwei Rasterarten. Neben dem bekannten gleichverteilten und **festen Raster** (Fixed grid), bei dem der Rasterabstand einer kleinsten technologisch realisierbaren Layouteinheit entspricht, kommt bei einigen Kompaktierungsverfahren ein sog. **virtuelles Raster** (Virtual grid) zur Anwendung. Bei diesem von *Weste* [8.6] entwickelten Rastermodell sind die Abstände der einzelnen Rasterlinien nicht fest vorgegeben, sondern entsprechen jeweils den Mindestabständen der sich auf den Rasterlinien befindlichen Layoutelemente. Das virtuelle Raster, welches oft deutlich gröber als ein festes Raster ist, verkörpert somit bereits die Abstandsregeln der auf ihm angeordneten Layoutelemente. Da das virtuelle Raster keinen direkten Bezug zu tatsächlichen Layoutkoordinaten hat, sind die den Layoutelementen zugeordneten Rasterkoordinaten nur von relativer Natur.

Bei der **graphenbasierten Kompaktierung** wird das Layout in Form eines sog. Abstandsgraphen (Constraint graph, auch als Restriktionsgraph bezeichnet) repräsentiert, wobei die Knoten die verschiedenen Layoutobjekte und die Kanten die minimalen Abstandsregeln zwischen diesen Objekten widerspiegeln (s. Kap. 8.4.2). *Hsueh* und *Pederson* stellten 1979 erstmalig einen derartigen Abstandsgraphen vor [8.4].

Während die rasterbasierte Kompaktierung einfacher zu implementieren ist, liefern graphenbasierte Kompaktierungsalgorithmen aufgrund ihrer besseren Ausnutzung von Freiheitsgraden im Layout i.Allg. bessere Kompaktierungsergebnisse. Daher haben sich graphenbasierte Kompaktierungsverfahren bei kommerziellen Entwurfswerkzeugen weitestgehend durchgesetzt.

Bei der Kompaktierung wird häufig zwischen **zusammenschiebbaren** und **nicht zusammenschiebbaren Layoutelementen** unterschieden. Zusammenschiebbare Layoutelemente sind alle Freiflächen (White spaces) und in Kompaktierungsrichtung verlaufende Leiterzüge, da diese hier nur in ihrer Länge verändert („zusammengestaucht") werden. Sämtliche anderen Layoutelemente, wie z.B. Zellen, Vias und nicht in Kompaktierungsrichtung verlaufende Leiterzüge, werden als nicht zusammenschiebbar eingestuft.

8.3 Symbolisches Layout

Das symbolische Layout (Symbolic layout) dient zur Vereinfachung der Darstellung einer Layouttopologie ohne die aufwendige Berücksichtigung von vielfältigen Technologieregeln. Anstelle einer exakten geometrischen Darstellung der Layoutelemente, bei der alle Koordinaten definiert sind, werden hier nur die Beziehungen zwischen den einzelnen Layoutelementen festgelegt. Beispielsweise liegt ein Kontakt „unter" einem anderen Kontakt; der beim geometrischen Layout erforderliche technologische Abstand spielt damit bei der symbolischen Darstellung keine Rolle (Abb. 8.3). Eine bekannte Variante des symbolischen Layouts sind die sog. Stick-Diagramme, welche bereits 1978 von *Williams* eingeführt wurden [8.7].

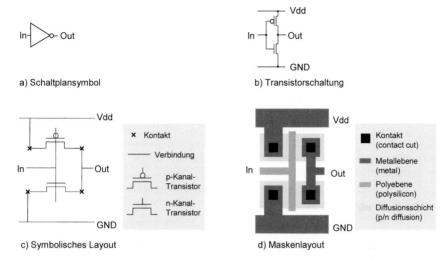

Abb. 8.3 Verschiedene Darstellungsformen eines CMOS-Inverters. Die Repräsentation im Schaltplan (a), die Darstellung auf Transistorebene (b), das symbolische Layout (c) und das einer vorgegebenen Technologie entsprechende Maskenlayout (d). Im symbolischen Layout sind die Bauelemente (z.B. Transistoren), Leiterzüge und Kontakte bzw. Vias nur in ihrer relativen Lage zueinander definiert.

Das symbolische Layout kann entweder graphisch mit einem symbolischen Layouteditor oder in Textform mittels einer Layoutsprache generiert werden.

Unter Einbeziehung eines Technologie-Files, welches alle technologischen Entwurfsregeln enthält, lässt sich mittels eines Kompaktierungswerkzeuges das symbolische Layout in ein der jeweiligen Technologie entsprechendes Maskenlayout überführen (symbolische Kompaktierung). Somit kann von *einem* symbolischen Layout ausgehend, effektiv dessen Anpassung an verschiedene Technologie-Regeln erreicht werden.

8.4 Kompaktierungsalgorithmen

▶ ### 8.4.1 Schnittkompaktierung

a) Grundkonzept
Bei der Schnittkompaktierung wird davon ausgegangen, dass das Layout Streifenbereiche enthält, die sich ohne Veränderung der Struktur von Platzierung und Verdrahtung entfernen lassen und so eine Layoutkompaktierung ermöglichen. Diese Streifen werden als **Verdichtungsstreifen** (Compression ridges) bezeichnet. Sie zeichnen sich durch identische Merkmale ihrer Längskanten aus. Es ist leicht einzusehen, dass die Verdichtungsstreifen frei von platzierten Elementen sein müssen und die in

ihnen befindlichen Leiterzüge nur in Kompaktierungsrichtung, d.h. senkrecht zur Streifenrichtung, verlaufen. Die Breite des Verdichtungsstreifens ist so zu wählen, dass bei seiner Entfernung keine Entwurfsregelverletzungen auftreten. Sollte sich ein derartiger Verdichtungsstreifen über das gesamte Layout erstrecken, kann er aus der Schaltung entfernt werden, ohne die Funktionalität des Layouts zu verändern (Abb. 8.4a).

Eine derartige Kompaktierung mittels Streifenentfernung kann auch bei zusammengesetzten Verdichtungsstreifen erfolgen, wie in Abb. 8.4b veranschaulicht (Rift line cut). Auch hier besteht die Bedingung, dass der Streifen über die gesamte Schaltungsbreite bzw. –höhe verläuft, wobei dieser aber segmentiert sein kann. Allerdings werden bestimmte Bedingungen an die **Scherlinie** (Rift line, Shear line) zwischen den einzelnen Streifensegmenten gestellt. Wenn sie durch Leiterzug- oder Platzierungselemente gekreuzt wird, lassen sich die Streifensegmente nicht entfernen, ohne dass Verdrahtungsinformationen verloren gehen (Abb. 8.4c). Damit ist eine erfolgreiche Kompaktierung bei zusammengesetzten Verdichtungsstreifen ohne eine zuvor erfolgte Prüfung auf Entwurfsregelverletzungen nicht möglich, es sei denn, die betreffenden Streifensegmente grenzen direkt aneinander (Abb. 8.4b).

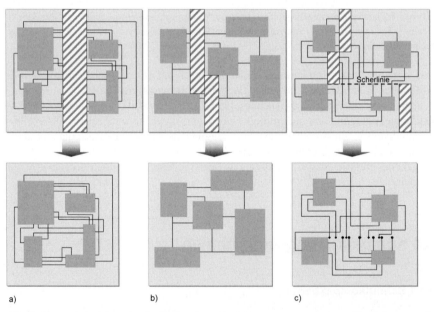

a)   b)   c)

Abb. 8.4 Layoutbeispiele mit durchgehenden (a) und zusammengesetzten Verdichtungsstreifen (b, c) bei Kompaktierung in x-Richtung. Das Beispiel in (c) zeigt einen zusammengesetzten Streifen, der sich ohne Layoutmodifikationen nicht entfernen lässt, da die von der Scherlinie geschnittenen Layoutelemente Konflikte hervorrufen.

Eine derartige als Schnittkompaktierung bezeichnete Vorgehensweise kann sowohl in senkrechten (x-Kompaktierung) als auch in waagerechten Streifen (y-

Kompaktierung) erfolgen. Sie wurde erstmals von *Akers*, *Geyer* und *Roberts* 1970 vorgestellt [8.1]. Ihrer relativ einfachen Implementierbarkeit steht die oft nur ungenügende Ausnutzung von Kompaktierungsmöglichkeiten gegenüber. Letzteres ist u.a. der Tatsache geschuldet, dass der Verdichtungs- bzw. Kompaktierungsgrad vom schmalsten Bereich des Verdichtungsstreifens bestimmt wird.

b) Implementierung

Die Schnittkompaktierung lässt sich durch Nutzung eines festen (z.B. [8.2]) oder eines virtuellen Rasters (z.B. [8.6]) , in welchem das Layout abgebildet wird, implementieren.

Zur Identifizierung der zur Kompaktierung geeigneten Verdichtungsstreifen werden die Rasterpunkte binär, d.h. mit 0 oder 1, gekennzeichnet. Rasterpunkte, denen in der jeweiligen Kompaktierungsrichtung nicht zusammenschiebbare Layoutelemente (s. Kap. 8.2) zugeordnet sind, markiert man mit 0. Dieses sind Bereiche mit Zellenbelegung oder senkrecht zur aktuellen Kompaktierungsrichtung verlaufenden Leiterzügen. Bei einer horizontalen Schnittkompaktierung (x-Kompaktierung) erhalten so alle Rasterpunkte, auf denen sich Zellen oder vertikale Leiterzugelemente befinden, eine 0. Anschließend werden alle verbleibenden, für die aktuelle Kompaktierungsrichtung geeigneten Layoutbereiche mit 1 gekennzeichnet. Sollten sich dabei mit 1 markierte Streifenbereiche ergeben, die sich in Schnittrichtung über die gesamte Schaltung erstrecken, so lassen sie sich problemlos entfernen und das Layout entsprechend kompaktieren. Bei zusammengesetzten Streifen ist eine Entfernung nur nach vorheriger Prüfung der Konsequenzen für die Layoutelemente auf der Scherlinie zwischen den Streifensegmenten möglich (s. Abb. 8.4c).

Die Schnittkompaktierung ist abwechselnd in x- und in y-Richtung solange durchzuführen, bis sich keine Verdichtungsstreifen mehr finden lassen. Abschließend erfolgt eine Rückabbildung der Rastertopologie in die realen Layoutkoordinaten.

c) Algorithmus

Schnittkompaktierung

1. Für eine vorgegebene Kompaktierungsrichtung
    a) Abbildung der Layoutelemente auf einem binären Raster
    b) Ermitteln von durchgehenden bzw. segmentierten Verdichtungsstreifen
    c) Entfernen der Verdichtungsstreifen. Bei segmentierten Verdichtungsstreifen erfolgt die Entfernung nur nach Untersuchung der Scherlinie auf Layoutkonflikte.
    d) Falls bei zwei aufeinander folgenden Durchläufen keine Entfernung von Verdichtungsstreifen möglich ist, weiter mit Schritt 3
2. Wechsel der Kompaktierungsrichtung, weiter mit Schritt 1
3. Rückabbildung der Rastertopologie in reale Layoutkoordinaten, ENDE.

d) Beispiel

Schnittkompaktierung in horizontaler Richtung

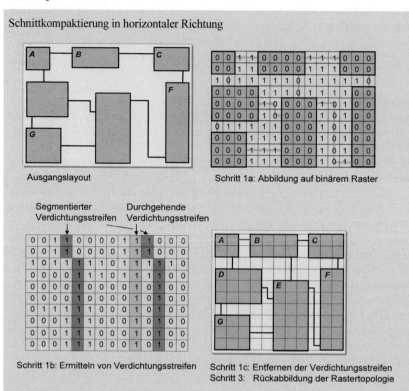

Ausgangslayout

Schritt 1a: Abbildung auf binärem Raster

Schritt 1b: Ermitteln von Verdichtungsstreifen

Schritt 1c: Entfernen der Verdichtungsstreifen
Schritt 3: Rückabbildung der Rastertopologie

Hinweis: Die Abbildung in einem binärem Raster ist hier vereinfacht dargestellt. Bei dieser ist sicherzustellen, dass bei der Entfernung eines mit 1 markierten Rasterpunktes keine Entwurfsregelverletzung zwischen Layoutelementen auf benachbarten Rasterpunkten auftritt.

▶ **8.4.2 Abstandsgraph-Kompaktierung**

a) Grundkonzept
Die Abstandsgraph-Kompaktierung beruht auf der Suche nach dem längsten Pfad in einem Graphenmodell, welches die Nachbarschaft von Layoutelementen und die zwischen ihnen einzuhaltenden Mindestabstände abbildet [8.4].

Zunächst werden geeignete Layoutelemente sog. **Layoutgruppen** zugeordnet. Eine derartige Layoutgruppe umfasst jeweils die Layoutelemente, die gemeinsam bewegt werden müssen, wie z.B. benachbarte und eng verbundene Zellen. Layoutgruppen und einzeln verbleibende Layoutelemente werden gleichberechtigt behandelt. In der folgenden Beschreibung sind unter dem Begriff „Layoutelemente" sowohl Gruppen als auch nicht gruppierte Layoutelemente zu verstehen.

Ein **Abstandsgraph** ist ein gerichteter, kantenbewerteter Graph mit folgenden Eigenschaften:

– Jedes Layoutelement im zu kompaktierenden Layout entspricht einem Knoten.

– Zwischen zwei Knoten befindet sich eine gerichtete Kante, sofern zwischen den durch die Knoten modellierten Layoutelementen eine direkte Nachbarschaft besteht, für die einzuhaltende Abstandsregeln gelten.

– Die Kantengewichtung entspricht den Abstandsregeln der durch sie verbundenen Knoten.

– Die für die jeweilige Kompaktierungsrichtung einzubeziehenden Layoutränder (z.B. der linke und rechte Rand bei einer horizontalen Kompaktierung) sind ebenfalls als Knoten abzubilden.

Die Layoutdarstellung wird in einen derartigen Abstandsgraphen überführt, wobei man zwischen einem horizontalen und einem vertikalen Graphen unterscheidet. Ersterer wird zur x-Kompaktierung, d.h. in horizontaler Richtung, benutzt, letzterer zur y-Kompaktierung.

Bei der horizontalen Kompaktierung mittels eines horizontalen Abstandsgraphen wird dieser als gerichteter Graph vom linken bis zum rechten Rand der Schaltung aufgebaut. Knoten sind hierbei der linke und rechte Rand sowie sämtliche horizontal verschiebbaren Layoutelemente, wie z.B. Zellen und vertikale Verdrahtungssegmente. Kanten verbinden Knoten, die horizontal benachbart sind, wobei die Kantengewichte die horizontalen Mindestabstände der durch sie repräsentierten Layoutelemente charakterisieren (Abb. 8.5).

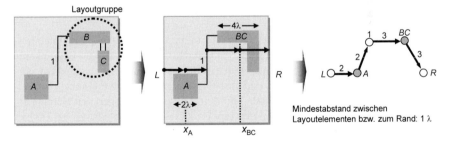

Abb. 8.5 Erzeugung eines horizontalen Abstandsgraphen aus einer einfachen Layoutdarstellung. Bei den Abstandsangaben, d.h. Kantenbewertungen, wurden die Mittenabstände zugrunde gelegt.

In dem so definierten Graphen wird anschließend der längste Pfad ermittelt (Abb. 8.6). Seine Länge ergibt sich aus der Summe der einzelnen Kantengewichte vom Start- bis zum Zielknoten, also vom linken zum rechten Schaltungsrand, und entspricht damit der Mindestbreite der Schaltung. Die Layoutelemente entlang dieses Pfades bestimmen so mit ihrem Abstand die erzielbare minimale Layoutbreite. Diese werden daher mit minimalem Abstand platziert, womit man ein horizontal kompaktiertes Schaltungslayout erhält.

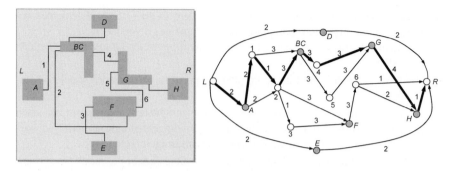

Abb. 8.6 Layoutbeispiel mit horizontalem Abstandsgraphen, aus dessen Kantengewichten der längste Pfad (hervorgehoben dargestellt) mit 19 Längeneinheiten ermittelt wurde. Dies entspricht der minimalen Layoutbreite, die sich ohne Entwurfsregelverletzung erzielen lässt. Durch Anordnung der Layoutelemente auf dem längsten Pfad mit minimalem Abstand zueinander kann das Layout auf diese Breite kompaktiert werden.

Layoutelemente, die nicht auf dem längsten Pfad liegen, lassen sich nach verschiedenen Regeln anordnen. In der Praxis nutzt man hier oft die Mittelposition, d.h. diese Elemente werden mittig bezüglich des Toleranzbereiches platziert, der sich aus ihren Nachbarschaftsverhältnissen und den dabei einzuhaltenden Mindestabständen ergibt.

b) Implementierung
Nachfolgend wird der Fall einer horizontalen Kompaktierung angenommen, welche auf dem horizontalen Abstandsgraphen beruht. Eine vertikale Kompaktierung ergibt sich durch Vertauschen der jeweiligen richtungsabhängigen Parameter.

Zu Beginn werden die Layoutgruppen aus zueinander fixierten Layoutelementen und der gerichtete Abstandsgraph erstellt. Anschließend ist in diesem der längste Pfad zu ermitteln.

Um die dem längsten Pfad entsprechende minimale horizontale Layoutabmessung zu erreichen, sind die Knoten nach den von der linken zur rechten Layoutkante aufaddierten Mindestabständen anzuordnen. Für jeden Knoten v wird dazu eine untere, hier also linke Grenze $l(v)$, und eine obere, hier also rechte Grenze $r(v)$, seiner möglichen Positionen ermittelt. Diese Werte geben den Bereich an, in dem die jeweiligen durch den Knoten repräsentierten Layoutelemente bei Einhaltung der Mindestabstände über dem längsten Pfad liegen können. Es ist offensichtlich, dass bei Knoten im längsten Pfad diese beiden Werte identisch sind ($l(v) = r(v)$), da sie keinen Spielraum in ihren Horizontalpositionen haben. Damit gilt für jeden Knoten v (s. auch nachfolgendes Beispiel):

$l(v)$ = (längster Weg im Graphen vom linken Rand zum Knoten v),
$lengthToR(v)$ = (längster Weg im Graphen vom Knoten v zum rechten Rand),
$r(v)$ = (längste Pfadlänge im Graphen) $- lengthToR(v)$.

Zur Erzielung eines horizontal kompaktierten Layouts werden anschließend alle Layoutelemente entsprechend ihrer horizontalen Grenzwerte $l(v)$ und $r(v)$ platziert, wobei gilt:

—   Die x-Positionen von Layoutelementen auf dem längsten Pfad ergeben sich aus $x(v) = l(v) = r(v)$.

—   Die x-Positionen von Layoutelementen außerhalb des längsten Pfades werden nach $x(v) = \dfrac{l(v) + r(v)}{2}$ berechnet, die Elemente also jeweils mittig in ihrem „Horizontalbereich" platziert.

c) Algorithmus

Abstandsgraph-Kompaktierung

1. Alle zueinander fixierten Layoutelemente sind in Layoutgruppen zusammenzufassen; Ordnen sämtlicher Kompaktierungsobjekte nach steigenden x-Koordinaten.

2. Erzeugung eines gerichteten horizontalen Abstandsgraphen G_H, wobei

    a)   Kompaktierungsobjekte als Knoten ($v = 1, 2, \ldots n$) $\in G$,

    b)   horizontale Nachbarschaften als Kanten $\{i, j\} \in G$ und

    c)   horizontale Mindestabstände als Kantengewichte d_{ij} abgebildet werden.

3. Berechnung der Grenzen $l(v)$ und $r(v)$ der zulässigen horizontalen Positionen jedes Knotens v durch Bestimmen des Baumes mit längsten Pfaden in G_H, der seine Wurzel im linken (rechten) Rand hat.

4. Das durch den Knoten v abgebildete Kompaktierungsobjekt wird auf die Position $x(v)$ gesetzt, mit

    a) $x(v) = l(v) = r(v)$ falls v im längsten Pfad liegt,

    b) $x(v) = [l(v) + r(v)]/2$ falls v nicht im längsten Pfad liegt.

5. Weiter mit Schritt 1 zur Durchführung einer vertikalen Kompaktierung (Anpassung richtungsabhängiger Parameter). Sollten in zwei derart aufeinander folgenden Iterationen keine Verschiebungen erfolgen, ENDE, ansonsten weiter mit Schritt 1 (horizontale und anschließend vertikale Kompaktierung).

d) Beispiel

Abstandsgraph-Kompaktierung in horizontaler Richtung

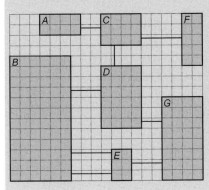

Gegeben:

Mindestabstand eine Gittereinheit (1 λ)

Minimale horizontale Mittenabstände:

$d_{AC} = 5$ $d_{AD} = 5$ $d_{BC} = 6$

$d_{BD} = 6$ $d_{BE} = 5$ $d_{CF} = 4$

$d_{CG} = 5$ $d_{DF} = 4$ $d_{DG} = 5$

$d_{EG} = 4$

Schritte 1 und 2: Erzeugen des horizontalen Abstandsgraphen mit längstem Pfad

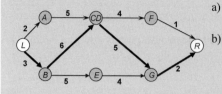

a) Gruppierung von Elementen mit vertikalen Verbindungen: (C,D)

b) Minimaler Mittenabstand d_{ij} bei Gruppen g_i und g_j:

$$d_{ij} = \max_{a \in g_i \& b \in g_j} (d_{ab})$$

Beispiel: $d_{A,CD} = \max(d_{AC}, d_{AD})$
$= \max(5, 5) = 5$

c) Kennzeichnung des minimalen Mittenabstandes von Gruppen und Elementen durch Kantengewichte

d) Bestimmung des längsten Pfades

Schritt 3: Berechnung der Grenzen $l(v)$ und $r(v)$ jedes Knotens v

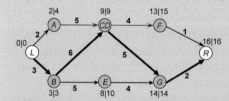

Knoten R:	$l(R) = 16$	$LengthToR(R) = 0$	$r(R) = 16\text{-}0 = 16$
Knoten F:	$l(F) = 13$	$LengthToR(F) = 1$	$r(F) = 16\text{-}1 = 15$
Knoten G:	$l(G) = 14$	$LengthToR(G) = 2$	$r(G) = 16\text{-}2 = 14$
Knoten CD:	$l(CD) = 9$	$LengthToR(CD) = 7$	$r(CD) = 16\text{-}7 = 9$
Knoten E:	$l(E) = 8$	$LengthToR(E) = 6$	$r(E) = 16\text{-}6 = 10$
Knoten A:	$l(A) = 2$	$LengthToR(A) = 12$	$r(A) = 16\text{-}12 = 4$
Knoten B:	$l(B) = 3$	$LengthToR(B) = 13$	$r(B) = 16\text{-}13 = 3$
Knoten L:	$l(L) = 0$	$LengthToR(L) = 16$	$r(L) = 16\text{-}16 = 0$

Schritt 4: Berechnung von $x(v)$ und Anpassung des Layouts

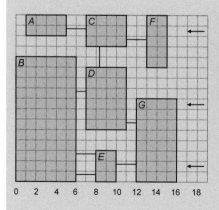

Knoten R:	$l(R) = 16$	$r(R) = 16$	$x(R) = 16$
Knoten F:	$l(F) = 13$	$r(F) = 15$	$x(F) = 14$
Knoten G:	$l(G) = 14$	$r(G) = 14$	$x(G) = 14$
Knoten CD:	$l(CD) = 9$	$r(CD) = 9$	$x(CD) = 9$
Knoten E:	$l(E) = 8$	$r(E) = 10$	$x(E) = 9$
Knoten A:	$l(A) = 2$	$r(A) = 4$	$x(A) = 3$
Knoten B:	$l(B) = 3$	$r(B) = 3$	$x(B) = 3$
Knoten L:	$l(L) = 0$	$r(L) = 0$	$x(L) = 0$

e) Modifikationen

Der vorgestellte Abstandsgraph-Algorithmus kann neben der gezeigten Berücksichtigung von Mindestabständen auch hinsichtlich anderer Entwurfsregeln Kompaktierungsaufgaben durchführen. So gibt es u.a. neben der Einhaltung von Mindestabständen, die man als sog. *untere Grenzwerte* ansehen kann, oft auch Überlappungsregeln, welche *oberen Grenzwerten* entsprechen. Hier müssen sich zur Verbindungs- bzw. Funktionssicherstellung zwei Layoutelemente um einen bestimmten Mindestbetrag überlappen.

Bisher wurde ein Mindestabstand d_{AB} zwischen zwei Layoutelementen A und B durch Verbindung der diese Layoutelemente repräsentierenden zwei Knoten mittels einer Kante mit dem Gewicht d_{AB} modelliert (Abb. 8.7a). Im Gegensatz dazu werden Überlappungsregeln durch zwei Kanten mit negativem Gewicht dargestellt [8.5]. Sollte der maximale Mittenabstand beider Layoutelemente mit d_{AB} vorgegeben sein, so muss zur Überlappungssicherstellung der Abstand der Mittenkoordinaten x_A und x_B beider Elemente kleiner bzw. gleich diesem oberen Grenzwert sein (Abb. 8.7b). Damit gilt $\left| x_A - x_B \right| \leq d_{AB}$.

Diese Überlappungsregel wird durch zwei gegensätzlich gerichtete Kanten mit Gewichten von $- d_{AB}$ ausgedrückt. Das negative Gewicht gibt dabei an, dass sowohl das eine als auch das andere Element sich links von der Mittelpunktlinie des jeweils anderen befinden kann.

Analog dazu kann man zwei Layoutelemente, die sich durch einen festen, nicht verschiebbaren Abstand zueinander auszeichnen, durch zwei gegensätzlich gerichtete Kanten mit den Gewichten $+ d_{AB}$ und $- d_{AB}$ kennzeichnen [8.5] (Abb. 8.7c).

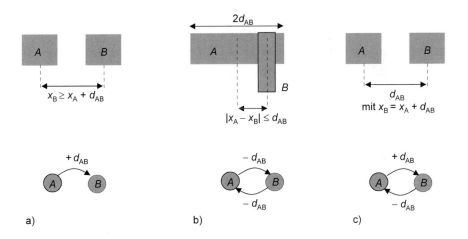

Abb. 8.7 Abbildung von Abstands- und Überlappungsregeln als Kanten und Kantengewichte im Abstandsgraphen. In (a) wird der minimale Mittenabstand d_{AB} zwischen zwei Layoutelementen A und B mit den Mittenkoordinaten x_A und x_B verdeutlicht. Darf der Mittenabstand der Elemente A und B den Betrag d_{AB} nicht übersteigen, so lässt sich das mit der in (b) illustrierten Überlappungsregel angeben. Eine feste Abstandsregel, d.h. ein definierter Mittenabstand d_{AB} von A und B, ist in (c) dargestellt.

Aufgaben zu Kapitel 8

Aufgabe 1: 1D-Kompaktierung

Geben Sie ein Layoutbeispiel an, bei dem sich unterschiedliche Kompaktierungsergebnisse ergeben, je nachdem, ob man zuerst in horizontaler und dann in vertikaler Richtung kompaktiert oder umgekehrt.

Aufgabe 2: Schnittkompaktierung

Führen Sie für das gegebene Layoutbeispiel eine *vertikale* Schnittkompaktierung durch.

Der Mindestabstand zwischen zwei Layoutelementen beträgt eine Gittereinheit.

Stellen Sie die Abbildung des Layouts im binären Raster einschließlich der sich damit ergebenden Streifen sowie das kompaktierte Layout unter Nutzung der untenstehenden Vorlagen dar.

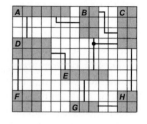

Binäres Raster und Verdichtungsstreifen   Kompaktiertes Layout

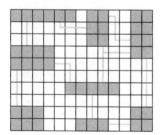
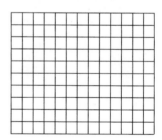

Aufgabe 3: Abstandsgraph-Kompaktierung

Führen Sie für das gegebene Layoutbeispiel eine horizontale Abstandsgraph-Kompaktierung durch.

Der Mindestabstand zwischen zwei Layoutelementen beträgt eine Gittereinheit.

Stellen Sie dazu den horizontalen Abstandsgraphen dar, wobei der längste Pfad zu markieren ist. Zu jedem Knoten ist die linke und rechte Grenze seiner Horizontalposition, d.h. $l(v)$ und $r(v)$, anzugeben. Das so kompaktierte Layout ist zu zeichnen.

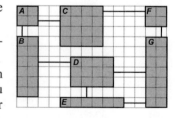

Literatur zu Kapitel 8 ▬▬

[8.1]   Akers, S. B.; Geyer, J. M.; Roberts, D. L.: IC Mask Layout With a Single Conduct Layer. Proc. 7th Design Automation Workshop, 7-16, 1970

[8.2]   Dunlop, A. E.: SLIP: Symbolic Layout of Integrated Circuits with Compaction. Computer-Aided Design, vol. 10, no. 6, 387-391, Nov. 1978

[8.3]   Gerez, S. H.: Algorithms for VLSI Design Automation. John Wiley and Sons, 1999, 2000

[8.4]   Hsueh, M. Y.; Pederson, D. O.: Computer-Aided Layout of LSI Circuit Building Blocks. Proc. IEEE International Symposium on Circuits and Systems (ISCAS), 474-477, 1979

[8.5]   Sait, S. M.; Youssef, H.: VLSI Physical Design Automation. World Scientific Publishing Co. Pte. Ltd., 1999, 2001

[8.6]   Weste, N.: Virtual Grid Symbolic Layout. Proc. 18th Design Automation Conf., 225-233, 1981

[8.7]   Williams, J.: STICKS, A Graphical Compiler for High Level LSI Design. Proc. 1978 National Computer Conf., 289-295, 1978

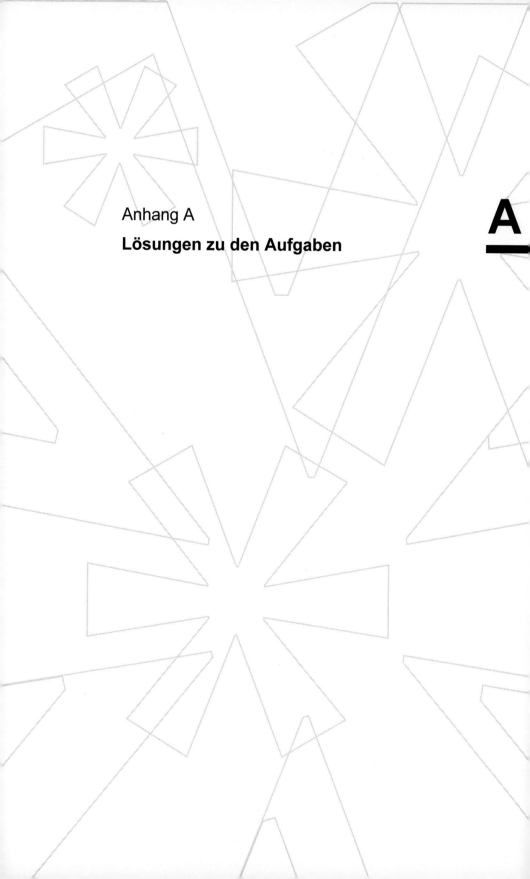

Anhang A

Lösungen zu den Aufgaben

A

A   **Lösungen zu den Aufgaben**... **247**

A

A   Lösungen zu den Aufgaben

Kapitel 2. Partitionierung

Aufgabe 1: KL-Algorithmus

Maximale Gewinnwerte, Austauschknoten und positiver Gewinn pro Iteration i:

- $\Delta g_1 = D(1) + D(6) - 2*c(1,6) = 2 + 1 - 0 = 3$, Austausch $(1,6)$, $G_1 = 3$
- $\Delta g_2 = D(3) + D(5) - 2*c(3,5) = -2 + 0 - 0 = -2$, Austausch $(3,5)$, $G_2 = 1$
- $\Delta g_3 = D(2) + D(4) - 2*c(2,4) = -1 + 0 - 0 = -1$, Austausch $(2,4)$, $G_3 = 0$.

Maximaler positiver Gewinn $G_m = 3$ bei $m = 1$, womit nur
der Austausch $(1,6)$ durchgeführt wird.

Ergebnis nach Pass 1:

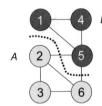

Aufgabe 2: Kritische Netze und Gewinnwerte beim FM-Algorithmus

a)

Zelle	Kritische Netze vor Verschiebung der Zelle	Kritische Netze nach Verschiebung der Zelle	Zellen mit zu aktualisierendem Gewinnwert $\Delta g(c)$
1	-	N_1	2
2	-	N_1	1
3	-	N_1	4
4	N_3	N_1, N_3	3, 8, 9
5	N_2	N_2	6, 7
6	N_2	N_2	5, 7
7	N_2	N_2	5, 6
8	N_3	N_3	4, 9
9	N_3	N_3	4, 8

b)
$\Delta g(1) = 0, \Delta g(2) = 0, \Delta g(3) = 0, \Delta g(4) = 0, \Delta g(5) = -1, \Delta g(6) = -1, \Delta g(7) = -1$,
$\Delta g(8) = +1, \Delta g(9) = 0$.

Aufgabe 3: FM-Algorithmus

Iterationen in Pass 2:

— Iteration $i = 1$

$\Delta g_1(\text{Zelle\_1}) = -1$, $\Delta g_1(\text{Zelle\_2}) = -1$, $\Delta g_1(\text{Zelle\_3}) = 0$, $\Delta g_1(\text{Zelle\_4}) = 0$, $\Delta g_1(\text{Zelle\_5}) = -1$

Zellen 3 und 4 mit maximalem Gewinnwert, $|A| = 4$ bzw. $|A| = 1$, d.h. Gleichgewichtskriterium von Zelle 3 besser erfüllt, Zelle 3 wird verschoben, Mengenverteilung $A_1 = \{4\}$, $B_1 = \{1,2,3,5\}$, davon fixiert $\{3\}$. $G_1 = \Delta g_1 = 0$.

— Iteration $i = 2$

$\Delta g_2(\text{Zelle\_1}) = -2$, $\Delta g_2(\text{Zelle\_2}) = -2$, $\Delta g_2(\text{Zelle\_4}) = 2$, $\Delta g_2(\text{Zelle\_5}) = -1$

Zelle 4 mit maximalem Gewinnwert, $|A| = 0$, d.h. Gleichgewichtskriterium nicht erfüllt, Zelle 5 mit $|A| = 9$ wird verschoben, Mengenverteilung $A_2 = \{4,5\}$, $B_2 = \{1,2,3,\}$, davon fixiert $\{3,5\}$. $G_2 = G_1 + \Delta g_2 = -1$.

— Iteration $i = 3$

$\Delta g_3(\text{Zelle\_1}) = 0$, $\Delta g_3(\text{Zelle\_2}) = -2$, $\Delta g_3(\text{Zelle\_4}) = 2$

Zelle 4 mit maximalem Gewinnwert, $|A| = 5$, d.h. Gleichgewichtskriterium erfüllt, Zelle 4 wird verschoben, Mengenverteilung $A_3 = \{5\}$, $B_3 = \{1,2,3,4\}$, davon fixiert $\{3,4,5\}$. $G_3 = G_2 + \Delta g_3 = 1$.

— Iteration $i = 4$

$\Delta g_4(\text{Zelle\_1}) = -2$, $\Delta g_4(\text{Zelle\_2}) = -2$

Zellen 1 und 2 mit maximalem Gewinnwert, $|A| = 7$ bzw. $|A| = 9$, d.h. Gleichgewichtskriterium von Zelle 1 besser erfüllt, Zelle 1 wird verschoben, Mengenverteilung $A_4 = \{1,5\}$, $B_4 = \{2,3,4\}$, davon fixiert $\{1,3,4,5\}$. $G_4 = G_3 + \Delta g_4 = -1$.

— Iteration $i = 5$

$\Delta g_5(\text{Zelle\_2}) = 1$

$|A| = 11$, d.h. Gleichgewichtskriterium erfüllt, Zelle 2 wird verschoben, Mengenverteilung $A_5 = \{1,2,5\}$, $B_5 = \{3,4\}$, alle fixiert. $G_5 = G_4 + \Delta g_5 = 0$.

Maximaler positiver Gewinn $G_3 = 1$, d.h. $m = 3$, womit die Zellen 3, 5 und 4 verschoben werden.

Ergebnis nach Pass 2:

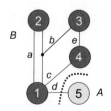

Kapitel 3. Floorplanning

Aufgabe 1: Schnittbäume und Polargraph
Schnittbaum:

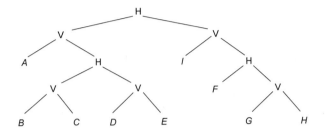

Vertikaler Polargraph: Horizontaler Polargraph:

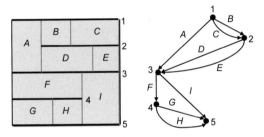

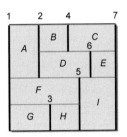

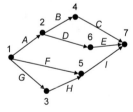

Aufgabe 2: Floorplan-Sizing-Algorithmus
a) Formfunktionen der drei Blöcke *A*, *B*, *C*:

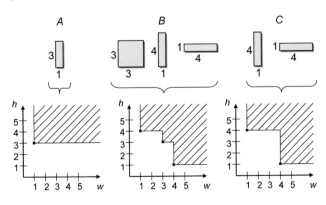

b) Formfunktion der Topzelle

1. Vertikaler Schnitt zwischen A und B, d.h. horizontale Zusammensetzung:

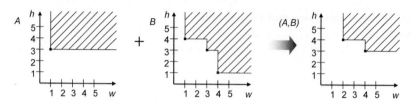

2. Horizontaler Schnitt zwischen (A,B) und C, d.h. vertikale Zusammensetzung:

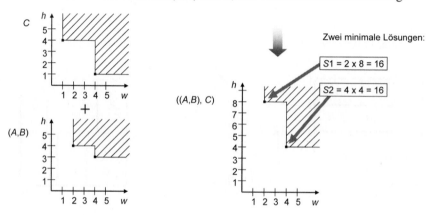

3. Ermitteln des sich ergebenden Floorplans durch Abarbeitung des Schnittbaums von oben nach unten und Bestimmung der einzelnen Blockformen in den jeweiligen Formfunktionen:

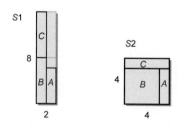

Aufgabe 3: Algorithmus zur linearen Anordnung

Lösung:

Schritt #	Blöcke	Neue Netze	Endende Netze	Gewinn (Gain)	Weitergeführte Netze
0	A^*	N_1, N_2, N_3, N_4	-	-4	-
1	B	N_5, N_6	N_2	-1	-
	C	N_5	-	-1	N_3
	D	N_5, N_6	N_4	-1	N_3
	E^*	-	N_1	+1	-
2	B	N_5, N_6	N_2	-1	-
	C	N_5	-	-1	N_3
	D^*	N_5, N_6	N_4	-1	N_3
3	B^*	-	N_2, N_6	+2	N_5
	C	-	N_3	+1	N_5
4	C	-	N_3, N_5	+2	-

Erläuterung

— Schritt 1: E hat maximalen Gewinn, damit an zweiter Stelle platziert.

— Schritt 2: Unentschieden zwischen B, C, D, alle mit Gewinn -1. B, D beenden jeweils ein Netz. Block D besitzt die höhere Anzahl weiterführender Netze und wird deshalb an dritter Stelle platziert.

— Schritt 3: B hat maximalen Gewinn, damit an vierter Stelle platziert.

Damit ergibt sich die lineare Anordnung [A, E, D, B, C] mit minimalen Netzkosten.

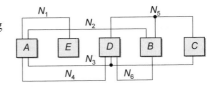

Kapitel 4. Platzierung

Aufgabe 1: Abschätzung der Verbindungslänge

a)

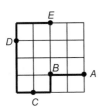

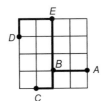

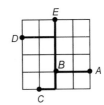

Minimale Kette   Minimaler Spannbaum   Minimaler Steinerbaum

b) $L(P) = \sum_{n \in N} w_n \cdot d_n$

- Minimale Kette: $L(P) = 2 \times 2 + 2 \times 2 + 4 \times 2 + 3 \times 2 = 22$
- Minimaler Spannbaum: $L(P) = 2 \times 2 + 2 \times 2 + 3 \times 2 + 3 \times 2 = 20$
- Minimaler Steinerbaum: $L(P) = 2 \times 2 + 2 \times 2 + 5 \times 2 = 18$.

Aufgabe 2: Min-Cut-Platzierung

Nach erster Partionierung (vertikaler Schnitt c_1):
L (Links von c_1) = {3,4,6,7}, R (rechts von c_1) = {1,2,5}, Schnittkosten L-R = 1.

Eine von mehreren möglichen Lösungsvarianten:
Nach zweiter Partionierung (horizontaler Schnitt c_2)
LT (left top) = {3,7}, LB (left bottom) = {4,6},   Schnittkosten LT-LB = 2,
RT (right top) = {1}, RB (right bottom) = {2,5},   Schnittkosten RT-RB = 1.

Dritte Partionierung (zwei vertikale Schnitte c_3) liefert z.B. folgendes Endergebnis:

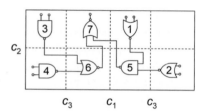

Dichtefunktion

$$D(P) = \max_i [d_P(e_i)] = \max_i \left[\frac{\eta_P(e_i)}{\phi_P(e_i)} \right] = \frac{2}{2} = 1,$$

wobei

- $\eta_P(e_i)$ die eine Kante e_i durchquerende Netzanzahl, und
- $\phi_P(e_i)$ die Verdrahtungskapazität der Kante e_i sind.

Da $D(P) \le 1$ ist, sollte die Platzierung einfach zu verdrahten sein.

Aufgabe 3: Kräfteplatzierung

$$x_1^0 = \frac{\sum_j w_{1j} \cdot x_j}{\sum_j w_{1j}} = \frac{w_{1In1} \cdot x_{In1} + w_{1In2} \cdot x_{In2} + w_{12} \cdot x_2^0}{w_{1In1} + w_{1In2} + w_{12}} = \frac{2 \cdot 0 + 2 \cdot 0 + 4 \cdot x_2^0}{2 + 2 + 4} = \frac{4 \cdot x_2^0}{8} = 0{,}5 \cdot x_2^0$$

$$x_2^0 = \frac{\sum_j w_{2j} \cdot x_j}{\sum_j w_{2j}} = \frac{w_{21} \cdot x_1^0 + w_{2In2} \cdot x_{In2} + w_{2Out} \cdot x_{Out}}{w_{21} + w_{2In2} + w_{2Out}} = \frac{4 \cdot x_1^0 + 2 \cdot 0 + 2 \cdot 2}{4 + 2 + 2} = 0{,}5 + 0{,}5 \cdot x_1^0$$

$$x_2^0 = 0{,}5 + 0{,}5 \cdot x_1^0 = 0{,}5 + 0{,}5 \cdot 0{,}5 x_2^0 = \frac{2}{3}$$

$$x_1^0 = 0{,}5 \cdot x_2^0 = 0{,}5 \cdot \frac{2}{3} = \frac{1}{3}$$

$$y_1^0 = \frac{\sum_j w_{1j} \cdot y_j}{\sum_j w_{1j}} = \frac{w_{1In1} \cdot y_{In1} + w_{1In2} \cdot y_{In2} + w_{12} \cdot y_2^0}{w_{1In1} + w_{1In2} + w_{12}} = \frac{2 \cdot 2 + 2 \cdot 0 + 4 \cdot y_2^0}{2 + 2 + 4} = 0{,}5 + 0{,}5 \cdot y_2^0$$

$$y_2^0 = \frac{\sum_j w_{2j} \cdot y_j}{\sum_j w_{2f}} = \frac{w_{21} \cdot y_1^0 + w_{2In2} \cdot y_{In2} + w_{2Out} \cdot y_{Out}}{w_{21} + w_{2In2} + w_{2Out}} = \frac{4 \cdot y_1^0 + 2 \cdot 0 + 2 \cdot 1}{4 + 2 + 2} = 0{,}25 + 0{,}5 \cdot y_1^0$$

$$y_2^0 = 0,25 + 0,5 y_1^0 = 0,25 + 0,5(0,5 + 0,5 \cdot y_1^0) = \frac{2}{3}$$

$$y_1^0 = 0,5 + 0,5 \cdot y_2^0 = 0,5 + 0,5 \cdot \frac{2}{3} = \frac{5}{6}$$

Damit ist die ZFT-Position des Gatters 1 (0;1) und des Gatters 2 (1;1).

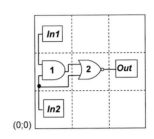

Kapitel 5. Globalverdrahtung

Aufgabe 1: Steinerbaum-Verdrahtung

a)

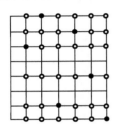

Hanan-Punkte (30)   Minimal umschreibendes Rechteck (MR)

b) Sequentieller Steinerbaum-Algorithmus

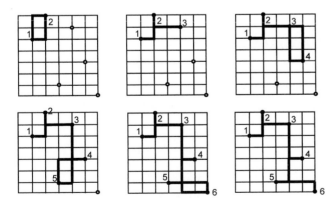

c) Drei Steinerpunkte mit jeweils dem Knotengrad 3.

d) Ein 3-Pin-Netz kann maximal einen Steinerpunkt besitzen.

Aufgabe 2: Globalverdrahtung im Verbindungsgraphen

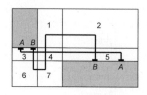 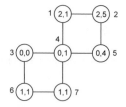

Damit ist die gegebene Anordnung verdrahtbar.

Aufgabe 3: Wegsuche mit dem Dijkstra-Algorithmus

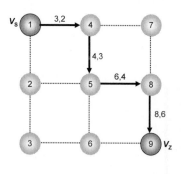

Menge 2	Menge 3
N (2) 2,2 W (4) 3,2	(1)
N (3) 8,7 W (5) 7,5	N (2) 2,2
N (5) 4,3 W (7) 8,5	W (4) 3,2
N (6) 5,6 W (8) 6,4	N (5) 4,3
N (9) 8,6	W (8) 6,4
~~N (9) 9,8~~	N (6) 5,6
	W (7) 8,5
	N (9) 8,6

Kapitel 6. Feinverdrahtung

Aufgabe 1: Left-Edge-Algorithmus

a) Mengen $S(k)$:
    $S(a) = \{1,2\}$
    $S(b) = \{1,2,3\}$
    $S(c) = \{1,3,4\}$
    $S(d) = \{1,3,4\}$
    $S(e) = \{3,4,5\}$
    $S(f) = \{4,5,6\}$
    $S(g) = \{5,6\}$
    $S(h) = \{6\}$
    Minimal benötigte Spuranzahl: 3.

Maximale Mengen $S(k)$:

$S(b) = \{1,2,3\}$
$S(c) = \{1,3,4\}$ oder $S(d) = \{1,3,4\}$

$S(e) = \{3,4,5\}$
$S(f) = \{4,5,6\}$

b) Horizontaler (HCG, links) und vertikaler Verträglichkeitsgraph (VCG, rechts):

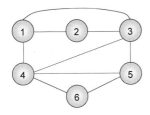 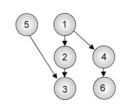

c) Verdrahtungsergebnis:

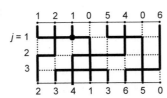

Aufgabe 2: Dogleg-Left-Edge-Algorithmus

a) Vertikaler Verträglichkeitsgraph (VCG)
ohne Netzaufsplittung:

b) Aufsplittung der Netze 1, 3 und 4: {1a,1b,1c,2,3a,3b,4a,4b,5}.

```
a   b   c   d   e   f   g   h
1   1   2   0   1   4   3   5

○1a○-1b—○1c○
    ○2○
        ○—3a-○—3b-○
                ○4a○4b○
                    ○—5—○

0   2   3   1   3   5   4   4
```

$S(a) = \{1a\}$
$S(b) = \{1a,1b,2\}$
$S(c) = \{1b,2,3a\}$
$S(d) = \{1b,1c,3a\}$
$S(e) = \{1c,3a,3b\}$
$S(f) = \{3b,4a,5\}$
$S(g) = \{3b,4a,4b,5\}$
$S(h) = \{4b,5\}$

c) Vertikaler Verträglichkeitsgraph (VCG)
    mit Netzaufsplittung:

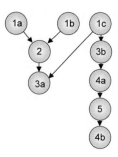

d) Minimal benötigte Spuranzahl für diesen Kanal ohne Netzaufsplittung: Nicht
    verdrahtbar, da ein zyklischer Konflikt (siehe (a)) existiert.
    Minimal benötigte Spuranzahl für diesen Kanal mit Netzaufsplittung: 3.
    Begründung: Die maximalen Mengen $S(k)$ sind $S(b) = \{1a,1b,2\}$,
    $S(c) = \{1b,2,3a\}$, $S(d) = \{1b,1c,3a\}$, $S(e) = \{1c,3a,3b\}$, $S(g) = \{3b,4a,4b,5\}$,
    wobei $S(c)$ und $S(g)$ drei Spuren erfordern.

e) Ausgangssituation: Vertikaler Verträglichkeitsgraph (VCG) mit Netzaufsplit-
    tung, siehe (c).

    Verdrahtungsergebnis:

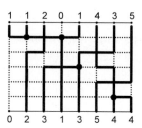

Aufgabe 3: Switchbox-Verdrahtung

Die Switchboxabmessungen ergeben sich mit sechs Spalten und sechs Spuren. Die
Bezeichnung der Spuren erfolgt von 1 (unten) bis 6 (oben) und die der Spalten mit a
(links) bis f (rechts).

Nachfolgend sind die in jeder Spalte durchgeführten Schritte angegeben:

—   Spalte a: Pinnetze 7, 1, 6, 2 werden einge-
    führt. Da Netz 2 ein oben angeschlossenes
    Netz ist, wird es auf Spur 6 geführt. Da Netz
    6 ein unten angeschlossenes Netz ist, wird es
    auf Spur 1 geführt. Erweitern der Spuren 1,
    2, 3 und 6.

—   Spalte b: Verbindung Pinnetze 1 oben und
    unten mit Netz 1 auf Spur 3. Erweitern der
    Spuren 1, 2 und 6.

—   Spalte c: Verbindung Pinnetz 6 mit Netz 6
    auf Spur 1. Verbindung Pinnetz 3 mit Spur 3.
    Erweitern der Spuren 2, 3 und 6.

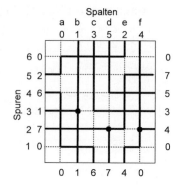

- Spalte d: Verbindung Pinnetz 7 mit Netz 7 auf Spur 2. Verbindung Pinnetz 5 mit Spur 4. Erweitern der Spuren 2, 3, 4 und 6.
- Spalte e: Verbindung Pinnetz 2 mit Netz 2 auf Spur 6. Verbindung Pinnetz 4 mit Spur 1. Führen von Netz 7 von Spur 2 auf Spur 5. Erweitern der Spuren 1, 3, 4 und 5.
- Spalte f: Verbindung Pinnetz 4 mit Netz 4 auf Spur 1. Erweitern der Spuren 2, 3, 4, 5 zur Verbindung der rechten Anschlüsse.

Kapitel 7. Flächenverdrahtung

Aufgabe 1: Rasterverdrahtung nach *Lee*

a) Standard-Lee-Algorithmus: b) Wellenausbreitung 1,1, 2,2, 1,1, … :

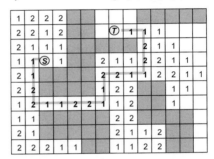

Aufgabe 2: Rasterverdrahtung mit Wegwichtung

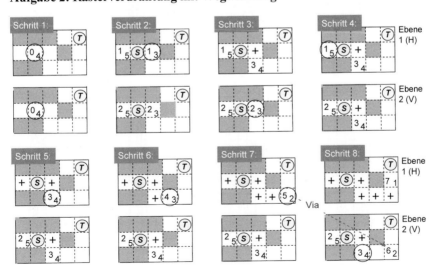

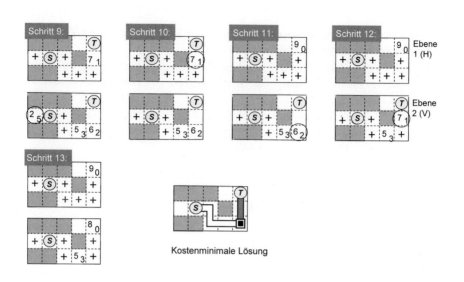

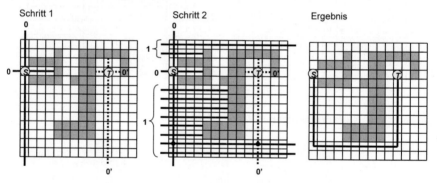

Kostenminimale Lösung

Aufgabe 3: Linienverdrahtung

a) Mikami-Tabuchi-Algorithmus:

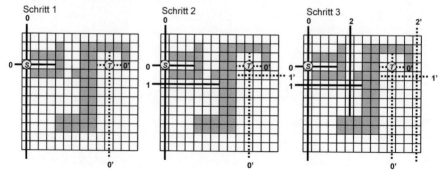

b) Hightower-Algorithmus:

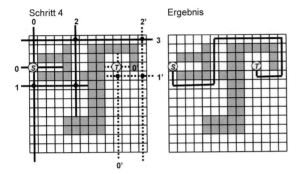

c) Beide Algorithmen finden nicht den kürzest möglichen Weg zwischen S und T. Linien-Algorithmen werden wegen ihrer Schnelligkeit eingesetzt, ihre Lösung ist jedoch oft suboptimal.

Aufgabe 4: Quasiparallele Verdrahtung

Alle Netze sind bei quasiparalleler Bearbeitung verdrahtbar:

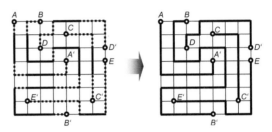

Kapitel 8. Kompaktierung

Aufgabe 1: 1D-Kompaktierung

Beispiel eines Layouts   1. H, 2. V (6 x 12)   1. V, 2. H (13 x 8)

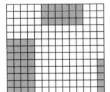   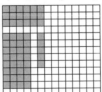   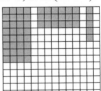

Aufgabe 2: Schnittkompaktierung

Ausgangslayout   Binäres Raster   Kompaktiertes Layout

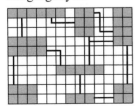   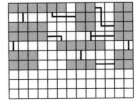

Aufgabe 3: Abstandsgraph-Kompaktierung

Schritt 1 und 2: Erzeugen des horizontaler Abstandsgraphen mit längstem Pfad

— Gruppierung von Elementen mit vertikalen Verbindungen:
$(A, B), (D, E), (F, G)$.

— Minimaler Mittenabstand $d_{i,j}$ der Gruppen:

$d_{L,AB}$ $= \max(1, 1) = 1$
$d_{AB,C}$ $= \max(4, 4) = 4$
$d_{AB,DE}$ $= \max(4, 5, 4, 5) = 5$
$d_{C,FG}$ $= \max(4, 4) = 4$
$d_{DE,FG}$ $= \max(4, 4, 5, 5) = 5$
$d_{FG,R}$ $= \max(1, 1) = 1$

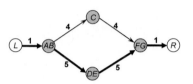

Schritt 3: Berechnung der Grenzen $l(v)$ und $r(v)$ jedes Knotens v

Knoten R:	$l(R) = 12$	$LengthToR(R) = 0$	$r(R) = 12 - 0 = 12$
Knoten FG:	$l(FG) = 11$	$LengthToR(FG) = 1$	$r(FG) = 12 - 1 = 11$
Knoten DE:	$l(DE) = 6$	$LengthToR(DE) = 6$	$r(DE) = 12 - 6 = 6$
Knoten C:	$l(C) = 5$	$LengthToR(C) = 5$	$r(C) = 12 - 5 = 7$
Knoten AB:	$l(AB) = 1$	$LengthToR(AB) = 11$	$r(AB) = 12 - 11 = 1$
Knoten L:	$l(L) = 0$	$LengthToR (L) = 12$	$r(L) = 12 - 12 = 0$

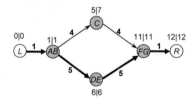

Schritt 4: Berechnung von $x(v)$ und Anpassung des Layouts

Knoten R:	$l(R) = 12$	$r(R) = 12$	$x(R) = 12$
Knoten FG:	$l(FG) = 11$	$r(FG) = 11$	$x(FG) = 11$
Knoten DE:	$l(DE) = 6$	$r(DE) = 6$	$x(DE) = 6$
Knoten C:	$l(C) = 5$	$r(C) = 7$	$x(C) = 6$
Knoten AB:	$l(AB) = 1$	$r(AB) = 1$	$x(AB) = 1$
Knoten L:	$l(L) = 0$	$r(L) = 0$	$x(L) = 0$

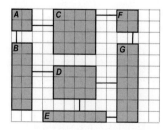

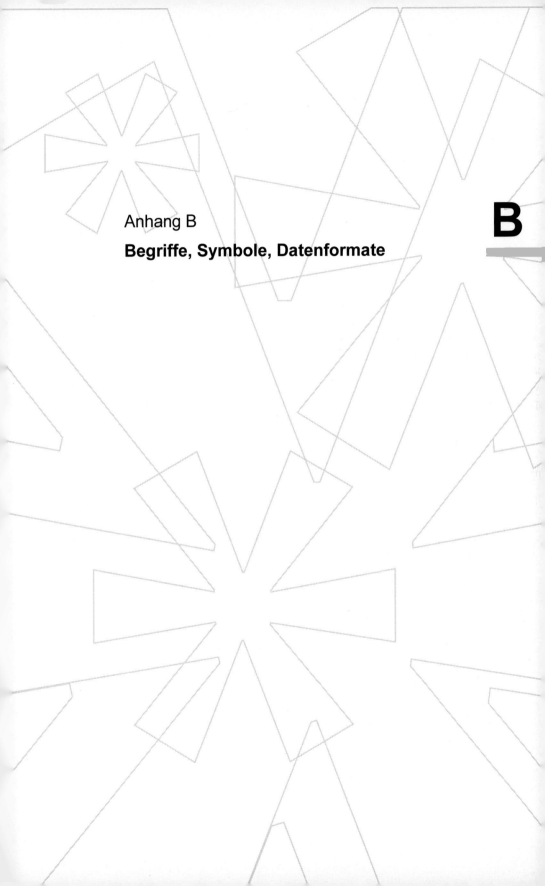

Anhang B

Begriffe, Symbole, Datenformate

B

B   Begriffe, Symbole, Datenformate

B.1 Layoutabkürzungen und -begriffe (Auswahl)

ASIC (Application specific integrated circuit)	Anwenderspezifischer integrierter Schaltkreis
BiCMOS (Bipolar CMOS)	CMOS-Technologie mit Bipolartransistoren (Mischtechnologie)
Buffer	Verstärker zur Erhöhung der Treiberleistung
CLK (Clock)	Takt(-signal)
Constraint	Vorgabe, Randbedingung
CMOS (Complementary MOS)	Komplementäre MOS-Technik
CVD (Chemical vapor deposition)	Chemische Dampfabscheidung bei IC-Herstellung
Delay	Verzögerung, Verzögerungszeit
Die	Unverpackter Siliziumchip
DIL (Dual in-line)	IC-Doppelreihengehäuse
DIP (Dual in-line plastic)	IC-Doppelreihen-Plastikgehäuse
DRC (Design rule check)	Prüfung auf Einhaltung der Entwurfsregeln
DUT (Device under test)	Prüfling
ECO (Engineering change order)	Änderung während des Entwurfablaufs
EMC (Electromagnetic compatibility)	Elektromagnetische Verträglichkeit (EMV)
EME (Electromagnetic emission)	Elektromagnetische Emission bzw. Störaussendung
EMI (Electromagnetic interference)	Elektromagnetische Beeinflussung
EMS (Electromagnetic susceptibility)	Elektromagnetische Empfindlichkeit bzw. Störfestigkeit
ESD (Electrostatic discharge)	Elektrostatische Entladung
EUV (Extreme ultraviolet lithography)	Lithographiemethode unterhalb Lichtwellenlänge
Extraction	Extraktion, Parametergewinnung (aus Layout)

Extrinsic delay	Verzögerungszeit auf Leitung
Fan-in	Maximale Anzahl logischer Bausteine, die einen Baustein treiben
Fan-out	Maximale Anzahl logischer Bausteine, die getrieben werden können
FEM (Finite element method)	Numerische Näherungslösungsmethode
Firm-IP (Firm intellectual property)	Urheberrechtlich geschütztes Modul
Flattening	Aufheben von Hierarchiestufen
Flipflop	Bistabiles Kippglied; umgangssprachlich meist für flankengesteuertes Flipflop
FPGA (Field programmable gate array)	Vom Nutzer programmierbare Gatter-Matrix von Zellen
Hard-IPs	Urheberrecht-geschützte Maskendaten
HDL (Hardware description language)	Hardware-Beschreibungssprache
I_{DS}, IDS (Drain source current)	Stromfähigkeit (eines Transistors)
IEEE (Institute of electrical and electronics engineers)	Internationaler Fachverband für Elektroingenieure
Intrinsic delay	Verzögerungszeit einer Zelle
IPs (Intellectual property (devices))	Urheberrechtlich geschützte Entwurfskomponenten
JFET (Junction field-effect transistor)	Sperrschicht-Feldeffekt-Transistor
Latch	Zustandsgesteuertes Flipflop
LPE (Layout parameter extraction)	Ermittlung von Widerstands- und Kapazitätswerten der Leitungen und Zellen
LVS (Layout versus schematic)	(Netzlisten-)Vergleich zwischen Layout und Schaltplan
MCM (Multi chip module)	Hybridbaustein mit Nacktchips
MESFET (Metal semiconductor field-effect transistor)	Metall-Halbleiter-Feldeffekt-Transistor
MIPS (Million instructions per second)	Rechengeschwindigkeit in Millionen Operationen pro Sekunde
MOS (Metal oxide semiconductor)	Metalloxid-Halbleiter-Schichtaufbau
OPC (Optical proximity correction)	Layoutanpassung zur Verzerrungskorrektur bei Strukturen unterhalb der Lichtwellenlänge
OTC (Over the cell)	Lagen oberhalb der Zellen (Metal3 usw.)

PCB (Printed circuit board)	Leiterplatte
PSM (Phase shifting masks)	Masken mit Gebieten zur Phasen-Umkehrung bei Strukturen unterhalb der Lichtwellenlänge
RAM (Random access memory)	Schreib- und Lesespeicher
Register	1-Bit-Speicherelement (Flipflop oder Latch)
RET (Resolution enhancement technologies)	Methoden zur Auflösungsverbesserung bei Strukturen unterhalb der Lichtwellenlänge
ROM (Read only memory)	Nur-Lese-Speicher
RTL (Register transfer level, auch: Resistor transistor logic)	Register-Transfer-Darstellung, auch: Widerstands-Transistor-Logik (historisch)
SEMATECH (Semiconductor Manufacturing Technology)	Gemeinnütziges Konsortium von amerikanischen Halbleiterfirmen
SIA (Semiconductor industry association)	Amerikanischer Halbleiter-Industrieverband
Skew	Zeitdifferenz zwischen verschiedenen Events, die simultan sein sollten
Slew rate	Anstiegsgeschwindigkeit (z.B. Volt pro ns)
SMD (Surface mounted device)	Oberflächenmontiertes Bauelement
SMT (Surface mounting technology)	Oberflächenmontagetechnik
Soft-IPs	Urheberrecht-geschütztes Modul auf VHDL/Verilog-Ebene
SPICE (Simulation program with IC emphasis)	Simulationsprogramm für ICs
Synthesis	Überführung abstraktes „High level" Modell zu detaillierterem „Low level" Modell
TAP (Test access point)	Anschluss für Testzugriff auf einem Verdrahtungsträger
TTL (Transistor transistor logic)	Schaltkreisfamilie auf Basis von Bipolar-Transistoren
U_{DS}, UDS (Drain source voltage)	Spannungsfestigkeit (eines Transistors)
VHDL (Very high speed IC hardware description language)	Hochsprache zur Hardware-Beschreibung
Verilog	Hochsprache zur Hardware-Beschreibung
VLSI (Very large scale integration)	Hochintegrierter Schaltkreis
Wafer	Siliziumscheibe
Yield	Ausbeute (nutzbare IC zu IC-Gesamtanzahl)

B.2 Symbole von Bauelementen und Zellen (Auswahl)

Bauelemente			
DIN Symbol	Beschreibung	Alternatives/ ANSI Symbol	Description
	Primärzelle, Sekundärzelle, Akkumulator Die längere Linie kennzeichnet den positiven Pol, die kürzere den negativen.		Primary cell, Secondary cell The longer line represents the positive pole, the shorter one the negative pole.
	Massesymbole		Ground symbols
	Gleich-spannungs-quelle Gleich-strom-quelle		DC voltage source DC current source
	Widerstand		Resistor
	Widerstand, veränderbar		Resistor, adjustable
	Konden-sator Konden-sator, gepolt		Capacitor Polarized capacitor
	Induktivität, Spule, Wicklung, Drossel (ohne Kern)		Inductor, coil, winding, choke
	Halbleiterdiode; (Dreieck = Anode, Balken = Kathode)		Semiconductor diode
	Leucht-diode (LED) Foto-diode		Light emitting diode (LED) Photo-diode

Bauelemente (Fortsetzung)			
DIN- Symbol	Beschreibung	Alternatives/ ANSI Symbol	Description
	pnp- npn- Transistor		pnp- npn- Transistor
	n-Kanal p-Kanal Sperrschicht-FET		n-channel p-channel Junction FET (JFET)
	n-Kanal p-Kanal MOSFET, selbstsperrend		n-channel p-channel Enhancement MOSFET
			n-channel p-channel (n-MOS) (p-MOS) Enhancement MOSFET (digital representation)
	n-Kanal p-Kanal MOSFET, selbstleitend		n-channel p-channel Depletion MOSFET
	Fototransistor (npn Typ)		Photo transistor (npn type)

Hinweis: Die Transistor-Kennzeichnungen B, E, C bzw. G, S, D dienen hier zur Markierung von Basis, Emitter und Kollektor bzw. Gate, Source und Drain. Sie sind nicht Bestandteil des Symbols.

Gatter / Zellen			
DIN Symbol	Beschreibung	Alternatives/ ANSI Symbol	Description
	Inverter		Inverter
	UND-Gatter		AND gate
	NAND (UND mit negiertem Ausgang)		NAND (AND with negated output)
	ODER-Gatter		OR gate
	NOR (ODER mit negiertem Ausgang)		NOR (OR with negated output)
	D-Flipflop		Edge-triggered D-flipflop
	Operationsverstärker		Operational amplifier

B.3 Layoutbeispiele von CMOS-Standardzellen

Inverter

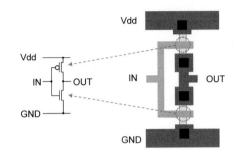

Inverter		
IN	0	1
OUT	1	0

NAND-Gatter (2-fach)

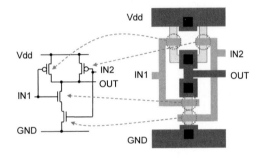

NAND				
IN1	0	0	1	1
IN2	0	1	0	1
OUT	1	1	1	0

NOR-Gatter (2-fach)

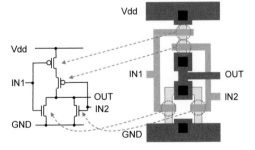

NOR				
IN1	0	0	1	1
IN2	0	1	0	1
OUT	1	0	0	0

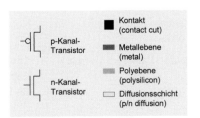

B.4 Layout-Datenformate

CIF (Caltech Intermediate Format)	ASCII-Fileformat für geometrische Layoutdaten
DEF (Design Exchange Format)	ASCII-Fileformat für Netzlisten- und Plazierungsinformationen sowie maximale Verzögerungszeiten
DSPF (Detailed Standard Parasitics Format)	ASCII-Fileformat für Widerstandswerte und kapazitive Werte von Verdrahtungs*segmenten* im SPICE-Format; keine Verzögerungszeiten
EDIF (Electronic Design Interchange Format)	ASCII-Datenaustauschformat; Nutzung vorrangig für Netzlistenaustausch; viele Dialekte; Version 2 0 0 am häufigsten benutzt
GDSII	Binäres Fileformat für geometrische Layoutdaten; gebräuchlichstes Format für Layoutübergabe und -speicherung bei ICs
Gerber-Format	ASCII-Fileformat für geometrische Layoutdaten bei Leiterplatten; Unterscheidung zwischen Standard-Gerber und Extended-Gerber (u.a. Einschluss der Blendentabelle)
LEF (Library Exchange Format)	ASCII-Fileformat für IC-Prozess (Entwurfsregeln) und Zellenbibliothek (abstraktes Layout, Logik und Verzögerungszeiten)
PDEF (Physical Design Exchange Format)	ASCII-Fileformat für Plazierungs- und Cluster-Informationen
RSPF (Reduced Standard Parsitics Format)	Gleiche Informationen wie SPF, jedoch im SPICE-Fileformat
SDF (Standard Delay Format)	ASCII-Fileformat für Verzögerungszeiten von Pin-zu-Pin-Verbindungen oder von Netzen; als Randbedingungen für die Layoutsynthese (Forward Annotation) oder zur Verifikation der Schaltung bzw. des Layouts (Back Annotation)
SPEF (Standard Parasitics Exchange Format)	Kombination von DSPF und RSPF
SPF (Standard Parasitics Format)	ASCII-Fileformat für Widerstands- und Kapazitätswerte sowie Verzögerungszeiten der Pin-zu-Pin-Verbindungen

Sachwortverzeichnis